世界技能大赛水处理技术项目全国推荐教材

化学生物分析技术

Chemical and Biological Analysis Technique

主　编：王　湛　刘　影　杨　彤　周　洁　梅建国
主　审：包英华　高　尚　贺　琼　李椿方　韦美丫

北京工业大学出版社

内容提要

本书以培养运维整个污水处理厂的技能人才为出发点，着眼于水质的化学生物分析，由简入繁地从化学实验室的管理到水质分析技术应用进行了系统阐述，详细阐述了化学实验室的HSE管理基础、水环境化学基础知识、化学分析基础知识、仪器分析基础知识、微生物学基础知识、常用器皿的洗涤与存放、实验室化学试剂的配制、实验室常用仪器设备的使用、化学分析基本操作、数据的记录与处理和水质分析技术应用。本书注重理论与操作实践经验相结合，带领读者系统了解水质化学生物分析技术的基础知识、操作细节要点，并给出了水质分析技术的应用案例。

本书可以作为世界技能大赛水处理技术项目和化学生物分析技术专项培训教材，可以作为高职和技工院校环境保护类、环境化工类、水处理技术类、化学生物分析类学生课程教学教材，也可以作为再生水厂、污水处理厂、自来水厂、化工企业、第三方检测机构、相关科研院所及高校等企事业单位的水质分析技术人员、管理人员及关注水环境保护事业的读者普及水处理技术化学生物分析技术的参考书。

图书在版编目（CIP）数据

化学生物分析技术 / 王湛等主编 . —北京：北京工业大学出版社，2023.5

世界技能大赛水处理技术项目全国推荐教材

ISBN 978-7-5639-8559-3

Ⅰ. ①化… Ⅱ. ①王… Ⅲ. ①水质分析－分析化学－教材 Ⅳ. ① O661.1

中国国家版本馆 CIP 数据核字（2023）第 069358 号

化学生物分析技术

HUAXUE SHENGWU FENXI JISHU

主　　编： 王　湛　刘　影　杨　彤　周　洁　梅建国

责任编辑： 付　存

封面设计： 国建传媒

出版发行： 北京工业大学出版社

（北京市朝阳区平乐园 100 号　邮编：100124）

010-67391722（传真）bgdcbs@sina.com

经销单位： 全国各地新华书店

承印单位： 三河市元兴印务有限公司

开　　本： 787 毫米 ×1092 毫米　1/16

印　　张： 21.75

字　　数： 390 千字

版　　次： 2023 年 5 月第 1 版

印　　次： 2023 年 5 月第 1 次印刷

标准书号： ISBN 978-7-5639-8559-3

定　　价： 58.00 元

编委会

李飞鹏	上海理工大学
王玉萍	南京师范大学
成莉燕	兰州资源环境职业技术大学
赖惠珍	中山市技师学院
郭文清	北京市工业技师学院
常洪芳	鹤壁市淇滨污水处理有限责任公司
沙吉旦·赛达林木	新疆伊犁州生态环境保护局
焦贺铭	同济大学
李　泉	心连心化学工业集团
杜佩奇	山东工业技师学院
张　玮	北京城市排水集团有限责任公司
严思凡	中检集团理化检测有限公司
邓红帅	中国水务局集团有限公司
郭宏丽	兰州资源环境职业技术大学
黄宗昱	北部湾大学
杨发财	山东化工技师学院
宋新梅	新疆建设职业技术学院
邓玉营	常州工程职业技术学院
李玉静	黄河水利职业技术学院
何　燕	四川理工技师学院
樊雅欣	长治职业技术学院
钱　莉	重庆市现代职业技术教育研究院
郑明月	北京电子科技职业学院
褚梦乔	北京市城市管理高级技术学校
唐婷婷	首钢工学院
冯盛丹	宁夏工商学院

主　审：

包英华	北京市工业技师学院
高　尚	中国人力资源和社会保障出版集团
贺　琼	山东工业技师学院
李椿方	北京市工业技师学院
韦美丫	重庆市公共卫生学校

前言

水资源是人类社会赖以生存发展的重要战略资源。我国是世界上13个贫水国家之一，水资源极为匮乏，预计2030年将缺水800多亿吨。目前，我国地表水使用率和地下水开采量趋于饱和状态，水资源污染情况非常严重。因此，城市污水资源化和工业废水回用成为解决我国水资源短缺的重要措施。水处理技术是治理水污染的重要手段，有助于改善我国的水生态环境，助力解决我国的缺水问题，在美丽中国建设中持续发挥重要的作用。

世界技能大赛被誉为“世界技能奥林匹克”，是最高层级的国际职业技能赛事，引领和代表着职业技能发展的世界先进水平。2018年，世界技能组织首次将水处理技术项目列入第45届世界技能大赛俄罗斯喀山比赛项目。中华人民共和国人力资源和社会保障部汤涛副部长视察重庆“一带一路”国际邀请赛水处理比赛场地时作出重要指示：“水处理技术关系国计民生，你们一定要在国际舞台展现我国选手的风采。”在人社部张立新司长、刘新昌调研员、袁芳副主任、翟涛处长、王静处长、牟军处长、张雷副处长和李克副处长等人的直接领导下，在北京市人社局徐仁忠副局长、王小兵处长、何燕调研员，北京市工业技师学院包英华院长、蔡夕忠副院长、李玲琪处长、刘影主任的支持和江苏省、河南省、江西省人社部门的大力协助下，水处理技术专家团队依靠国家大型水处理企业和相关专业院校多的优势，充分发挥北京市工业技师学院、南京技师学院、河南化工技师学院三个国家基地的作用和广大水处理技术项目教练的聪明才智，为我国参赛的选手制订了科学周密的培训方案，开展了多层次的综合训练和“走出去”“请进来”相结合的走训活动，为赢得世界大赛奠定了坚实基础。2019年8月22—27日在俄罗斯喀山举办的第45届世界技能大赛上，我国选手曾璐锋不负众望，首次参加世界技能大赛，出道即巅峰，荣获首设水处理技术项目的金牌，表明我国水处理技术水平和人才培养能力已达世界先进水平，彰显了我国从世界制造大国迈向技术强国的创新能力。

世界水处理技术项目比赛是考查参赛选手综合能力与技术水平的竞赛项目，要求参赛选手一个人能够管理整个污水 / 工业废水的工厂，完成规定的管理目标和工作任务，但在我国院校的专业中并未开设水处理技术这个专业。因此，大家对水处理技术项目竞赛需要学习哪些课程、掌握哪些知识和技能、如何准备比赛等问题，还不是很清楚。尽管我国的水处理技术已经跃进世界先进行列，但与技术水平发达的国家相比，在技能人才培养理念、培养模式等方面，还有一定差距和不足，有待优化和完善。同时，我国的技能人才总量、技能水平还无法满足建设智能制造强国的需求，在对接世界标准、提升技能人才培养质量、适应技术发展需要等方面还要继续努力赶超，其中，培养众多技能人才、构建综合素质高的专业技术队伍是当务之急。

习近平总书记指出："人才是第一资源，国家科技创新力的根本源泉在于人。""要把教育摆在更加重要位置，全面提高教育质量，注重培养学生创新意识和创新能力。"为加强水处理技术专业人才队伍建设，提高其综合能力和水平，由世界技能大赛水处理技术项目中国专家组组长王湛教授组织牵头，凝聚全国各地职业院校、技师学院、水处理行业企业的专业团队和有关专家的技术力量，整合全国的优质宝贵资源，根据第 45 届和第 46 届世赛的技术标准和规范要求，本着"立足世赛前沿，致力打造精品"的原则，共同编写了"世界技能大赛水处理技术项目全国推荐教材"系列教材，其宗旨是传播世赛理念、对接世赛标准、普及水处理技术，将国际上最先进的科技理念、方法和方式高效快速融入专业学科建设和学生的日常教学活动中，以提高学生的综合素质，为保护中国的水环境，提升生态环境的治理效能，实现良性可持续性发展贡献智慧和力量。

本系列教材系首次编写，其内容涵盖选手必须掌握的世界技能大赛的基本功内容。通过归纳总结，将世界技能大赛对选手要求的基础知识和基本操作要领转化为日常的教学内容，融知识性、技能性和应用性于一体，可以加速提高学生的培训质量、强化学生的综合技术能力。该系列教材分为《化学生物分析技术》《泵管阀》《污水处理工艺技术》《自动化控制技术》四个分册。

《化学生物分析技术》是"世界技能大赛水处理技术项目全国推荐教材"之一。内容包括第一章化学实验室的 HSE 管理基础、第二章水环境化学基础知识、第三章化学分析基础知识、第四章仪器分析基础知识、第五章微生物学基础知识、第六章常用器皿的洗涤与存放、第七章实验室化学试剂的配制、第八章实验室常用仪器设备的使用、第九章化学分析基本操作、第十章数据的记录与处理和第十一章水质分析技术应用。

其中第一章由上海城建职业学院尚胜美、刘丽萍编写；第二章由山东工业技师学院张凯编写；第三章由山东工业技师学院贺琼、张新亮，内蒙古化工职业学院闫静，北京市工业技师学院高祯富编写；第四章由宁波职业技术学院施美霞、张凯编写；第五章由兰州资源环境职业技术大学万家秀编写；第六、七章由国家能源集团宁夏煤业有限责任公司谷宇和上海城建职业学院郭艳微、韩帮军编写；第八章由上海城建职业学院郭艳微、韩帮军、邹铁梅编写；第九章由上海城建职业学院邹铁梅、郭艳微、韩帮军和德州职业技术学院张月花编写；第十章由德州职业技术学院张肖肖编写；第十一章由北京市工业技师学院刘影、王冬、郭文清，河南化工技师学院张小勇，上海环境学校陈建昌，北京工业大学胡智、北京城市排水集团有限责任公司江梅，致环优创（北京）检测技术有限公司张建新编写。中国石油化工股份有限公司北京北化院燕山分院柳旭国、江西环境工程职业学院汪葵、北京城市排水集团有限责任公司杨彤、吉林工业职业技术学院白立军、天津渤海职业技术学院赵伟伟、贵州水利水电职业技术学院李燕灵、上海理工大学李飞鹏、南京师范大学王玉萍、兰州资源环境职业技术大学成莉燕、中山市技师学院赖惠珍、鹤壁市淇滨污水处理有限责任公司常洪芳、新疆伊犁州生态环境保护局沙吉旦•赛达林木、同济大学焦贺铭、心连心化学工业集团李泉、山东工业技师学院杜佩奇、北京城市排水集团有限责任公司张玮、中检集团理化检测有限公司严思凡、中国水务局集团有限公司邓红帅、兰州资源环境职业技术大学郭宏丽、北部湾大学黄宗昱、山东化工技师学院杨发财、新疆建设职业技术学院宋新梅、常州工程职业技术学院邓玉营、黄河水利职业技术学院李玉静、四川理工技师学院何燕、长治职业技术学院樊雅欣、重庆市现代职业技术教育研究院钱莉、北京电子科技职业学院郑明月、北京市城市管理高级技术学校褚梦乔、首钢工学院唐婷婷和宁夏工商学院冯盛丹分别承担全书各章节的专业校对和辅助编写工作。

全书由第45届、第46届世界技能大赛水处理技术项目中国专家组组长、北京工业大学王湛统编，北京市工业技师学院包英华、中国人力资源和社会保障出版集团高尚、山东工业技师学院贺琼、北京市工业技师学院李椿方和重庆市公共卫生学院韦美丫负责主审。本书在编写过程中，借鉴参考同行的众多研究成果和科学文献，在此一并向各位同行表示衷心的感谢。

限于种种原因，书中的不足在所难免，敬请各位读者多提宝贵意见。

编 者

2022年7月13日于平乐园

目　录

第一篇　化学生物分析基础知识

第二篇 化学生物分析基本操作

第三篇 水质分析技术应用

第一篇

化学生物分析基础知识

第一章　化学实验室的HSE管理基础

化学实验室技术人员必须了解各种化学药品的性质及它们所产生的危害。在化学药品的安全使用、仪表设备的安全运用、化学实验废物（废气、废液、生物危险废物、固废、噪声、放射性废物等）的安全处理和突发性情况的紧急处置等环节中都面临着许多环境、职业卫生与安全方面的问题。[1]HSE体系是在20世纪90年代发展形成的有关健康（health）、安全（safety）和环境（environment）的综合体系。HSE体系是系统化的防范体系，符合实验室规范化、制度化和程序式的管理工作要求，最大限度地降低了各类环境污染问题、产品事件和职业病的发生率。

1.1　化学实验室的职业健康管理要求

在化学实验室中有很多具有腐蚀性（corrosivity）、毒性（toxicity）或者易燃易爆性（flammability and explosiveness）的物质，同时在它们的使用过程中也伴随着产生蒸气、烟气、粉尘等有毒有害物质，将给人体健康带来危害。

1.1.1　化学实验室职业危害产生的途径

一、化学试剂的存储与使用

实验室的化学试剂品种繁杂，数量巨大，在存放过程中易挥发异味，再加上化学试剂存储点附近基本无通排风设备，因此，实验人员在存放试剂过程中，极易受到高毒性化学物质的危害。化学试剂，如盐酸、硫酸、氢氧化钠、氢氧化钾等大部分存在腐蚀性，如果实验人员使用不当或者容器的破碎造成腐蚀性试剂泄漏而与人直接接触，则会导致人被灼伤。此外，如果与禁忌物品混放，一旦出现物质泄漏则会产生剧烈的化学反应乃至爆炸，所造成的后果将不可估量。[2]

二、分析仪器管道等设备设施的老化

分析仪器管道等设备设施密封老化不仅会造成产品泄漏，还会产生一定量的有

毒气体。通排风设施使用年限过久，会导致通风橱门无法拉动的现象发生，容易使得有毒气体无法及时排出，导致现场环境恶劣并严重威胁到实验人员的身体健康。例如，气相色谱分析的载气会带出试样中的有毒、有害物质，再加上载气分子间空隙较大，若排风量不足，有害废气会以“低含量、长周期”的形式来危害实验人员的健康。

三、加热过程

按照安全操作规程的要求，加热过程（环节）需要由实验人员看护，而且必须在通风橱内操作。如果不按安全操作规程操作，实验人员有可能吸入有毒气体，并易发生灼伤事故。

1.1.2 化学实验室职业危害因素分析

化学实验室职业危害因素主要包含化学性危害因素和物理性危害因素。前者指化学实验过程中产生的有毒有害物质，经由呼吸、皮肤或消化系统进入人体内并对人体健康造成危害；后者主要指设备使用过程中产生的物理性危害。

一、化学性危害因素

1. 金属材料及类金属材料

金属材料及类金属材料包括镉、钡及其化合物、汞及其化合物、铅、砷及其化合物等。长时间与汞及其化合物频繁接触，会导致体能下降、睡眠障碍、记忆力下降等中枢神经系统病症，且汞易于在体内积聚，引起慢性汞中毒。锰、镉和铅等有毒化学元素只要进入人体内就很难完全消除，会对脑细胞和神经有一定危害，一旦流入血液，融合成血卟啉，就可能会引起肝硬化、肝癌等身体疾病。

2. 石油醚、正己烷、醋酸乙酯、丙酮、氯仿（三氯甲烷）、聚乙醛、甲苯、乙醇、四氯化碳等有机溶剂

在实验过程中会出现有毒的刺激性气味气体，经由肺部、消化道以及皮肤接触等方式进入人体后，对皮肤、呼吸道、眼结膜均会产生一定的刺激作用。长期接触高浓度且不易分解的有机污染物，可能会引起中毒性脑病，一般表现为眩晕、恶心、不同程度的意识功能障碍甚至晕厥等，这些属于所有有机溶剂共有的毒害作用。一些有机溶剂还可能具有其特定的危害作用，如对神经系统的损伤、脏器破坏、致癌作用等。比如甲醛的致敏、诱变性和致畸等作用，或者长时间接触低剂量的聚乙醛溶剂，可导致慢性肺部病变和染色体变异。[3]

3. 强酸强碱

强酸和强碱的强腐蚀性能造成皮肤灼伤、呼吸道黏膜破损等，进而导致许多高毒性有害物质的混合物经由呼吸道、皮肤等侵入人体内，并持续作用于机体，造成毒性物质相加的慢性副作用。但这种作用既不易被人注意也不易识别。

二、物理性危害因素

1. 烧伤、烫伤

实验人员在使用加热设备（烘箱、马弗炉、高压灭菌锅和水浴釜等）过程中可能被设备所产生的高热蒸气等烧伤或烫伤。此外，当强酸和强碱被稀释时会产生高温，也易引起灼伤或烫伤。

2. 射线

非电离辐射：紫外线、红外线和微波等不能引起物质电离的电磁波，其对人体的危害主要集中在以下方面。神经系统：导致自主神经失调，如头疼、疲劳、失眠、心情不稳等；心血管系统：导致心跳过缓、体重下降等；眼部：因长时间处于大强度微波的环境中，可出现双眼晶状体点形或小片混浊，个别还可出现职业性白内障。

电离辐射：气相色谱仪、液相色谱仪、原子吸收光谱仪等设备也会生成微量电离辐射。长时间接触电离辐射会导致头疼、严重失眠、记忆力减退，并伴随消化系统功能障碍，更严重可导致骨髓等造血系统损害。

3. 噪声

实验室的超声波清洗机、大功率离心机、通风柜和干燥箱等常用机械设备在工作时会形成各类噪声。如果长时间工作于有噪声的环境中，易使人注意力无法集中；影响人的心境与精神状态，引起焦虑、烦恼；使人听觉功能减退，严重时还可导致职业性噪声耳聋。

1.1.3 化学实验室职业危害因素控制措施

一、化学性危害因素的职业安全防护

1. 实验方法与化学药剂的选择

采用先进的实验方法和低毒的化学试剂，逐步淘汰落后的实验方法和高毒的化学药剂，从根源上减少化学因素对实验人员身体健康所带来的影响。

2. 实验室通风设备的有效使用

实验室通风设备可有效去除在实验过程中所形成的对人体危害的气体、悬浮粒子，以及在化学试剂储存时挥发出的危险有害气体，减少实验人员与危险空气的接触，保证化学实验中所用易燃易爆气体在使用、储存时的安全性。

二、物理性危害因素的职业安全防护

对于高热的防护，实验工作人员都要严格遵照安全操作规程，包括佩戴保温隔热性防护手套，使用坩埚钳，加热液体时须用玻璃珠防止爆沸等，以防止烧伤、烫伤。

对于射线的防护，应当遵循屏蔽、减少照射持续时间和保证安全防护的距离等原则。[4]

对于噪声的防护，应设置玻璃门窗进行隔音，实验人员应佩戴耳塞加以保护。此外，对造成较大噪声的陈旧装置应及时淘汰更换。

三、加强职业卫生日常防护和监护

对实验室工作人员需开展定期的职业安全防范专业知识培训，以提高对职业安全防范重要性的认识。培训内容要全方位，培训方式可多样化，还需进行全面考核，以确保培训效果。此外，还需配备必要的防护用品，做好实验室的自我安全保护和实验室人员的健康监测工作。

1.1.4 化学实验室职业危害个体防护

个体防护用品，又叫个人保护、劳动防护用品，是指劳动者在职业活动过程中，为了预防各类职业危害因素对身体造成的危害所佩戴或者配备的所有防护用品的统称。实验室必须配备适当的个体防护用品，以保护人体健康。

按照《个人防护装备配备规范　第 1 部分：总则（GB 39800.1—2020）》，个体防护用品主要分为头部防护（安全帽和防静电工作帽等）、眼面防护（面屏、护目镜等）、听力防护（耳塞、耳罩等）、呼吸防护（呼吸器、防毒面具等）、防护服装（工作服、防静电服、化学品防护服等）、手部防护（绝缘手套、耐酸碱手套等）、足部防护（安全鞋、防静电鞋等）和坠落防护（安全带、安全网等）。

个人防护用品种类繁多，但错用防护用品往往达不到预防的目的。所以，人们需要对实验室环境和实验过程中的影响因素加以鉴别，正确选择并穿戴防护用品。针对实验的实际情况，实验人员主要的安全防护包括以下几个方面。

一、面部防护

进行可能引起固体或液体飞溅的实验时，应当佩戴面屏或防护面罩；佩戴防护眼镜（镜框应有遮盖），避免化学溶剂溅入眼睛；长期在噪声环境中工作需佩戴耳罩或耳塞。

二、呼吸防护

通过使用通风设备和佩戴呼吸防护用品（防护口罩、防毒口罩、防毒面具等），可防止吸入化学药剂而产生健康危害。化学试剂标签和化学品安全技术说明书（MSDS，material safety data sheet）标签中包括了这些化学物质的危险性和通风条件。如果存在吸入有毒气体的隐患，或化学试剂标签与MSDS标签上有“在适当通风条件下进行”“防止吸收蒸气”“在通风橱内进行”“进行局部通风”等警示时，必须采取必要的措施才能使用该试剂。在实验室内，通风设备和呼吸防护用品是保护实验人员呼吸系统最重要的措施。

三、手部防护

手部防护用品包括绝缘手套、耐酸碱手套、防静电手套、耐高温阻燃手套等。根据实验中所用的化学试剂、可能发生的事故、潜在的危险以及使用的便利性等选择合适的手套。在每个操作前都必须测试手套的安全性。对于接触危险性化学药品或可能接触到危险性化学药物的化学实验，必须戴防护手套。

四、防护服装

进入实验室必须穿实验防护服，其功能是避免人体与化学试剂、化学粉尘直接接触，从而使药剂的溅蚀及洒出引起的影响最小。即使在一些实验中身体不会直接接触危险化学试剂，但仍需穿实验防护服以尽量减少身体在实验室内的暴露程度。同时可佩戴实验防护帽来保护头发和头皮免遭化学污染。

实验室应配置急救药箱、紧急喷淋、洗眼器等安全应急设备及物品，用于实验人员受到较小的意外伤害时的快速简单处理。

1.2 化学实验室的安全管理要求

化学实验室的安全管理，常设有专门的机构负责。实验人员在进入实验室前，需先了解实验室的自然环境，熟悉化学实验过程，对实验方案了然于心，进入实验室应注意遵守安全警示，做好相关风险管理。

1.2.1 化学实验室的制度管理

提升实验室工作人员的安全意识，取决于实验室安全规章制度的制定和落实，以及形成有效的实验室安全氛围。因此，建立健全实验室规章制度对实验室安全管理起到关键作用。为保障实验安全有序开展，必须制定以下相关制度。

一、化学物品的存放、保管制度

应严格遵照《常用化学危险品贮存通则》（GB 15603—2022）、《危险化学品安全管理条例》（2002 年中华人民共和国国务院令第 344 号发布，2013 年修订）的有关规定，并设立专人管理制度，执行化学试剂出入库房登记管理制度。固体、液体试剂分门别类存放，严禁将能发生化学反应、产生有毒有害和易燃易爆物质的试剂存放于同一柜子。储存有机溶剂的柜子，统一安装排气通风系统。高毒化学药剂单独设置存放空间，同时存放于保险箱中，并采用双人双锁、双人双发，使用过程中由监管人全程监护的管理模式。[5]

实验室内化学试剂日常储备量须按照相关法规标准确定。有阳光照射的房间应当有门窗，在阳光可以照射到的场所，不应该堆放怕光或遇热能分解易燃的物质，更不要堆放遇热易挥发的物质。

二、化学药剂的使用制度

要建立化学实验室 MSDS 数据资源更新制度。禁止将明火及高温灯具放置在存有易燃和易爆物品的工作位置上。禁止使用无绝缘隔热底垫的电热仪器。未采用可靠措施，严禁进行可能引起燃烧、爆炸的药品作业。严禁将汞、酸、碱、硫化物、易于燃烧的液体和含有爆炸物或有毒的液体等化学废弃物直接注入水槽。严禁在实验台放置与实验过程无关的化学物质，特别是浓酸或易燃易爆物质。

灌装大剂量的易燃易爆、可燃物质（醇、酸类电解质除外），应做好防静电处理。

针对特性不详或未知的物质，要在实验前做好应急预案并做好保护措施，做到防火防爆，从小剂量开始做实验。应在通风橱或通风良好处开展汞、酸及其他产生有害蒸气的工作，同时，实验人员还应穿戴好个人防护用品。存放在容器中的化学药品，应当立即贴上标签，若发现异常现象，应当检查并询问存放人，严禁乱扔乱放，危险物质应集中储存和处置。无法利用或者保存的药物，必须按照法律法规及时处理或者销毁。

三、健全安全操作规程

建立健全各种安全操作规程，并要求有关人员严格遵守，杜绝一切因侥幸或思想麻痹而出现的误操作行为。提高从业人员安全责任意识，防止人为造成火灾或爆炸事件。

四、完善其他安全管理制度

建立实验室安全警示标识化管理制度。注意实验室用电、用火安全。明确实验室的特殊仪器设备的应用、维护与保养管理制度，包括高压气瓶安全使用与监督管理规范。制定剧毒化学品监督管理措施、危险化学品废弃物管理规范等。根据需要配备合适的灭火器材。在实验室主要工作区域设置视频监控，以督促作业人员防护用品的落实，也便于提取异常事件的事后调查证据。

1.2.2 化学实验室的安全风险管理

一、化学品

化学试剂大多具有一定的毒性和危险性，所以必须加强对化学试剂的安全风险管理，了解化学试剂的理化性质及其危害程度，从而进一步确认其存放、使用过程中需要注意的问题，并确保周围没有易燃物及可能构成或加大安全威胁的物品，保证危险化学品存放环境的安全，做好风险预估和防范工作。

因此，依据法律法规对化学试剂储存和使用进行管理十分重要，同时也必须要配备各类物品潜在危险性的警示标识系统，建立 MSDS 数据资源库，采取有效的风险管理措施：

①每个物品必须贴有清晰正确的标签，标签要符合国家法规要求；

②必须使用安全包装盒储存化学试剂，并采取适当的隔离措施；

③要准备所有危险品的 MSDS 并保持其时效性，保证所有用户都可以查看；

④应该有符合职业安全法规的操作规程；

⑤制定危险物品安全使用（倾倒移液，标签，储藏，防溅洒，隔离和购入）管理制度；

⑥化学品的库存量保持最低；

⑦备存库存单，且确保所有药剂在有效期内；

⑧实验室内多余的化学品进库存放；

⑨尽可能减少有毒物质的使用。

二、用电

实验室的工作人员经常接触电气设备和分析仪器，如果实验人员违规使用或者误操作，极易引起电气事故。再加上实验室内湿度高、腐蚀性气体、易燃易爆材料等危险有害因素，极易引发电气火灾事故。所以做好实验室用电风险管理，确保实验工作安全和仪器设备高效运转十分必要。

符合安全用电管理的电源维护、保养等内容是实验室规范的主要法规依据。制定实验室电器设备的安全操作规程与管理制度是非常必要的，尤其是高耗电装置。对电器设备类的使用、维修、保养、状态标识、定期检查等应有记录，并使之保持完好可用状态。[6]

可有效防范用电风险的注意事项：

①大功率设备用电使用专线，严禁与照明线共享，不用时应及时关闭电源；

②对可能产生静电的部位、设备等，要有明显标志和警告；

③不使用通风橱时要将其关闭，并且窗扇高度要尽量降低；

④严禁湿手接触电气设备；

⑤禁止在水槽旁安装电器插座；

⑥在启动工作前，应检查用电装置的电源电压、功率是否符合规定，安装是否正确，以及接线是否安全，是否有可靠的接地线等；

⑦遵守用电设备的操作规程，离开时要切断电源；

⑧依据电器的负荷来科学地选择适当的保险丝，不能任意增加或使用铜丝替代；

⑨实验室里严禁有裸露的电线接头，要切实注意室内发出火花的危险性，发现用电设备有过热现象，应立即停止运行；

⑩不要私自拆动和更改实验室内的用电设备和电线，更不能乱拉乱接电线；

⑪临时断电后，应关掉所有设备的电源开关，待恢复正常供电后再重新操作；

⑫当电气动力设备过热（超过最大容许温度）时，应立即停机，并进行检修；

⑬实验室内各种电气设备，严禁私自拆动或随意进行维修；

⑭下班前仔细检查所有电气设备的电源开关，确定全部关掉后方可离开；

⑮出现触电或其他电气事故时，应立即断开电源，并采取相应的急救措施。

三、用气

实验室中使用的气体，按用途可分为载气、燃烧气、助燃气等。按照供气方式可分为分散供气与集中供气。分散供气是将气体发生器或气瓶分别放在各个仪器所在的分析室；集中供气是将各实验分析仪器需要使用的各种气体钢瓶全部放在实验室外独立的气瓶间内，进行集中管理，气体以管道的形式输送至不同的实验仪器上。由于实验室使用气体种类多，用途和供气方式不同，在使用过程中存在大量不安全因素，因此应加强用气的安全风险管理，尤其是对气体储存容器，例如气瓶、减压阀等的管理。

1. **气瓶**

气瓶一般是钢制的压力容器，底部为半球体形，外部一般设有钢件基座，以便于竖放。瓶中含有大量高压气体，在搬运、转运、碰撞等条件下易受到外界的作用力影响，存在安全隐患。因此，对气瓶的材料、存放及安全使用要求高，目前常选用无缝合金或锰钢作为气瓶材料，具体的存放及安全使用要求如下：

①气瓶应当储存于阴暗、干燥、避开热源的室内，同时也要严防明火，防止曝晒，可燃性气体一般禁止进入实验室内；

②气瓶使用后必须垂直稳定安装，避免倾倒；

③搬运气瓶时轻拿轻放，避免摔掷、击打、翻滚以及产生强烈震动，搬运时瓶口戴好安全帽，防止意外摔断瓶口引起事故；

④气瓶须定期进行检测检验，不合格的气瓶报废并降级使用；

⑤气瓶的减压阀必须专用，且装配时螺扣要上紧（应旋进七圈螺纹，俗称“吃七牙”）；

⑥易发生聚合反应的乙炔、乙烯等气态钢瓶，必须在规定储存期限内使用；

⑦氧气瓶及专用工具不得与油脂类物品碰撞，作业人员也不得穿着染有油脂及污垢的服装、手套开展作业；

⑧装有易燃气体的钢瓶，如氢气瓶等与明火之间的间隔应不少于 10 m；

⑨瓶内气体不能全部耗尽，一般应该保留 0.2~1 MPa 的余压；

⑩气瓶安装前应进行安全检查，并注意气瓶上的颜色和标字，对所盛装气体进行确认；

⑪禁止在气瓶上从事焊接加工引弧作业，也严禁从事焊接修理作业；

⑫禁止将液化气瓶中的液化气向其他气瓶倒装，禁止自行处理气瓶中的残液；

⑬气瓶须为专瓶专用，严禁私自改装，以避免性质上相互抵触的气体因相混产生化学反应而爆炸；

⑭气瓶所用的减压阀门要专用，氧气瓶所用的减压阀门可用在氮气以及空气气瓶上，但将氮气瓶的减压阀门用在氧气瓶上之前需要先把油脂完全清除。

2. **减压阀**

气瓶上部设有开关阀门，在侧面支管上连接螺纹，用以连接减压阀。在实验中，还采用了缓解式加压器（减压阀 / 器），使气瓶内放出气体的压强达到实验所要求压强。根据不同的工作压力使用不同的减压阀，减压阀表面涂有不同的颜料，其颜色标识与气瓶喷涂的颜料标识相同。在安装减压阀时，应当小心减压阀门的支管接头，并避免螺纹或丝扣滑牙，以防因装旋不牢而泄漏气体或将高压射出。拆卸后应小心轻放，并妥善保管，以防止碰撞、震动，切勿置于有腐蚀性气体的工作场所，也应避免灰尘掉入表内，以防阻塞或失灵。在实验完毕后，关闭气瓶气门，使减压阀中的气体全部放尽，而后再将调压的螺杆旋松，如仍未旋开螺杆，则弹簧持续受力，会导致减压阀的压力表失效。

四、隐患排查及事故应急处置管理

1. 预防为主，定期排查事故隐患

化学实验室的定期安全检查必不可少。由相关负责人员每周或者每月进行一次安全隐患排查工作，可以有效消除各项安全隐患，保证实验室的安全运行。

（1）电路隐患

电路隐患主要包括用电设施是否符合实验的各项要求，线路有无老化、失灵问题；基础设备是否健全；设备电路在发生重大问题后的抢修方法是否合适；大型仪器的运转是否正常有序；短路问题有没有频繁发生；排风口是否通畅；有没有漏电；等等。[7]

（2）化学品隐患

化学试剂品种繁杂、特性不同，存在着易挥发、易燃、易爆、有毒等风险，如果长期存放或处理不当，一旦出现明火或静电，就非常容易造成化学起火和中毒的事件。气相色谱仪或原子吸收光谱仪等仪器设备，在操作过程中还会使用到爆炸性气体，危险系数极高。此外，实验室人员流动较大、工作时间不稳定，从而对化学试剂的领取、使用、储存等环节管理松散，也是化学品安全事故发生的原因之一。

（3）机械操作隐患

实验过程中常常会用到一些危险系数较大的基础设施，有些设备功率过大，有些设备运转速度过快，还有一些设备辐射性较强。因此，使用过程中应十分注意，防止危险出现。

（4）安全防护设施隐患

一些特殊的实验可能会用到明火，而当前个别实验室中缺乏消防设备，包括消防器材、喷淋设备等，一旦发生危险很难在第一时间把火熄灭，从而导致无法挽回的损失。

2. 事故的应急处理

化学实验室必须建立安全预警体系，配备安全应急设备（灭火设备、应急喷淋和

洗眼装置、急救箱等），并张贴紧急逃生疏散路线图，有需要的实验场所配备符合设计规范的通风系统。针对实验室自身特点制订相应的重大事故应急预案，并定时演习演练。一旦实验室因特殊情况发生事故，一定不要慌乱，需保持冷静并及时采取正确的处理方法，将伤害程度降到最低。

（1）火灾事故

发生火灾时，立即切断电源，同时组织人员疏散，远离火场。如果险情可以控制，使用灭火器开展初期大火扑救。如火势已扩大，应立即拨打 119 火警电话。由于化学实验室可能存在大量易燃易爆的固体化学品和有机溶剂等，在扑救中可以采用二氧化碳灭火器、干粉灭火器或沙子、灭火毯等消防器材，不要用水灭火。

（2）中毒事故

发生化学品中毒后，要针对化学物质的有毒特征和中毒程度采取相应对策，并及时送到医院处理。实验室的工作人员不慎将有毒物质吸入口中时，可先食用奶油、打溶的蛋、淀粉糊、土豆泥和水等减少胃液中有毒物质的含量，以延缓毒物被身体吸收的速率并防止损伤胃黏膜，同时催吐，并立即送医院抢救。一旦怀疑有毒气体排放或泄漏，可能吸入时，必须立即开启窗户通风，或将中毒者转移至户外，解开衣领的纽扣，并让病人进行深呼吸，在必要时进行人工呼吸。待人工呼吸好转后，及时送到医院处理，同时疏散人员离开现场到安全空旷的地方，并向上级报告事故情况。

（3）触电事故

发生触电时，必须让触电者迅速脱离电源。应立即关闭电源开关或拔掉电源插头，如无法及时找到或断开电源，可以使用干燥的木棍、竹竿等把电线拨开，让伤员脱离电源；若病人呼吸、心跳停止，应立即实施心肺复苏术，并呼叫救护车，同时由专人向上级汇报。[8]

（4）化学药品灼伤

要针对药品特性和灼伤范围采取相应的保护措施。当化学试剂流入眼睛，切不可用手揉眼睛，需用抹布擦去飞溅到眼外的药物试剂，然后再用水冲洗。若是碱类试剂，须用饱和硼酸水溶液或 1% 醋酸溶液洗净；若是酸性试剂，须先用碳酸氢钠稀溶液洗净，然后再滴入少许蓖麻油。如一时找不到这些溶剂而情况危急，用大量蒸馏水或自来水洗净，然后再送到医院处理。

如果皮肤不慎被强酸溶液灼伤，应先用大面积清水冲刷 10~15 min，以避免灼伤面积的进一步增加，然后再用饱和碳酸氢钠液或香皂液进行冲洗。不过，在身体被草酸灼伤时，不要采用饱和碳酸氢钠溶液中和，这是因为碳酸氢钠碱性较强，会形成刺激，应该采用铝盐或钙盐类进行中和。

如果皮肤被浓碱灼伤，迅速用水清洗至表面皮肤不光滑即可，然后再用稀醋酸或柠檬汁中和。不过，如果皮肤表面被生石灰灼伤，应该先用油脂类的物质去除生石灰，然后再用水清洗。

如果皮肤被液溴灼伤，应立即用 2% 的硫代硫酸钠溶液冲洗至皮肤伤处呈白色；或先用乙醇清洗，再涂上甘油。如果眼睛受溴蒸气影响而无法睁开时，可对着盛放乙醇的试剂瓶里注视片刻。

如果皮肤被酚类化合物灼伤，先用乙醇冲洗，再涂上甘油。

（5）玻璃割伤

玻璃割伤时，作为紧急处理，应该先止血，以免因大量出血而造成休克。一般可以用手指或纱布直接挤压受伤部位止血。

对玻璃片或玻璃管引起的外伤，首先应该查看伤口中有没有玻璃碎片，以免在压迫止血时把破的玻璃片压深。如有玻璃碎片，应先用镊子将玻璃碎片取出，然后用消毒棉签和硼酸溶液或双氧水溶液冲洗伤口，最后再涂上红药水或碘酒（两者不能同时使用）并迅速包扎好。如伤口较深，或出血不止，可于伤口上方约 10 cm 处用纱布扎紧，压迫止血，并及时送到医院处理。

1.2.3 化学实验室的人员管理

实验室的组织结构是落实安全管理各项工作和规章制度的必要条件。要实现实验室安全管理工作的统一领导和组织，单位须建立由负责人主管的专门机制，构建全方位职责分明、无缝对接的安全管理结构。在管理的每个阶段、每个环节都需要落实安全责任制度。在实验室管理方面，规定每一个实验室都配置一定的实验管理人员，严格执行实验室的各种规定、注意事项以及具体的安全管理细则。[9] 明确不同层次安全负责人所应肩负的责任和所承担的工作，以保证将实验室安全管理落到实处。化学实验室人员的岗位安全职责如下：

①必须严格遵守实验室各项安全规章制度，牢固树立“安全第一”的观念；

②化学试剂和实验仪器设备需由实验室中的工作人员妥善保管，并做好有毒有害、易燃易爆的危险化学品及常用实验药品和仪器设备使用清单和登记记录，特别是对危险化学品的保管和使用，严格执行专人专柜、双人双锁的管理制度；

③应了解相关试剂的 MSDS 知识并遵守相应的规定；

④应充分掌握实验室的标准规范和操作规程，以及与标准规范和操作规程相关的工作要求；

⑤应接受安全操作培训；

⑥应了解工作中法律规定的环境职责；

⑦如果必须进行没有人监督的实验，要确保实验仪器设备具有防火灾、防爆炸、防水患等功能，同时实验室灯保持常开，并在门上注明紧急情况联系人电话及可能导致的事故危害等。

1.3 化学实验室的环保管理要求

实验室“三废”（the three wastes）是指在实验过程中产生的废液、废料和废气。化学实验不同，产生的“三废”中所含的有毒有害物质种类、数量和危害也不同，有显著差异。为保证实验人员的健康及避免环境污染，实验室“三废”的排放也应达到国家规定的排放标准，避免因随意排污而导致意外事故和污染。

1.3.1 废液处理

化学实验室排放的化学废液禁止直接倒入地下，或排入河流，以防污染水体、土壤。国家生态环境部对废液的排放浓度范围有严格限制。除洗涤用水，废液一般不能倒入水槽和下水道。当化学试剂本身有毒或易致敏时，其洗涤用水（如青霉素类、含氰化物的洗涤用水等）也要收集并统一处理，并且应配备应急保护设施和装置，防止突发污染情况。因此，化学实验室要识别“风险类别”，按照“三废”相关管理制度进行处理，达到环境污染风险管理的目的。具体要求如下：

①无污染或污染不大，符合污染排放标准的废液，可直接排入下水道，尽可能避免出现洒溢，一旦出现，立即处理；

②废液集中收集、过滤、中和，消除毒害作用并符合排放标准后由污水口排出，或交由有资质的单位处理；

③废液存储地点须提供 MSDS 中要求的个人防护装备；

④对于任何无意识的废液排放，包括化学品的泄漏，应制定应对措施并置备防洒溅装置以处理风险，从而最大限度地降低风险。

1.3.2 废料处理

实验室应对产生废料的种类、数量及其危害性进行风险评估，甚至重新设计，尽可能降低其产生量，满足最小（少）化原则。在满足实验需求的情况下尽量减少或者循环利用物料，降低废料的产生。严禁将实验室废料与生活垃圾混在一起，应将实验室废料交由有资质的单位处理。

1.3.3 废气处理

废气处理通常指对在一些实验中出现的会影响安全与环保的废气的处置，如一氧化碳、氨、苯酚、一氧化氮、溴化氢、氟化物气体或蒸汽等。但事实上，由于进行这些类型的实验一般是在通风橱中进行的，所以操作者只要进行了防护就不会引起危害。在实验中所形成的少量有毒有害气体或蒸汽，可以直接利用通风装置排到户外。对于少量的较低浓度的有害气体，排到户外这种处理方法是允许的，这是由于少量的危险物质在大气中会经过稀释和扩散过程，危害程度大大降低。但对大量的高浓度废气体的排放，在排出以前，还需要先做好废气的处理工作，使排出的废气满足国家污染物排放标准要求。

实验室最常用的废气预处理方式为吸收法。即按照所吸收废气成分的特点，选用适当的吸收剂（液）。比如，溴化氢空气可用氢氧化钠水溶液吸收，二氧化硫、氧化氮等气体可用水吸收，氨水可被水或酸溶液吸收，氟化物、氰化物、溴、酚类等也可被氢氧化钠水溶液吸收，硝基苯也可被甲醛溶液吸收等。此外，吸附法、冷凝法、燃烧法等也被用于废气的处理。

参考文献

[1] 付国庆，张玲，石玉琴．中外高校实验室安全管理体系比较［J］．西北医学教育，2013，21（05）：900-902+909.

[2] 陈双兰．某石化企业实验室职业病危害因素控制［J］．安全、健康和环境，2013，13（04）：23-25.

[3] 邓桂芳．有机溶剂的毒性隐患及其急救与控防措施［J］．塑料制造，2015，（08）：56-61.

[4] 田雨来．化学实验室职业病危害的防控探讨［J］．化工管理，2021（12）：36-37.

[5] 尚红光，王爱珉．基层实验室职业病危害因素及安全防护措施[J]．职业与健康，2014，30（11）：1547-1549.

[6] 殷馨．化学实验室安全与环境保护规范化管理[J]．实验科学与技术，2011，9（05）：166-168.

[7] 严敏杰．高职院校化学实验室安全隐患分析及应对策略探究[J]．科技创新导报，2019，16（16）：190-191.

[8] 胡长春．化验室管理工作需要注意的事项探讨[J]．中小企业管理与科技（中旬刊），2017（12）：25-26.

[9] 李浩，侯永振，田兵伟．提升高校实验室安全管理的对策和措施探讨[J]．实验科学与技术，2021，19（02）：146-150.

思考题

1. 静电的防护措施主要有哪些？
2. 实验室气瓶如何存放？
3. 如何加强通风橱的废气排放污染风险管理？
4. 总结非电离辐射对人的主要危害。
5. 总结实验室手部的个人保护。
6. 化学实验室隐患主要有哪些？
7. 简述实验室触电事故的应急措施。
8. 总结实验室安全管理的内容。

练习题

1. 高毒化学药剂单独设置（　　　　），同时存放于保险箱中，并采用（　　　　）、（　　　　）制度，使用过程中由监管人全程监护。

2. 针对特性不详或未知的物质，要做好（　　　　），做到（　　　　），从（　　　　）剂量开始做实验。

3. 依据法律法规对危险化学品储存和使用进行管理，要配备各类物品潜在危险性的（　　　　）系统，建立（　　　　）资源库，采取有效的风险管理措施。

4. 出现触电或其他电气事故时，应立即（　　　　），并采取相应的（　　　　）。

5. “三废”（the three wastes）指的是在实验过程中，产生大量的（　　　）、（　　　）和（　　　）。

6. 实验室对废气处理最常见的方法为（　　　　）。除此之外，废气处理方法还有（　　　　）、（　　　　）、（　　　　）等。

7. 在（　　　　）中需要由实验人员看护，近距离接触容易导致实验人员吸入有毒气体，并易发生灼伤事故。

8. 如果皮肤被液溴灼伤，应立即用（　　　　　　　　　）冲洗至皮肤伤处呈白色。

9. 做有危险的实验前，应向实验室负责人申请，申请通过并确保（　　　）人以上参与，实验方可进行。

10.（判断对错）实验中使用的少量可燃化学材料含量可以稍大于五千克，但须专人存放。（　　）

11.（判断对错）严禁将汞、酸、碱、硫化物、易于燃烧的液体等化学废弃物直接注入水槽。（　　）

12.（判断对错）在实验室主要工作区域设置视频监控的目的有两个，一是监督作业人员的工作情况；二是便于提取异常事件的事后调查依据。（　　）

13.（判断对错）如果实验室室内湿度大，即使有易燃易爆材料等危险有害因素时，也不容易引发电气火灾事故。（　　）

14.（判断对错）化学实验室中的洗涤用水一般都是倒入水槽和下水道。（　　）

15.（判断对错）在实验环境中所形成的少量有害蒸气，可以直接利用通风装置排出到户外。（　　）

16.（判断对错）在实际应用过程中，实验室所涉及的生物样品和化学试剂中大部分都存在侵蚀性，如盐酸、硫酸、氢氧化钠、氢氧化钾等。（　　）

17.（判断对错）各种防护用品的制造经过符合国家规定的科技行政部门认证就可以制造。（　　）

18.（判断对错）当药物试剂流入眼睛，可以用手揉眼睛，同时用抹布擦去飞溅到眼外的药物试剂，然后再用水冲洗。（　　）

19.（判断对错）实验室中全体人员都应该了解工作中法律规定的环境职责。（　　）

第二章　水环境化学基础知识

2.1　水环境化学概论

水环境化学（aquatic chemistry）又称水化学，是环境化学（environmental chemistry）的分支学科之一。重点研究天然水体的污染过程和各种废水的净化过程，以及在净化过程中物相之间的化学转移、物相的归宿和变化趋势。

2.1.1　水质（water quality）概况

水是世界上分布范围最广、最丰富的物质之一，地表有约 70.0% 的面积被海洋所覆盖，世界上的总水量大约为 13.86 亿立方千米，主要来自海洋、降雨、地表水（湖泊、河流、水库等）、地下水及生物体内的水等。但是可被人类利用的淡水资源仅占全世界总水量的 0.26%。

一、天然水概况

1. 天然水的组成成分

在水循环过程中，风蚀和水迁移运动向水体传递着周围环境中的矿物质和有机质，从而使天然水产生了不同组成。按照状态不同，天然水中的组成成分大致可以分为悬浮物质（suspended substance）、胶体物质（colloidal substance）和溶解物质（dissolved substance）三大类（见表 2-1）。

表 2-1　天然水体的组成成分表

分类	主要物质
悬浮物质	细菌、藻类及原生动物、泥沙、黏土以及其他不溶物质
胶体物质	硅、铝、铁的化合物等无机矿物质胶体，腐殖质等有机胶体物质
溶解物质	氧、二氧化碳、硫化氢、氮等溶解气体，钙、镁、钠、铁、锰等离子的卤化物，碳酸盐、硫酸盐等盐类，其他可溶性有机物

2. 天然水的化学成分

天然水的组成极其复杂，而且各类不同形态的组分也很复杂，因此天然水的化学成分也很复杂。根据天然水中各类物质的性质的差异，可以将天然水的化学成分大致分为以下几类。

（1）主要离子成分

自然界中水体最常见的离子（ion）包括 K^+、Na^+、Ca^{2+}、Mg^{2+}、HCO_3^-、CO_3^{2-}、Cl^- 和 SO_4^{2-}，这八种离子占自然界中水体离子总数的 95%~99%，因此为表征自然界水体的主要指标。如硬度（hardness）以 Ca^{2+}、Mg^{2+} 表征，碱度（alkalinity）以 HCO_3^-、CO_3^{2-}、OH^- 表征。自然界水中的离子大部分来自岩层的自然风化，该过程也被称为矿物质化（mineralization）过程，矿物质化过程中流入自然水域中的离子总量被称为总盐分，一般以 TDS（total dissolved solid）表示：

$$\mathrm{TDS} \approx [K^+]+[Na^+]+[Ca^{2+}]+[Mg^{2+}]+[HCO_3^-]+[CO_3^{2-}]+[Cl^-]+[SO_4^{2-}]$$

（2）溶解气体

溶解于水的气体主要有 O_2、CO_2、CH_4、NH_3 等，这些气体对水中生物种类的存在产生十分重大的影响。例如，水中生物需要一定量的溶解氧（dissolved oxygen，简称 DO），溶解氧的浓度过低会引起一些生物窒息死亡，溶解氧浓度过高会引起厌氧菌（anaerobic bacteria）死亡。水体中溶解氧的主要来源有两种：空气中的氧溶解于水中以及水生植物光合作用生成的氧，溶解氧主要用于有机物的氧化分解和有机体的呼吸作用，一般含量为 0~14 mg/L。气体在水中的溶解度服从亨利定律，即某种气体在液体中的溶解度正比于液面上该气体的平衡压力。气体在水中的溶解度随着气温的上升而减小。

（3）有机物

水中的有机物主要是由 C、H、O 所组成，同时含有少量的 N、P、S、K、Ca 等其他元素。天然水中的有机物大部分呈胶体状态，部分溶解于水中，部分呈悬浮状态。主要来源有两类：一是来自水体之外的有机物，比如水从土壤、泥炭和其他有植物遗体的各种形成物中溶滤出来的物质，以及随污水流入的有机物；二是来自水体中的有机物，主要是由于水体中各种水生生物的死亡，有机物不断地进入水体中，其中一部分生物残骸留在水中，成为其他生物的食物或被分解；另一部分则沉入水底，经分解变化成为稳定的化合物。

（4）微量元素

微量元素是指在水中含量小于 10 mg/L 的元素。水中比较重要的微量元素有 F、Br、I、Cu、Zn、Pb、Ni、Co 等，以及放射性元素 U、Ra、Rn 等。

二、废水概况

根据污染物产生的来源不同，废水可分为工业废水和生活污水两大类。

1. 工业废水

工业废水是指在工业生产过程中所产生的废水，因生产工艺过程、产品种类和原材料等的不同而变化，污染和危害都比较大。

工业废水的特点主要表现为水质水量变化大，组成复杂，污染严重。工业废水常含有大量的有毒有害污染物，如强酸、强碱、有机物、重金属、放射性污染物等。不同工业的生产废水，其水质差异很大，如有的工业废水中化学需氧量浓度仅为几百毫克每升，而有的会高达几十万毫克每升。一般而言，工业废水须经局部处理达到要求后才能排入污水处理系统。常见工厂废水中含有的主要有害物质见表 2-2。

表 2-2　常见工厂废水中含有的主要有害物质

类别	废水中的主要有害物质
焦化厂	酚类、苯类、氰化物、硫化物、焦油、氨等
化肥厂	酚类、苯类、氰化物、氟化物、碱、氨等
电镀厂	氰化物、铬、锌、铜、镉、镍等
化工厂	酸、碱、氰化物、硫化物、汞、铅、苯、硝基化合物等
纺织厂	硫化物、碱、铬、甲酸、洗涤剂等
皮革厂	木质素、硫化物、碱、氰化物、汞、酚类等
造纸厂	苯、磷、铅、酸、碱、各种农药、氯醛等
钢铁厂	酚、氰化物、吡啶、酸等

2. 生活污水

生活污水是在人们日常生活中所产生的各种污水，主要来自家庭、商业、机关、学校、医院及工厂等生活设施排水，如洗衣、厨房洗涤、沐浴、冲洗厕所等产生的污水。生活污水的特征是水质比较稳定，其主要成分为淀粉、糖类、脂肪和蛋白质等有机物质，以及氮、磷等营养物质。来自医疗单位的污水是一类特殊的生活污水，含多种病原体，主要危害是引起肠道传染病。影响生活污水水质的主要因素有生活水平、生活习惯、卫生设备及气候条件等。

2.1.2　水的性质

一、天然水的性质

1. **碱度**

碱度指水中能和强酸发生中和作用的全部物质，即接受质子（H^+）的物质总量。组成水中碱度的物质包括强碱（strong base）、弱碱（weak base）和强碱弱酸盐（strong alkali and weak acid salt）。

测试溶液时，用甲基橙（methyl orange）为指示剂（indicator），用一个强酸标准水溶液滴定，当水溶液由黄色转变成橙红色（pH 约 4.3）时停止滴定，得到的结果为碱度（甲基橙碱度）。以酚酞（phenolphthalein）为指示剂，溶液 pH 降到 8.3 时，OH^- 被中和，CO_3^{2-} 全部转化为 HCO_3^-，所得的碱度结果被称为碳酸盐碱度（酚酞碱度）。

例如，1.00 mol/L 的 NaOH 水溶液和 $NaHCO_3$ 水溶液，一个是强碱，一个是强碱弱酸盐，其 pH 也是不同的，而用 1.00 mol/L 的 HCl 水溶液去中和，消耗 HCl 水溶液的量是一样的，所以，两者的碱度是一样的。所以碱度也被理解为对于不含其他酸、碱性盐类的碳酸盐水溶液体系，加酸中和至水中的 HCO_3^- 和 CO_3^{2-} 已经完全转变为 CO_2 时所需要的强酸的总含量。而通过质子平衡条件，就可以得出碱度的表达式：

$$碱度=[HCO_3^-]+2[CO_3^{2-}]+[OH^-]-[H^+] \qquad (2\text{-}1)$$

2. **酸度**（acidity）

酸度是指能与水中强碱形成中和作用的所有物质，即释放 H^+ 或通过水解也能生成 H^+ 的所有化合物的总和。构成水中酸度的主要化学物质，包括强酸（strong acid）、弱酸（weak acid）和强酸弱碱盐（strong acid and weak alkali salt）。以甲基橙为指示剂时滴定到 pH 为 4.3，获得无机酸度；以酚酞为指示剂时，滴定到 pH 为 8.3，获得游离的 CO_2 酸度。实际酸度应在 pH 为 10.8 时得到，但该 pH 滴定曲线并无突跃，且缺乏合适的指示剂，故通常以游离 CO_2 为酸度的指标。再结合溶液质子平衡条件，得到酸度的表达式：

$$酸度=[H^+]+[HCO_3^-]+2[H_2CO_3]-[OH^-] \qquad (2\text{-}2)$$

3. **缓冲能力**（buffer capacity）

自然界水域的 pH 通常为 6~9，而针对某一种水域，其 pH 基本维持恒定，说明存在一定的缓冲水平，是一种缓冲关系。通常认为，水体中含有的各种碳酸分子物质影响着水体的 pH 并使之产生缓冲作用，另外，水体与周围环境接触的物理、化学和生物化学作用，也对水体的 pH 产生了很大影响。

4. **硬度**

天然水中含有 Ca^{2+}、Mg^{2+} 总量称为水的硬度。水的总硬度包括碳酸盐硬度（carbonate hardness）（经过加热能以碳酸盐形式沉积留下来的 Ca^{2+}、Mg^{2+}，又称暂时硬度）和非碳酸盐硬度（non-carbonate hardness）（加热后不能沉积留下来的那部分 Ca^{2+}、Mg^{2+}，又称永久硬度）。通常以"度"作为水的硬度单位，即 1 L 水中 CaO 和 $CaCO_3$ 的含量。不同的国家对于硬度有不同的界定方式：

德国：1 L 水中含有相当于 10 mg 的 CaO；

法国：1 L 水中含有相当于 10 mg 的 $CaCO_3$；

英国：1 L 水中含有相当于 14.28 mg 的 $CaCO_3$。

因为 Ca^{2+}、Mg^{2+} 都可形成难溶盐类，在水的硬度过大时，将会对工业用水和人类生活造成影响和不便，同时还会给水生生物造成威胁。所以，常把硬度作为水的质量评价的一个指标。

二、废水的性质

1. **温度**

水温对废水的生物及物理、化学处理均有影响。废水温度一般较原水高，这主要是由于在生活、工业、商业等用水过程中往往有热量加入水中。我国大部分地区城市污水处理厂水温年变化在 10~25 ℃之间。北方地区冬季水温较低，可影响污水处理效果。

2. **色度**

废水的颜色通常由溶解性和胶体物质产生。新鲜的生活污水呈灰褐色，存放时间稍长后转为黑色。废水的其他颜色皆由工业废水成分所定，特别是造纸、皮革、纺织等部门的废水。

3. **悬浮物**

水中的污染物质根据它们的物理状况可分为漂浮物、可沉物、胶体物和溶解物等几类。在水质分析中，常用的过滤方法只能将杂质分成悬浮物和溶解物，这时废水中漂浮物、可沉物和胶体物中的一部分就包括在悬浮物内，另一部分胶体物包括在溶解物内。悬浮物一般可用较简单的方法，如筛滤、沉淀等，使它们与废水分离。悬浮物的去除率是衡量废水处理效果和沉淀效果的重要指标。

4. **有机物**

废水中的有机物质，如蛋白质、脂类、糖类、有机酸、醇类等，很容易被微生物降解，只有纤维素、木质素等天然有机物较难降解。随着工农业的发展，人工合成的有机化合物在不断增加。其中一些很难被微生物降解，且具有很强的毒性。在废水处理中，要加强对这些组分的监测，以及时了解系统的处理效果和问题。

5. **无机物**

废水中的无机物主要有砂石，悬浮或溶解在水中的盐类，重金属等。砂石主要来源于地面冲刷。盐类及重金属主要来源于工业废水。废水中过量的铜、锌、钼、铁、镁、钙、汞等对生物处理中的微生物有毒或有抑制作用。此外，氮、磷的含量对生物处理中微生物的营养极为重要。

6. **微生物**

废水中微生物数量很多，有细菌和病毒，此外还有一些寄生虫卵等。处理前后微生物数量的变化是评价水质净化度的指标之一，部分生活污水处理厂以及所有医院污水处理系统排放的出水还应予以消毒，以杀灭处理后残存的病原微生物。

2.2 水质指标和水质标准基础知识

2.2.1 水质指标（water quality index）

水质指标表明水体杂物的类型和总量，也是判定水体污染程度的具体测量标尺，包括物理性指标、化学性指标、生物性指标、放射性指标。

水质标准（water quality standard）是指水样中去除水分子外所含杂物的类型和总量，是评价水体状态的一个重要标准，表示生活饮用水、工农业用水和所有被污染水体污染物质的最大允许浓度以及对阈值的有关限制和规定等，是确定环境污染程度的具体评价依据。

一、物理性指标（physical index）

1. **温度**（temperature）

水的很多物理特征、污染物在水中的溶解性和水体进行的很多物理化学活动均与水的温度密切相关。地表水的温度因季节、天气条件而发生不同程度的改变，工业废水的温度与制造工艺密切相关。

2. 色度（chroma）

水的颜色有表色（surface color）和真色（true color）之分。表色主要包括由溶解物、溶胶物和悬浮物等所产生的色彩。真色是由水中所含溶解物质或胶体物质所致，即除去水中悬浮物质后所呈现的颜色。测定水样时，将水样颜色和各种不同颜色的标准溶液进行对比，或绘制标准曲线并在仪器上进行测定。

3. 浊度（turbidity）

浊度指水中悬浮物对光线透过时所发生的阻碍程度。水的浊度与水体悬浮物的含量、尺寸、形态和折射系数等密切相关。浊度可以用目视比浊法来检测，以一升蒸馏水中含有 1 毫克二氧化硅为一个浊度单位，用硫酸肼和六次甲基四胺配制的浊度标准溶液为参比与水样进行比较。[1] 浊度也可用浊度计（turbidimeter）来测定，利用的是浑浊液对光散射（scattering）或透射（transmission）的原理。[2] 浊度还可以利用分光光度法（spectrophotometer）测定，即通过样品中粒子的相互干扰效应所引起的透射光强减弱程度来测定。[3]

4. 悬浮物（suspended solid）

悬浮物指悬浮在水中的固体物质，包括不溶于水的无机物、有机物及泥沙、黏土、微生物等。水中悬浮物含量是衡量水污染程度的指标之一。水体中的有机悬浮物沉积后易发酵，使水质恶化。水中的悬浮物一般用重量法测定（GB 11901—89），将水样通过 0.45 μm 的滤膜过滤，将留在滤膜上的固体物质于 103~105 ℃烘至恒重后得到的物质即为悬浮固体。

二、化学性指标（chemical index）

1. 氨氮（ammonia nitrogen）

氨氮是指在水域中以游离氨（NH_3）和铵离子（NH_4^+）形式出现的氮。氨氮是水域中的营养素，会导致水体富营养化，是水域的一种重要耗氧物质，对水域和部分水生生物都有毒害作用。氨氮测定方法一般用纳氏试剂分光光度法（HJ 535—2009）、水杨酸分光光度法（HJ 536—2009）和蒸馏 - 中和滴定法（HJ 537—2009）。其中，纳氏试剂分光光度法因具备使用简便、灵敏等优点而被普遍使用。

2. 亚硝酸盐氮（nitrite nitrogen）

亚硝酸盐氮指的是将水体中含氮有机物进行氧化，并成为硝酸盐处理过程中的中间物质。造成水体亚硝酸盐氮浓度上升的原因有许多，如硝酸盐还原，以及在夏季雷电影响下促使空气中的氧与硫等合成氮氧化物，遇雨后又部分形成亚硝酸盐等。亚硝酸盐氮的含量可以用分光光度法测得（GB 7493—87）。

3. **硝酸盐氮**（nitrate nitrogen）

硝酸盐氮是含氮有机物经氧化分解的最后结果。若在水体中仅硝酸盐氮含量增加，氨氮、亚硝酸盐氮含量很低甚至没有，则表明环境污染的持续时间已长，已经趋于自净。而水体的硝酸盐也可能是自地层产生的。硝酸盐氮可用紫外分光光度法测量（HJ/T 346—2007），该法利用硝酸根离子在紫外区 220 nm 波长处的吸收来定量测定硝酸盐氮，溶解的有机物在 220 nm 处和 275 nm 处均有吸收，而硝酸根离子在 275 nm 处没有吸收。因此，在 275 nm 处做另一次测量以校正硝酸盐氮值。也可以用酚二磺酸分光光度法测量（GB 7480—87），该法利用酚二磺酸在无水情况下与硝酸根离子作用，生成硝基二磺酸酚，在碱性溶液中，生成黄色化合物，在 410 nm 波长处比色测定。

4. **氯化物**（chloride）

氯化物也是水中一种很常见的无机阴离子。几乎全部的自然界水中都有氯化物的存在，它的浓度范围变化很大。测定氯化物的方法较多，其中离子色谱法（HJ 84—2016）是目前国内外最为通用的方法。硝酸银滴定法（GB 11896—89）适合于清洁水测定。电位滴定法（GB/T 15453—2018）适用于检测有色物质或污染的水样。

5. **溶解氧**

溶解于水中的分子态氧称为溶解氧，用每升水里氧气的毫克数表示。水中溶解氧的浓度同空气中氧的分压比、大气压、水温以及质量等均有密切联系。在自然条件下，空气中的含氧量改变并不大，所以水温为主要影响因素，水温愈低，水中溶解氧的浓度也愈高。水体中溶解氧的多少也是反映水体自净能力的一项重要技术指标。检测水体中溶解氧常使用碘量法（GB 7489—87）和电化学探头法（HJ 506—2009）。对于洁净水体可以直接使用碘量法测定。而溶解氧仪是通过小分子臭氧渗透膜的传播速度来检测水体中溶解氧，方式简单、快捷、干扰较小，也可用于现场测定。

6. **化学需氧量**（chemical oxygen demand，**简称** COD）

化学需氧量是指水样在一定条件下，以氧化一升水样中还原性物质所消耗的氧化剂的量为标准，换算成每升水样全部氧化后需要的氧的数量，以 mg/L 表示。它可以反映水体受还原性物质污染的严重程度。水中的还原性成分包括各种有机质、亚硝酸盐、硫化物和亚铁盐等，但大多为有机质。所以，化学需氧量也常常用作评价水体有机化合物含量多少的指标。目前，化学需氧量的测定方法有重铬酸盐法、快速分解分光光度法、恒电流库仑法、氧化还原电位滴定法和闭管回流分光光度法等，其中，重铬酸盐法（HJ 828—2017）是国际上广泛认定的标准方法。COD_{Cr}（将重铬酸钾作为氧化剂测定出的化学需氧量，即重铬酸盐指数）是我国实施排放总量控制的指标之一。

重铬酸盐法：在水样中加入已知量的重铬酸钾溶液，并在强酸介质下以银盐作为催化剂，经沸腾回流后，以试亚铁灵作为指示剂，用硫酸亚铁铵标准溶液滴定水样中未被还原的重铬酸钾，根据硫酸亚铁铵的用量计算出水体的化学需氧量。此法适合于成分较复杂的有机工业废水。

快速消解分光光度计法相比重铬酸盐法具有检测时间短、试剂用量少等优点，是在试样中加入已知量的重铬酸钾溶液，在强硫酸介质中，以硫酸银作为催化剂，经高温消解后，用分光光度法测定 COD 值。

7. 生化需氧量（biochemical oxygen demand，**简称** BOD）

生化需氧量又名生化耗氧量，指水域中的好氧微生物在特定温度下将有机物质分解成无机物质，这一特定时间内的氧化过程中所需要的溶解氧量，以 mg/L 表示。它是表征水体有机物质浓度的一项综合技术指标。如果一次生物氧化的时间是五天，就叫作五日生化需氧量（BOD_5），相应地还有 BOD_{10}、BOD_{20}。常用检测方法是稀释与接种法（HJ 505—2009）。

稀释与接种法通常情况下是指水样充满完全密闭的溶解氧瓶中，在（20 ± 1）℃的暗处培养 5 d，分别测定培养前后水样中溶解氧的质量浓度，由培养前后溶解氧的质量浓度之差，计算每升样品消耗的溶解氧量，以 BOD_5 形式表示。如样品中的有机物含量较少，BOD_5 的质量浓度不大于 6 mg/L，则不必进行稀释，可直接测定；若试样中的有机物含量较多，BOD_5 的质量浓度大于 6 mg/L，则需要稀释后再培养测定，水样的稀释倍数应该根据水样的性质来考虑，一般应使稀释水样在培养后剩余溶解氧大于 1 mg/L，培养期间所消耗的溶解氧大于 2 mg/L。此法适用于 BOD_5 大于或等于 2 mg/L，最大不超过 6 000 mg/L 的水样。当水样 BOD_5 大于 6 000 mg/L，会因稀释带来一定的误差。

此外，测定 BOD 值也常用 BOD 测定仪，可直接读取 BOD 值，操作简单，重现性好。如微生物传感器快速测定法（HJ/T 86—2002），适用于地表水、生活污水和不含对微生物有明显毒害作用的工业废水中 BOD 的测定。

8. 总有机碳（total organic carbon，**简称** TOC）

总有机碳，是指溶解或悬浮在水中有机物的含碳量，是以含碳量表示水体中有机物总量的综合指标。水域中有机质的类型繁多，除含碳之外，还包括硫、氮和磷等微量元素，还没有全部完成分离鉴定。但因为 TOC 的测定使用燃烧氧化 - 非分散红外吸收法（HJ 501—2009），所以能使有机质全部氧化，它比 BOD_5 或 COD 更能直观显示有机质的数量。因此一般用作评估水域有机质污染程度的依据。

2.2.2 水质标准

我国根据不同水体、使用目的分别制定了不同的水质标准。主要的水质标准有《地表水环境质量标准》（GB 3838—2002）、《海水水质标准》（GB 3097—1997）、《地下水质量标准》（GB/T 14848—1993）、《农田灌溉水质标准》（GB 5084—2021）、《渔业水质标准》（GB 11607—1989）、《生活饮用水卫生标准》（CB 5749—2022），以及各种工业用水水质标准[4]等。

我国污染物排放标准是确定污水处理程度的依据，也是判断污水处理工艺的出水质量是否达标的判据。我国已颁布的水污染物排放标准既有如《污水综合排放标准》（GB 8978—1996）和《城镇污水处理厂污染物排放标准》（GB 18918—2002）等的一般性排放标准，也有如《化学合成类制药工业水污染物排放标准》（GB 21904—2008）等的行业标准。

参考文献

[1] 生态环境部．水质　浊度的测定　浊度计法：HJ 1075—2019［S］．北京：中国环境出版集团，2019.

[2] 国家质量监督检验检疫总局．浊度计：JJG880—2006［S］．北京：中国计量出版社，2006.

[3] 国家质量监督检验检疫总局．锅炉用水和冷却水分析方法　浊度的测定（福马肼浊度）：GB/T 12151—2005［S］．北京：中国标准出版社，2005.

[4] 生态环境部．生态环境标准管理办法［EB/OL］．［2020-12-15］.www.gov.cn/gongbao/content/2021/content_5588823.htm.

思考题

1. 天然水体中的主要组成物质有哪些？

2. 什么是碱度？

3. 什么是酸度？

4. 列举三个水质的物理性指标。

5. 列举三个水质的化学性指标。

6. 什么是化学需氧量？

练习题

1. 可供人类使用的淡水资源约占地球总水量的（　　）%。

2. 硬度主要以（　　）、（　　）离子来表征。

3. 碱度主要以（　　）、（　　）、（　　）离子来表征。

4. 气体在水中的（　　）服从亨利定律。

5. 组成水中碱度的物质包括（　　）、（　　）、（　　）。

6. 组成水中酸度的物质包括（　　）、（　　）、（　　）。

7. 水的总硬度包括（　　）、（　　）。

8. 浊度的主要检测方法有（　　）、（　　）、（　　）。

9. 氨氮是指水中以（　　）和（　　）形式存在的氮。

第三章 化学分析基础知识

3.1 酸碱滴定

酸碱滴定法（acid-base titration）是指利用酸和碱在水中以质子的转移作为反应基础的滴定分析测试方法，也叫中和滴定法（neutralization titrimetry）。可用于酸、碱、两性物质的测定，是一种利用酸碱反应进行的容量分析检测方法。

3.1.1 酸碱滴定原理

一、酸碱介绍

电离（ionization）时产生的阳离子（cation）全部为氢离子（hydrogen ion，H^+）的化合物称为酸。在酸碱质子理论（acid base proton theory）中，酸指反应能提供质子的物质。H_3O^+ 的浓度越高，溶液酸性越强。电离时产生的阴离子（anion）全部为氢氧根离子（hydroxyl ion，OH^-）的化合物称为碱。在酸碱质子理论中，碱指能够接受质子的物质。根据酸碱在水溶液中电离度（ionization degree）的大小，有强酸和弱酸、强碱和弱碱之分。

1. 强酸和强碱

强酸有极易给出 H^+ 的趋势，在水溶液中可以完全电离，能电离出的阳离子有且仅有 H^+，如盐酸（HCl）、硫酸（H_2SO_4）和硝酸（HNO_3）等。因为强酸在水溶液中可以完全电离，所以其溶液 pH 的计算比较简单。例如 0.01 mol/L 的 HCl 水溶液，其 H^+ 的浓度也是 0.01 mol/L。

强碱的电离与强酸类似，能电离出的阴离子有且仅有 OH^-，如氢氧化钠（NaOH）和氢氧化钾（KOH）等。0.01 mol/L 的 NaOH 水溶液，其 OH^- 的浓度是 0.01 mol/L，根据水的离子积常数，H^+ 的浓度为 1.0×10^{-12} mol/L。

2. **弱酸和弱碱**

溶于水但不能发生完全电离的酸为弱酸，只能部分电离出 H^+，大部分仍以分子形式存在，如醋酸（CH_3COOH）、碳酸（H_2CO_3）和甲酸（HCOOH）等。溶于水发生部分电离的碱是弱碱，弱碱通常以沉淀形式出现，不能完全水解，如氢氧化铝［$Al(OH)_3$］、氢氧化锌［$Zn(OH)_2$］和氢氧化铜［$Cu(OH)_2$］等。

二、酸碱溶液的电离平衡常数

酸与碱在水溶液中的电离存在电离平衡（ionization equilibrium）：

1. **水的电离**

$H_2O + H_2O \rightleftharpoons H_3O^+ + OH^-$，常简写为 $H_2O \rightleftharpoons H^+ + OH^-$

$K_w = [H^+][OH^-] = 1 \times 10^{-14}$（$t$=25 ℃）

K_w 为水的离子积常数（ion-product constant）。

2. **酸碱的电离**

$HCl + H_2O = Cl^- + H_3O^+$

$NaOH = Na^+ + OH^-$

$HAc + H_2O \rightleftharpoons Ac^- + H_3O^+$

$K_a = [Ac^-][H_3O^+]/[HAc] = 1.8 \times 10^{-5}$（$t$=25 ℃）

$NH_3 + H_2O \rightleftharpoons NH_4^+ + OH^-$

$K_b = [NH_4^+][OH^-]/[NH_3] = 1.8 \times 10^{-5}$（$t$=25 ℃）

K_a 为弱酸在水中的电离常数（dissociation constant），K_b 为弱碱在水中的电离常数。

三、溶液 pH 的计算

强酸、强碱的 pH 由其自身电离出的 H^+ 与 OH^- 浓度决定。

1. **一元弱酸**（unitary weak acid）

一元弱酸 HA，其溶液浓度为 c，电离常数为 K_a。

$$HA \rightleftharpoons H^+ + A^-$$

$$K_a=[A^-][H^+]/[HA]$$

$$H_2O \rightleftharpoons H^+ + OH^-$$

$$K_w=[H^+][OH^-]$$

由电离平衡可知

$$[H^+] = [A^-]+[OH^-] = \frac{K_a[HA]}{[H^+]} + \frac{K_w}{[H^+]}$$

由此可得

$$[H^+]=\sqrt{K_a[HA]+K_w} \qquad (3\text{-}1)$$

当 $K_a[HA]\geqslant 10K_w$ 时，K_w 可忽略不计。

$$[H^+]\approx\sqrt{K_a[HA]} \qquad (3\text{-}2)$$

当 $\dfrac{c}{K_a}\geqslant 100$ 时，平衡时溶液中的 H^+ 浓度远远小于弱酸原始浓度，近似认为 $[HA]=c$。

$$[H^+]=\sqrt{K_a c} \qquad (3\text{-}3)$$

【例题 3-1】醋酸溶液浓度为 0.10 mol/L，请计算该溶液的 pH。已知醋酸的电离常数为 $K_a=1.8\times10^{-5}$。

解：$c_{HAc}=0.10$ mol/L，$K_a c>10K_w$

又 $\dfrac{c}{K_a}>100$，故使用 $[H^+]=\sqrt{K_a c}$ 进行计算。

$[H^+]=\sqrt{K_a c}=\sqrt{1.8\times10^{-5}\times0.10}$ mol/L$=1.34\times10^{-3}$ mol/L

pH=2.87

溶液中的 H^+ 的浓度非常小时，例如浓度极低的酸或极弱的酸，水本身电离出来的 H^+ 不能忽略，需使用 $[H^+]=\sqrt{K_a[HA]+K_w}$ 进行计算。

【例题 3-2】氢氰酸溶液的浓度为 1.00×10^{-4} mol/L，请计算该溶液的 pH。已知氢氰酸的电离常数 $K_a=6.2\times10^{-10}$。

解：氢氰酸的电离常数 $K_a=6.2\times10^{-10}$，因 $K_a[HCN]<10K_w$，故使用 $[H^+]=\sqrt{K_a[HCN]+K_w}$ 来进行计算。

又 $\dfrac{c}{K_a}>100$，近似可认为 $[HCN]=c$

所以 $[H^+]=\sqrt{K_a c+K_w}=\sqrt{6.2\times10^{-10}\times10^{-4}+10^{-14}}$ mol/L$=2.68\times10^{-7}$ mol/L

pH=6.57

2. **一元弱碱**（unitary weak base）

一元弱碱与一元弱酸类似，不同的是在水溶液中电离出来 OH^-，一元弱碱在水中的电离平衡为

$$B+H_2O \rightleftharpoons BH^+ + OH^-$$

在进行计算时，可以采用一元弱酸的计算公式，只需将 K_a 换为 K_b（$K_aK_b=K_w$，$K_b=K_w/K_a$），H^+ 换为 OH^-。

【例题 3-3】NaAc 溶液的浓度为 0.1 mol/L，请计算该溶液的 pH。已知醋酸的电离常数 $K_a=1.8\times10^{-5}$。

解：Ac^- 的水解反应为：

$$Ac^- + H_2O \rightleftharpoons HAc + OH^-$$

已知 HAc 的 $K_a=1.8\times10^{-5}$，所以 Ac^- 的 $K_b=K_w/K_a=5.6\times10^{-10}$，

因为 $cK_b>10K_w$，$\frac{c}{K_b}\geqslant100$

所以 $[OH^-]=\sqrt{K_b c}=\sqrt{5.6\times10^{-10}\times0.10}$ mol/L $=0.75\times10^{-5}$ mol/L

pOH=5.12　　pH=8.88

3. **多元酸碱**（polybasic acid or base）

多元酸碱存在多级电离，其计算比较复杂。但是在实际应用过程中，其二级电离一般比较小，故可以忽略，从而使多元酸碱 pH 的计算方法与一元酸碱类似。

【例题 3-4】H_2CO_3 溶液的浓度为 0.10 mol/L，请计算该溶液的 pH。已知碳酸 $K_{a1}=4.2\times10^{-7}$，$K_{a2}=5.6\times10^{-11}$。

解：$K_{a1}=4.2\times10^{-7}$，又 $K_{a1}[H_2CO_3]\geqslant10K_w$，$\frac{c}{K_a}>100$

所以 $[H^+]=\sqrt{K_{a1}c}=\sqrt{4.2\times10^{-7}\times0.10}$ mol/L $=2.05\times10^{-4}$ mol/L

pH=3.69

4. **混合溶液**（mixed solution）

假设有 HA 和 HB 两种一元弱酸的混合溶液。由于两种酸均为弱酸，在溶液中，两种酸电离出来的 H^+ 相互抑制，故混合溶液的 H^+ 浓度计算可简化为：

$$[H^+]=\sqrt{K_{HA}c_{HA}+K_{HB}c_{HB}} \qquad (3\text{-}4)$$

【例题 3-5】HF 溶液浓度为 0.01 mol/L，HAc 溶液浓度为 0.10 mol/L，请计算该混合溶液的 pH 值。已知 HF 的电离常数 $K_a=6.6\times10^{-4}$，HAc 的电离常数 $K_a=1.8\times10^{-5}$。

解：已知 HF 的 $K_a=6.6\times10^{-4}$，HAc 的 $K_a=1.8\times10^{-5}$，代入公式得

$$[H^+]=\sqrt{K_{HF}c_{HF}+K_{HAc}c_{HAc}}=\sqrt{6.6\times10^{-4}\times0.01+1.8\times10^{-5}\times0.10}\text{ mol/L}=2.90\times10^{-3}\text{ mol/L}$$

pH=2.54

5. **缓冲溶液**（buffer solution）

缓冲溶液是一种能稳定溶液酸度的溶液。例如，在缓冲溶液中加入少量酸或碱，或者因为化学反应溶液中产生了少量酸或碱，或者溶液稍微进行稀释，溶液的酸度基本保持不变。缓冲溶液通常是由浓度较大的弱酸和其共轭碱组成的，pH 范围一般在 2~12 之间，比如 $NH_4Cl\text{-}NH_3$，$HAc\text{-}Ac^-$ 等。在选择缓冲溶液的时候，要保证其不会干扰分析过程且其缓冲范围必须包含需要的 pH。

关于缓冲溶液 pH 的计算，若缓冲溶液由 HA 和其共轭碱 NaA 组成，浓度分别为 c_{HA} 和 c_{A^-}，

物料平衡：$[Na^+]=c_{A^-}$，$[HA]+[A^-]=c_{HA}+c_{A^-}$，

电荷平衡：$[Na^+]+[H^+]=[A^-]+[OH^-]$，

可得：

$$K_a=\frac{[H^+][A^-]}{[HA]}\Rightarrow[H^+]=K_a\frac{[HA]}{[A^-]}=K_a\frac{c_{HA}-[H^+]+[OH^-]}{c_{A^-}+[H^+]-[OH^-]} \quad (3\text{-}5)$$

缓冲溶液中 $c_{HA}\gg[OH^-]-[H^+]$，$c_{A^-}\gg[H^+]-[OH^-]$，（3-5）式可简化为：

$$[H^+]=K_a\frac{c_{HA}}{c_{A^-}} \quad 即，pH=pK_a+\lg\frac{c_{A^-}}{c_{HA}} \quad (3\text{-}6)$$

【例题 3-6】计算 0.10 mol/L NaAc-0.20 mol/L HAc 缓冲溶液的 pH。HAc 的电离常数 $K_a=1.8\times10^{-5}$。

解：HAc 的 $K_a=1.8\times10^{-5}$，由缓冲溶液 pH 的计算公式可得：

$$pH=pK_a+\lg\frac{c_{Ac^-}}{c_{HAc}}=4.74+\lg\frac{0.1}{0.2}=4.44$$

四、酸碱滴定曲线（acid-base titration curve）

1. 强碱滴定强酸（或强酸滴定强碱）

强酸和强碱在水溶液中可视为完全电离为 H^+ 和 OH^-。

滴定反应：$H^+ + OH^- = H_2O$

现有 20.00 mL 0.100 0 mol/L 的 HCl 溶液，以 0.100 0 mol/L 的 NaOH 溶液滴定，根据滴定过程中的 pH 变化绘制滴定曲线。

（1）滴定开始前的 pH

NaOH 溶液的浓度为 0.100 0 mol/L，NaOH 溶液为强碱，所以 OH^- 溶度为 0.100 0 mol/L，H^+ 浓度为 $1.000\,0\times10^{-13}$ mol/L，故溶液的 pH 为 13.00。

（2）滴定开始至化学计量点 pH

随 NaOH 标准溶液不断滴入，HCl 溶液不断被中和，H^+ 浓度逐渐下降：

$$HCl + NaOH = NaCl+H_2O$$

由于反应产物 NaCl 为强酸强碱盐，不发生水解（hydrolysis），在溶液中呈中性，所以溶液的 pH 主要由溶液中还未被中和的 HCl 溶液决定。当 NaOH 溶液加入体积为 18.00 mL 时，有 18.00 mL 的 HCl 溶液被中和，此时 H^+ 的浓度为：

$$[H^+]=\frac{0.100\,0\times 2.00}{20.00+18.00}\ mol/L=5.26\times 10^{-3}\ mol/L$$

$$pH=2.28$$

当加入的 NaOH 溶液体积为 19.98 mL 时，有 19.98 mL 的盐酸溶液被中和，还剩余 0.02 mL（约半滴）HCl 未被中和，此时 H^+ 的浓度为：

$$[H^+]=\frac{0.100\,0\times 0.02}{20.00+19.98}\ mol/L=5.00\times 10^{-5}\ mol/L$$

$$pH=4.30$$

（3）化学计量点的 pH

当加入的 NaOH 溶液为 20.00 mL，HCl 溶液正好被中和，由于是强酸强碱盐，所以 $[H^+]=[OH^-]=1.00\times 10^{-7}$ mol/L，此时 pH = 7.00。

（4）化学计量点后的 pH

溶液中和后，继续加入 NaOH 溶液，此时溶液 pH 取决于加入的过量的 NaOH 的浓度。若加入 20.02 mL，即过量 0.02 mL（半滴），此时 OH^- 的浓度为：

$$[OH^-]=\frac{0.100\,0\times 0.02}{20.00+20.02}\ mol/L=5.00\times 10^{-5}\ mol/L$$

$$pOH=4.30$$

$$pH=14-4.3=9.70$$

采用以上方法分别可以计算出滴定过程中的各个点的 pH，如表 3-1 所示。

表 3-1　0.100 0 mol/L 的 NaOH 溶液滴定 20.00 mL 0.100 0 mol/L HCl 溶液

加入 NaOH 体积 /mL	剩余 HCl 体积 /mL	过量 NaOH 体积 /mL	pH
0.00	20.00	—	1.00
18.00	2.00	—	2.28
19.80	0.20	—	3.30
19.98	0.02	—	4.30
20.00	0.00	—	7.00
20.02	—	0.02	9.70
20.04	—	0.04	10.00
20.20	—	0.20	10.70
22.00	—	2.00	11.70
40.00	—	20.00	12.52

根据加入的 NaOH 的体积及 pH 的变化，作出滴定曲线如图 3-1 所示。

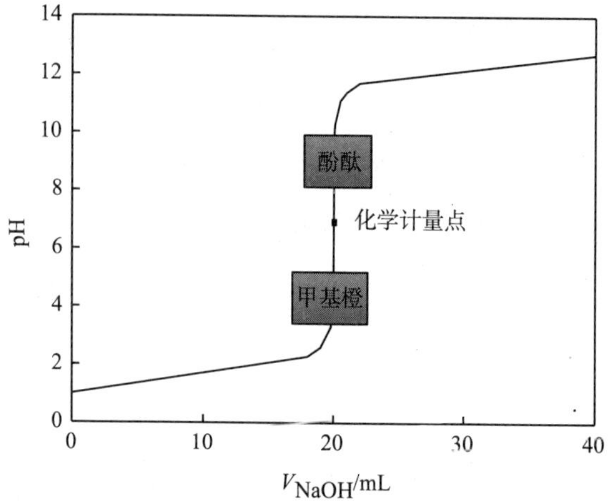

（0.100 0 mol/L NaOH 滴定 20.00 mL 0.100 0 mol/L HCl）

图 3-1　强碱滴定强酸的滴定曲线

据表 3-1 和图 3-1 可知，随着 NaOH 的逐渐加入，溶液的 pH 变化相对比较缓慢，但是当 NaOH 的体积加到计量点前后，即计量点前半滴（HCl 剩余 0.02 mL）到计量点后半滴（NaOH 过量 0.02 mL），溶液的 pH 迅速增大，由 4.30 到 9.70，增加了 5.4 个单位，此时继续加入 NaOH 溶液，溶液 pH 的变化重新变得缓慢。这种溶液 pH 急剧变化的现象被称为滴定突跃（titration jump），计量点前后 ±0.1% 的范围（pH 变化极大）称为突跃范围（titration sudden jump range）。

滴定曲线的突跃范围与溶液的浓度密切相关。图 3-2 为不同浓度 NaOH 溶液滴定不同浓度 HCl 溶液的突跃曲线。一般来说，浓度越大，突跃范围越大，对指示剂的选择越有利。

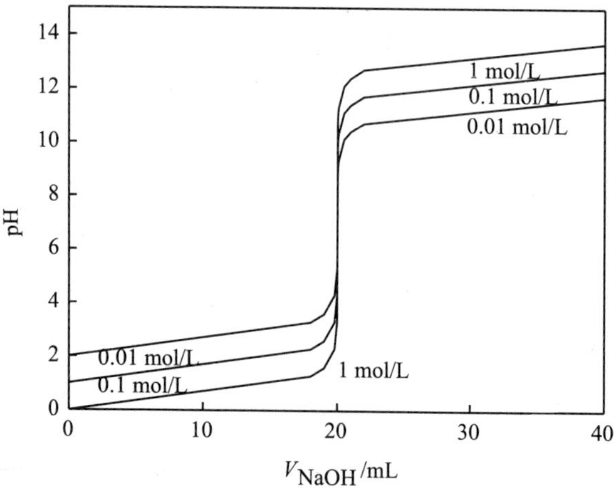

图 3-2　不同浓度的 NaOH 溶液滴定不同浓度 HCl 溶液滴定曲线

2. **强碱滴定弱酸（或强酸滴定弱碱）**

一般采用强酸、强碱滴定弱酸、弱碱，现有 20.00 mL 0.100 0 mol/L 的 HAc 溶液，以 0.100 0 mol/L 的 NaOH 溶液滴定，分析溶液 pH 的变化。

反应方程式：$HAc + OH^- \rightleftharpoons Ac^- + H_2O$

（1）滴定开始前溶液的 pH

HAc 的电离常数 $K_{HAc} = 1.8 \times 10^{-5}$，又因为 $c_{HAc} = 0.10$ mol/L、$cK_a > 10K_w$、$\dfrac{c}{K_a} > 100$，故 $[H^+] = \sqrt{K_a c} = \sqrt{1.8 \times 10^{-5} \times 0.100\,0}$ mol/L$= 1.34 \times 10^{-3}$ mol/L，则 pH=2.87。

（2）滴定开始至化学计量点前的 pH

滴定开始，未被中和的 HAc 与 NaOH 溶液和 HAc 溶液反应生成的 NaAc 形成了缓冲体系，溶液的 pH 根据缓冲溶液 pH 计算公式进行计算。

当加入 NaOH 溶液 19.80 mL 时，

$$c_{HAc} = \frac{0.20}{20.00+19.80} \times 0.100\,0 \text{ mol/L} = 5.03 \times 10^{-4} \text{ mol/L}$$

$$c_{Ac^-} = \frac{19.80}{20.00+19.80} \times 0.100\,0 \text{ mol/L} = 4.97 \times 10^{-2} \text{ mol/L}$$

根据计算公式（3-6）可得：

$$\text{pH} = \text{p}K_a + \lg\frac{c_{Ac^-}}{c_{HAc}} = 4.74 + \lg\frac{4.97 \times 10^{-2}}{5.03 \times 10^{-4}} = 6.73$$

加入的 NaOH 溶液体积为 19.98 mL 时，即计量点前半滴时，用同样的方法可得溶液的 pH 为：

$$\text{pH} = \text{p}K_a + \lg\frac{c_{Ac^-}}{c_{HAc}} = 4.74 + \lg\frac{5.00 \times 10^{-2}}{5.00 \times 10^{-4}} = 7.74$$

（3）化学计量点的 pH 值

当加入的 NaOH 体积为 20.00 mL 时，溶液中 HAc 被全部中和，由于 Ac^- 为弱碱，根据一元弱碱的计算公式计算溶液的 pH。HAc 的电离常数 $K_a=1.8 \times 10^{-5}$，所以 Ac^- 的 $K_b=K_w/K_a=5.6 \times 10^{-10}$，又因 $cK_b > 10K_w$，$\dfrac{c}{K_b} > 100$，所以溶液的 pH 为：

$$[OH^-] = \sqrt{K_b c} = \sqrt{5.6 \times 10^{-10} \times 0.0500} \text{ mol/L} = 5.3 \times 10^{-6} \text{ mol/L}$$

$$\text{pOH}=5.28 \qquad \text{pH}=8.72$$

（4）化学计量点后的 pH

化学计量点后，溶液中过量的 NaOH 为强碱，溶液中 NaOH 的量决定 pH 的计算，方法与前面介绍强酸滴定强碱时一致。当加入量为 20.02 mL 时，溶液的 pH 为：

$$[OH^-] = \frac{0.100\,0 \times 0.02}{20.00+20.02} \text{ mol/L} = 5.00 \times 10^{-5} \text{ mol/L}$$

$$pOH=4.30 \qquad pH=9.70$$

采用以上方法可以计算出滴定过程中的各个点的 pH，如表 3-2 所示。

表 3-2　0.100 0 mol/L 的 NaOH 滴定 20.00 mL 0.100 0 mol/L HAc

加入 NaOH 体积 /mL	剩余 HAc 体积 /mL	过量 NaOH 体积 /mL	pH
0.00	20.00	—	2.87
18.00	2.00	—	5.70
19.80	0.20	—	6.73
19.98	0.02	—	7.74
20.00	0.00	—	8.72
20.02	—	0.02	9.70
20.04	—	0.04	10.70
22.00	—	2.00	11.70
40.00	—	20.00	12.52

据加入的 NaOH 的体积及 pH 的变化，可作出如图 3-3 所示的滴定曲线。

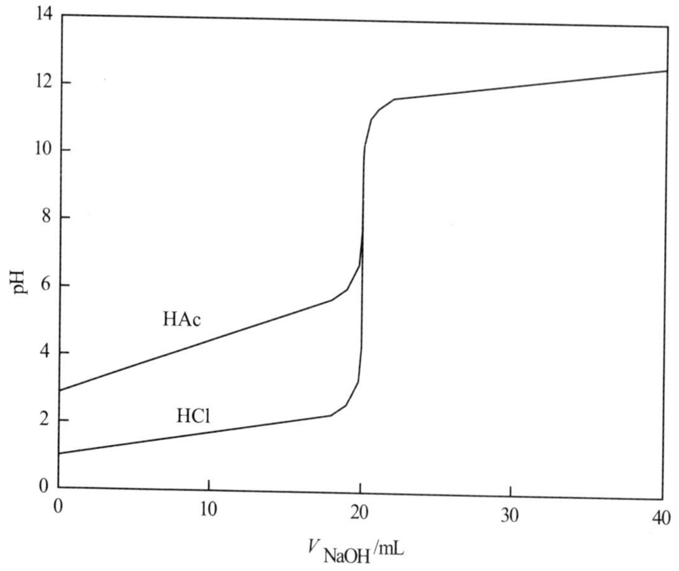

（0.100 0 mol/L NaOH 滴定 20.00 mL 0.100 0 mol/L HAc）

图 3-3　强碱滴定弱酸的滴定曲线

对比 NaOH 滴定 HCl 和 HAc 的突跃曲线可以观察到，滴定 HAc 时曲线开始的坡度要比滴定 HCl 溶液倾斜，这是因为 HAc 为弱酸，电离度较小。当加入一定量的

NaOH 后，溶液逐渐形成缓冲体系，pH 变化曲线较为平坦，接近化学计量点后，缓冲体系逐渐消失，pH 变化重新加快，在计量点前后形成滴定突跃，但其范围比滴定 HCl 溶液要小得多。计量点后曲线的变化情况与滴定强酸时基本相同。

3.1.2 酸碱滴定指示剂的选择与使用特点

一、酸碱指示剂（acid-base indicator）变色原理

酸碱指示剂是指用于酸碱滴定的指示剂，为一类结构较复杂的有机弱酸（weak organic acid）或有机弱碱（weak organic base），它的酸式（acid type）和共轭碱式（conjugate base type）具有不同的颜色，溶液 pH 发生变化时，指示剂根据所处的环境呈现酸式状态或碱式状态，颜色发生对应变化，从而指示酸碱滴定的终点。

常见的酸碱指示剂有酚酞、甲基橙和石蕊（litmus）等，它们遇酸、碱变色的原理基本相同。以酚酞为例，在酸性和中性溶液中，它以无色（colourless）的形式存在，但是在碱性溶液（alkaline solution）中，酚酞会转换为醌式从而显示红色（red），若碱性继续增强，变为强碱环境（strong alkali environment），酚酞又将进一步转换成无色的羧酸盐式（carboxylate type）。这与酚酞在不同环境中结构的变化密切相关。常用酸碱指示剂及变色范围如表 3-3 所示。

表 3-3 常用酸碱指示剂及变色范围

指示剂	pH 变色范围	颜色变化	pK_{HIn}	配液浓度	每 10 mL 试液用量 / 滴
百里酚蓝	1.2~2.8	红—黄	1.7	0.1% 的 20% 的乙醇	1~2
甲基黄	2.9~4.0	红—黄	3.3	0.1% 的 90% 的乙醇	1
甲基橙	3.1~4.4	红—黄	3.4	0.05% 的水	1
溴酚蓝	3.0~4.6	黄—紫	4.1	0.1% 的 20% 的乙醇或其钠盐水溶液	1
溴甲酚绿	4.0~5.6	黄—蓝	4.9	0.1% 的 20% 的乙醇或其钠盐水溶液	1~3
甲基红	4.4~6.2	红—黄	5.0	0.1% 的 60% 的乙醇或其钠盐水溶液	1
溴百里酚蓝	6.2~7.6	黄—蓝	7.3	0.1% 的 20% 的乙醇或其钠盐水溶液	1
中性红	6.8~8.0	红—黄橙	7.4	0.1% 的 60% 的乙醇	1
苯酚红	6.8~8.4	黄—红	8.0	0.1% 的 60% 的乙醇或其钠盐水溶液	1
酚酞	8.0~10.0	无—红	9.1	0.5% 的 90% 的乙醇	1~3
百里酚酞	9.4~10.6	无—蓝	10.0	0.1% 的 90% 的乙醇	1~2

二、酸碱指示剂用量要求

对于双色指示剂，如甲基橙，变色点取决于 $[In^-]/[HIn]$，变色范围与用量无关。但酸碱指示剂自身就是弱酸或弱碱，自身变色也要消耗一定量的滴定剂，进而增大测定的误差。

对于单色指示剂，如酚酞，指示剂用量对变色点会有一定程度的影响。滴加过多，会使溶液变色范围向 pH 减小的方向移动，进而增大滴定的误差。以酚酞为例，在 50 ~ 100 mL 溶液中，滴加 2 ~ 3 滴 0.1% 的酚酞，其变色点大约为 pH=9，滴加 10 ~15 滴 0.1% 的酚酞，其变色点大约为 pH=8。

温度的变化也会影响指示剂的变色范围。酸碱指示剂是弱酸或弱碱，当温度发生改变时，指示剂的电离常数和水的离子积常数也会发生变化。一般情况下，碱性指示剂所受影响比酸性指示剂更为明显。此外，不同的溶剂具有不同的酸碱性和介电常数，也会影响指示剂的电离常数和变色范围。

酸碱指示剂在其理论变色点附近发生改变，但是在实际使用中，主要依靠人眼观察，不同的颜色，眼睛的敏感程度是不同的，在变色范围附近，两种颜色会发生相互干扰，所以往往会给测定结果带来误差。因此，选择指示剂时，要选择一种变色范围恰好在滴定曲线的突跃范围之内，或者占滴定曲线突跃范围一部分的指示剂。这样，滴定恰好在滴定曲线突跃范围之内结束，最大误差不会超过 0.1%，是容量分析容许的范围。

3.2 配位滴定

配位滴定法（complex titration）是利用配位反应进行的滴定方法，也叫作络合滴定法。配位滴定法同其他滴定法相似，但因涉及各种副反应，要比酸碱滴定法更复杂，配位滴定法在水质分析中主要用于水溶液中各种金属离子含量的测定。

3.2.1 配位滴定基本原理

金属离子能够接受许多化合物提供的未成键电子而形成化学键，常把这种能够提供未成键电子的化合物称为配位剂（complex agent），金属离子与配位剂反应生成的物质称为配合物。

一、配位剂

配位滴定法使用的滴定剂称为配位剂，配位剂能通过配位反应同金属离子形成配合物，配位剂一般可以分为有机配位剂（organic coordination agent）和无机配位剂

（inorganic coordination agent）。

1. 无机配位剂

例如，NH_3、CN^- 能与某些金属离子形成配合物 $Cu(NH_3)_4^{2+}$、$Ag(CN)_2^-$。一般来说，无机配位剂很少用于滴定反应，原因如下。

（1）金属离子与无机配位剂形成的配合物比较简单，这些配合物很不稳定；

（2）金属离子与无机配位剂普遍存在逐级配合，使溶液中同时存在多种配位离子，并且各级配合物稳定常数没有明显差异，无恒定计量关系，例如：

向 Cu^{2+} 溶液中加入 NH_3，随着 $[NH_3]$ 的增大，Cu^{2+} 与 NH_3 逐级配合，形成 $Cu(NH_3)^{2+}$、$Cu(NH_3)_2^{2+}$、$Cu(NH_3)_3^{2+}$、$Cu(NH_3)_4^{2+}$ 和 $Cu(NH_3)_5^{2+}$ 配合离子，相邻不同级配合离子稳定常数相差不大，$[NH_3]$ 在相当大的变化范围内，没有一种配合离子的分布系数接近 1，所以不能用 NH_3 作配位剂来测定溶液中 Cu^{2+} 的浓度。

无机配位剂的上述特点使无机配位剂在大多数配位滴定分析中无法当作配位滴定剂，在常见配位滴定分析中，无机配位剂主要用作显色剂、指示剂或掩蔽剂。

在滴定分析中可作为配位滴定剂的无机配位剂有以 Hg^{2+} 为中心离子的汞量法和以 CN^- 为滴定剂的氰量法。

例如，汞量法用于测定 Cl^-，使用 Hg^{2+} 标准溶液进行滴定，用二苯卡巴肼作为指示剂，反应为：

$$Hg^{2+}+2Cl^- \rightleftharpoons HgCl_2$$

过量的 Hg^{2+} 与二苯卡巴肼形成蓝紫色配合物指示终点。

氰量法用于测定氰化物，使用 $AgNO_3$ 标准溶液进行滴定，反应为：

$$Ag^+ + 2CN^- \rightleftharpoons Ag(CN)_2^-$$

过量的 Ag^+ 与 $Ag(CN)_2^-$ 结合生成白色 $Ag[Ag(CN)_2]$ 配合物沉淀，出现溶液浑浊指示终点。

2. 有机配位剂

有机配位剂种类繁多，最常用的是以氨羧类物质作为配位剂。氨羧类物质含有配位能力非常强的羧基和氨基，大部分含有氨基二乙酸 $[—N(CH_2COOH)_2]$ 及相似基团，多种金属离子能与之形成可溶性的稳定配合物。例如：

乙二胺四乙酸（EDTA）

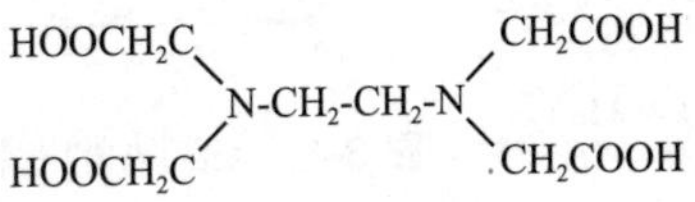

乙二胺四丙酸（EDTP）

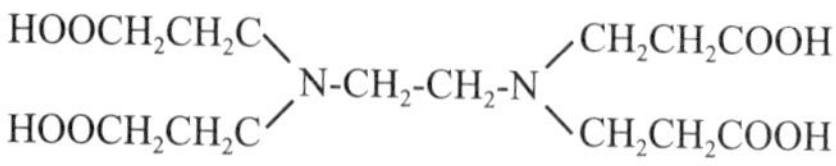

乙二醇二乙醚二胺四乙酸（EGTA）

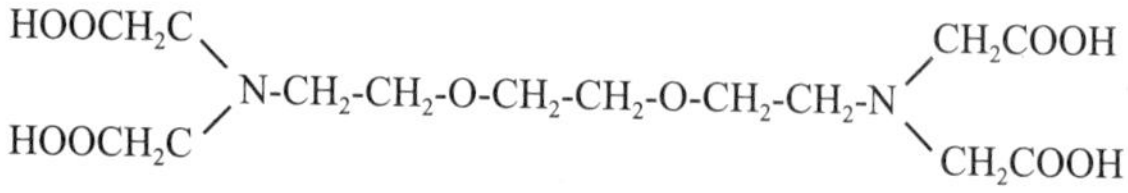

3. **乙二胺四乙酸**（ethylene diamine tetra acetic acid，**简称** EDTA）

可用 H_4Y 表示，是一种最常用的配位剂，能与许多金属离子形成稳定配合物，用于测定金属离子。EDTA 在水中的溶解度非常小，在实际使用时，可将 EDTA 制成二钠盐，也就是乙二胺四乙酸二钠（$Na_2H_2Y \cdot 2H_2O$）使用。

EDTA 在高酸度溶液中，能结合两个 H^+ 而形成 H_6Y^{2+}，H_6Y^{2+} 可看作六元酸，在水溶液中有 6 级离解平衡。[1]

$H_6Y^{2+} \rightleftharpoons H^+ + H_5Y^+$ $\qquad K_{a1}=10^{-0.9}$

$H_5Y^+ \rightleftharpoons H^+ + H_4Y$ $\qquad K_{a2}=10^{-1.6}$

$H_4Y \rightleftharpoons H^+ + H_3Y^-$ $\qquad K_{a3}=10^{-2.0}$

$H_3Y^- \rightleftharpoons H^+ + H_2Y^{2-}$ $\qquad K_{a4}=10^{-2.67}$

$H_2Y^{2-} \rightleftharpoons H^+ + HY^{3-}$ $\qquad K_{a5}=10^{-6.16}$

$HY^{3-} \rightleftharpoons H^+ + Y^{4-}$ $\qquad K_{a6}=10^{-10.26}$

从以上解离平衡中可得到，EDTA 在水溶液中存在如下平衡：

$$H_6Y^{2+} \underset{+H^+}{\overset{-H^+}{\Longleftrightarrow}} H_5Y^+ \underset{+H^+}{\overset{-H^+}{\Longleftrightarrow}} H_4Y \underset{+H^+}{\overset{-H^+}{\Longleftrightarrow}} H_3Y^- \underset{+H^+}{\overset{-H^+}{\Longleftrightarrow}} H_2Y^{2-} \underset{+H^+}{\overset{-H^+}{\Longleftrightarrow}} HY^{3-} \underset{+H^+}{\overset{-H^+}{\Longleftrightarrow}} Y^{4-}$$

EDTA 在水溶液中以七种形式存在：H_6Y^{2+}、H_5Y^+、H_4Y、H_3Y^-、H_2Y^{2-}、HY^{3-}、Y^{4-}。EDTA 的七种形式在溶液中的浓度比值与水溶液 pH 有关，水溶液的 pH 越小，$[H_6Y^{2+}]$ 越高；水溶液的 pH 越大，$[Y^{4-}]$ 越高。EDTA 的七种存在形式的浓度比值与水溶液 pH 之间的关系可用图 3-4 表示。

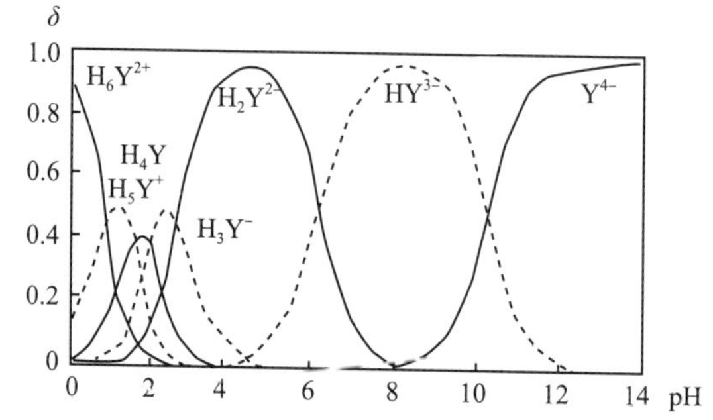

图 3-4　EDTA 的七种存在形式随水溶液 pH 变化曲线

从图 3-4 中得出，EDTA 在水溶液中存在形式规律如下：

当溶液 pH<1，主要以 H_6Y^{2+}

存在；

当溶液 pH 在 2.67~6.16，主要以 H_2Y^{2-} 存在；

当溶液 pH 在 6.16~10.26，主要以 HY^{3-} 存在；

当溶液 pH＞10.26，主要以 Y^{4-} 存在；

当溶液 pH＞12，几乎全部以 Y^{4-} 存在。

二、EDTA 与金属离子的配合物

EDTA 分子中两个氨基氮、四个羧基氧都有未成键孤对电子，可与某些金属离子形成配位键，从而形成多个五个原子环的配合物，因此 EDTA 能与某些金属离子形成相对稳定的配合物。

EDTA 与金属离子形成的配合物大多数是 1∶1 的配合物，反应定量关系明确。例如 $Ca^{2+} + Y^{4-} \rightleftharpoons CaY^{2-}$，结构图如图 3-5 所示。

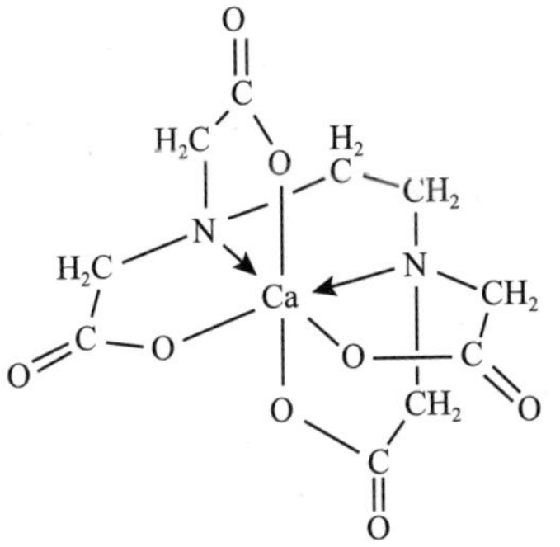

图 3-5　EDTA 与 Ca^{2+} 配合物结构图

EDTA 与个别变价金属离子配位时可形成多级配合物。例如 EDTA 与 Mo（V）或 Zr（IV）可形成 1∶2 配合物。

EDTA 一般与水溶液中无色金属离子形成无色配合物，与水溶液中有色金属离子形成深色配合物，若用 EDTA 测定水溶液中有色金属离子，应当适当降低有色金属离子待测液浓度，从而提高目测判断滴定终点的准确性。

用稳定常数（stability constant）来表示 EDTA 与金属离子形成的配合物的稳定性。若金属离子用 M 表示，EDTA 用 Y 表示，则两者的配合反应可以简写为：

$$M+Y \rightleftharpoons MY$$

两者配合物的稳定常数 K_{MY} 表示为：

$$K_{MY} = \frac{[MY]}{[M][Y]}$$

在一定条件下，EDTA 与常见金属离子配合物的稳定常数可用 $K_{稳}$表示，为了便于应用，常对其取对数，常见数据如表 3-4 所示。

表 3-4 常见金属离子与 EDTA 配合物的 $\lg K_{稳}$

（溶液温度 20 ℃，离子强度 I=0.1 mol/L）

阳离子	$\lg K_{稳}$	阳离子	$\lg K_{稳}$	阳离子	$\lg K_{稳}$
Na^{+}	1.66	Ce^{3+}	15.98	Hg^{2+}	21.80
Li^{+}	2.79	Al^{3+}	16.10	Cr^{3+}	23.00
Ba^{2+}	7.76	Co^{2+}	16.31	Th^{4+}	23.20
Sr^{2+}	8.63	Zn^{2+}	16.50	Fe^{3+}	25.10
Mg^{2+}	8.69	Pb^{2+}	18.04	V^{3+}	25.90
Ca^{2+}	10.69	Y^{3+}	18.09	Bi^{3+}	27.94
Mn^{2+}	14.04	Ni^{2+}	18.67		
Fe^{2+}	14.33	Cu^{2+}	18.80		

EDTA 与金属离子所形成配合物稳定性的影响因素包括金属离子的电子层结构、金属离子的电荷以及金属离子的半径。EDTA 与金属离子所形成配合物越稳定，配位反应进行得越完全，即 $\lg K_{稳}$越大，配合反应进行得越完全。[2]

三、外界条件对配合物稳定性的影响

在实际应用中，配位滴定溶液体系比较复杂，多种成分并存，往往会影响配位滴定反应进行的完全程度。若金属离子用 M 表示，滴定配位剂 EDTA 用 Y 表示，辅助配位剂用 L 表示，干扰金属离子用 N 表示，则 M 与 Y 生成 MY 为配位滴定主反应（main reaction），其余反应为副反应（side reaction），可用下式表示：

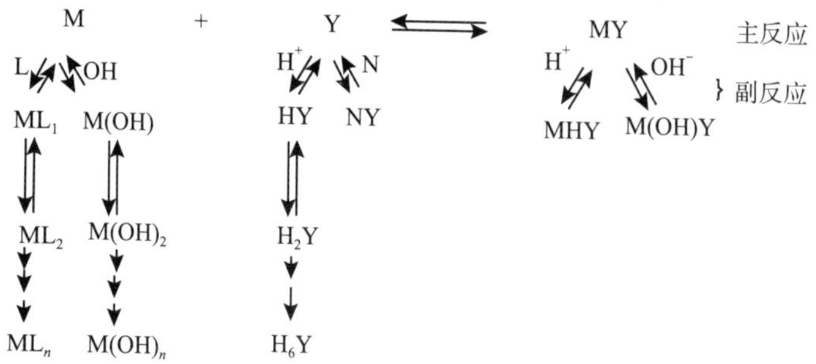

可以看出，M、Y 的各种副反应使主反应平衡左移，不利于主反应进行；MY 的副反应使主反应平衡右移，有利于主反应的进行。用副反应系数（side reaction coefficient）可以定量描述副反应的进行程度。

1. 配位剂 EDTA 的副反应

（1）EDTA 的酸效应

被测金属离子 M 与 Y 生成 MY，其中的 Y 指的是 Y^{4-}。如上式，当溶液中有 H^+ 存在时，Y^{4-} 会与 H^+ 结合而发生副反应，随着溶液 pH 减小，溶液中 $[H^+]$ 增加，使参与主反应的 $[Y^{4-}]$ 降低，主反应平衡向左移动。这种现象称为 EDTA 的酸效应，即水溶液中 H^+ 使 EDTA 参加主反应能力减弱的现象。

用酸效应系数 $\alpha_{Y(H)}$ 定量表示 EDTA 酸效应的大小。$\alpha_{Y(H)}$ 表示在一定温度和 pH 水溶液中，配位反应达到平衡时，溶液中未参加配位反应的 EDTA 与 Y^{4-} 浓度的比值。

$$\alpha_{Y(H)}=\frac{[Y']}{[Y^{4-}]}$$

$$=\frac{[Y^{4-}]+[H_1Y^{3-}]+[H_2Y^{2-}]+[H_3Y^{-}]+[H_4Y]+[H_5Y^{+}]+[H_6Y^{2+}]}{[Y^{4-}]}$$

$$=1+\frac{[H^+]}{K_{a6}}+\frac{[H^+]^2}{K_{a6}K_{a5}}+\frac{[H^+]^3}{K_{a6}K_{a5}K_{a4}}+\frac{[H^+]^4}{K_{a6}K_{a5}K_{a4}K_{a3}}+\frac{[H^+]^5}{K_{a6}K_{a5}K_{a4}K_{a3}K_{a2}}$$

$$+\frac{[H^+]^6}{K_{a6}K_{a5}K_{a4}K_{a3}K_{a2}K_{a1}}$$

【例题 3-7】当 pH=4 时，计算 EDTA 的酸效应系数及其对数值。

解：$\alpha_{Y(H)}=\frac{[Y']}{[Y^{4-}]}$

$$=1+\frac{[H^+]}{K_{a6}}+\frac{[H^+]^2}{K_{a6}K_{a5}}+\frac{[H^+]^3}{K_{a6}K_{a5}K_{a4}}+\frac{[H^+]^4}{K_{a6}K_{a5}K_{a4}K_{a3}}$$

$$+\frac{[H^+]^5}{K_{a6}K_{a5}K_{a4}K_{a3}K_{a2}}+\frac{[H^+]^6}{K_{a6}K_{a5}K_{a4}K_{a3}K_{a2}K_{a1}}$$

$$=1+10^{10.26}\times10^{-4.00}+10^{10.26+6.16}\times10^{-8.00}+10^{10.26+6.16+2.67}\times10^{-12.00}$$

$$+10^{10.26+6.16+2.67+2.0}\times10^{-16.00}+10^{10.26+6.16+2.67+2.0+1.6}\times10^{-20.00}$$

$$+10^{10.26+6.16+2.67+2.0+1.6+0.9}\times10^{-24.00}$$

$$=10^{8.44}$$

$$\lg\alpha_{Y(H)}=8.44$$

因为在一定温度下 EDTA 解离常数为定值，所以 $\alpha_{Y(H)}$ 随溶液的 pH 变化而变化。溶液的 pH 越小，$\alpha_{Y(H)}$ 越大，酸效应越严重，酸效应对主反应的影响越大；溶液的 pH 越大，$\alpha_{Y(H)}$ 越小，酸效应越弱，酸效应对主反应的影响越小；若溶液的 pH 很大（pH>12），EDTA 几乎全部以 Y^{4-} 存在，则 $\alpha_{Y(H)}$ 约等于 1，表示酸效应对主反应的影响可以忽略不计。

为便于使用，常取 $\alpha_{Y(H)}$ 的对数值，用 $\lg\alpha_{Y(H)}$ 表示，不同 pH 下 $\alpha_{Y(H)}$ 与 $\lg\alpha_{Y(H)}$ 如表 3-5 所示。

表 3-5　不同 pH 下 EDTA $\lg\alpha_{Y(H)}$

pH	$\lg\alpha_{Y(H)}$	pH	$\lg\alpha_{Y(H)}$	pH	$\lg\alpha_{Y(H)}$	pH	$\lg\alpha_{Y(H)}$	pH	$\lg\alpha_{Y(H)}$
0.0	23.64	2.5	11.90	5.0	6.45	7.5	2.78	10.0	0.45
0.1	23.06	2.6	11.62	5.1	6.26	7.6	2.68	10.1	0.39
0.2	22.47	2.7	11.35	5.2	6.07	7.7	2.57	10.2	0.33
0.3	21.89	2.8	11.09	5.3	5.88	7.8	2.47	10.3	0.28
0.4	21.32	2.9	10.84	5.4	5.69	7.9	2.37	10.4	0.24
0.5	20.75	3.0	10.60	5.5	5.51	8.0	2.27	10.5	0.20
0.6	20.18	3.1	10.37	5.6	5.33	8.1	2.17	10.6	0.16
0.7	19.62	3.2	10.14	5.7	5.15	8.2	2.07	10.7	0.13
0.8	19.08	3.3	9.92	5.8	4.98	8.3	1.97	10.8	0.11
0.9	18.54	3.4	9.70	5.9	4.81	8.4	1.87	10.9	0.09
1.0	18.01	3.5	9.48	6.0	4.65	8.5	1.77	11.0	0.07
1.1	17.49	3.6	9.27	6.1	4.49	8.6	1.67	11.1	0.06
1.2	16.98	3.7	9.06	6.2	4.34	8.7	1.57	11.2	0.05
1.3	16.49	3.8	8.85	6.3	4.20	8.8	1.48	11.3	0.04
1.4	16.02	3.9	8.65	6.4	4.06	8.9	1.38	11.4	0.03
1.5	15.55	4.0	8.44	6.5	3.92	9.0	1.28	11.5	0.02
1.6	15.11	4.1	8.24	6.6	3.79	9.1	1.19	11.6	0.02
1.7	14.68	4.2	8.04	6.7	3.67	9.2	1.10	11.7	0.02
1.8	14.27	4.3	7.84	6.8	3.55	9.3	1.01	11.8	0.01
1.9	13.88	4.4	7.64	6.9	3.43	9.4	0.92	11.9	0.01
2.0	13.51	4.5	7.44	7.0	3.32	9.5	0.83	12.0	0.01
2.1	13.16	4.6	7.24	7.1	3.21	9.6	0.75	12.1	0.01
2.2	12.82	4.7	7.04	7.2	3.10	9.7	0.67	12.2	0.005
2.3	12.50	4.8	6.84	7.3	2.99	9.8	0.59	13.0	0.000 8
2.4	12.19	4.9	6.65	7.4	2.88	9.9	0.52	13.9	0.000 1

（2）共存金属离子效应

在配位滴定测定金属离子时，待测溶液中可能存在待测金属离子和共存金属离子，假设待测溶液中有被测金属离子 M，共存金属离子 N，不但 M 能与 EDTA 配位，N 也能与 EDTA 配位，这种副反应使主反应平衡向左移动。EDTA 的共存金属离子效应是指共存金属离子 N 使 EDTA 参加主反应能力减弱的现象。

EDTA 的共存金属离子效应的大小可用共存金属离子效应系数 $\alpha_{Y(N)}$ 表示。$\alpha_{Y(N)}$ 表示在一定温度和 pH 下，达到平衡时溶液中 NY 浓度和 Y^{4-} 浓度之和与 Y^{4-} 的浓度之比。

$$\alpha_{Y(N)}=\frac{[Y']}{[Y^{4-}]}$$
$$=\frac{[NY]+[Y^{4-}]}{[Y^{4-}]}$$
$$=1+K_{NY}[N]$$

式中，K_{NY}——NY 的稳定常数；

[N]——共存金属离子 N 的平衡浓度。

当溶液中有多种共存金属离子时，$\alpha_{Y(N)}$ 只取一种或几种影响较大的共存金属离子副反应之和，次要项可忽略不计。

综上所述，由于存在酸效应和共存金属离子效应，EDTA 总副反应系数 α_Y 可表示为：

$$\alpha_Y=\frac{[Y']}{[Y^{4-}]}$$
$$=\frac{[Y^{4-}]+[H_1Y^{3-}]+[H_2Y^{2-}]+[H_3Y^{-}]+[H_4Y]+[H_5Y^{+}]+[H_6Y^{2+}]+[NY]}{[Y^{4-}]}$$
$$=\alpha_{Y(H)}+\alpha_{Y(N)}-1$$

2. 被测金属离子 M 的副反应

（1）被测金属离子水解效应

当溶液中有 OH^- 存在时，被测金属离子 M 可与 OH^- 生成金属氢氧化物，这种副反应使主反应平衡向左移动。随着溶液 pH 增大，溶液中 $[OH^-]$ 增加，参与主反应的 [M] 降低，使主反应平衡向左移动。金属离子水解效应是指，OH^- 使被测金属离子参加主反应能力减弱的现象。

金属离子水解效应的大小可用金属离子水解效应系数 $\alpha_{M(OH)}$ 表示。若以 M 表示被测金属离子，以 M（OH）表示生成的各种金属氢氧化物，$\alpha_{M(OH)}$ 表示在一定温度和 pH 下，达到平衡时溶液中 MOH 各种存在形式浓度及 M 浓度之和与 M 的浓度之比。

$$\alpha_{M(OH)}=\frac{[M']}{[M]}$$
$$=\frac{[M]+[MOH]+[M(OH)_2]+\cdots+[M(OH)_n]}{[M]}$$

可见，因为在一定温度下 MOH 解离常数为定值，所以 $\alpha_{M(OH)}$ 随溶液的 pH 变化而变化。溶液的 pH 越大，$\alpha_{M(OH)}$ 越大，金属离子的水解效应越强，对主反应影响越大；溶液的 pH 越小，$\alpha_{M(OH)}$ 越小，金属离子水解效应越弱，金属离子水解效应对主反应的影响越小；若溶液的 pH 很小，金属离子几乎不水解，金属离子水解效应对主反应的影响可以忽略不计。

（2）辅助配位剂效应

在配位滴定中，水溶液中可能存在多种配位剂。除了用于滴定的配位剂 EDTA，水溶液中还可能存在辅助配位剂 L，EDTA 可以与被测金属离子 M 配位，辅助配位剂 L 也能与被测金属离子 M 配位，这种副反应使主反应平衡向左移动。辅助配位效应是指辅助配位剂 L 使被测金属离子 M 参加主反应能力减弱的现象。

辅助配位效应的大小可用辅助配位效应系数 $\alpha_{M(L)}$ 表示。$\alpha_{M(L)}$ 表示在一定温度和 pH 下，达到平衡时溶液中 ML 各种形式浓度和 M 浓度之和与 M 浓度的比值。

$$\alpha_{M(L)}=\frac{[M']}{[M]}$$

$$=\frac{[M]+[ML]+[ML_2]+\cdots+[ML_n]}{[M]}$$

当溶液中有多种共存辅助配位剂时，$\alpha_{M(L)}$ 只取一种或几种影响较大的共存辅助配位剂副反应之和，次要项可忽略不计。

综上所述，当溶液体系中既有金属离子水解效应又有共存辅助配位效应时，被测金属离子 M 的总副反应系数为 α_M：

$$\alpha_M=\frac{[M']}{[M]}$$

$$=\frac{[M]+[MOH]+[M(OH)_2]+\cdots+[M(OH)_n]+[ML]+[ML_2]+\cdots+[ML_n]}{[M]}$$

$$=\alpha_{M(OH)}+\alpha_{M(L)}-1$$

3. 配合物 MY 的副反应

当溶液体系 pH 较低时，被测金属离子 M 与 EDTA 生成酸式配合物 MHY，使主反应平衡向右移动，有利于配位滴定；当溶液体系 pH 较高时，被测金属离子 M 与 EDTA 生成碱式配合物 MOHY，也使主反应平衡向右移动，也有利于配位滴定。但由于酸、碱式配合物很不稳定，容易分解，故在大多数配位滴定中可以忽略不计。

4. 配位滴定条件稳定常数

一定条件下，配位剂 Y 与被测金属离子 M 生成配合物 MY，若无副反应存在，反应平衡时，可以用平衡常数 K_{MY} 定量衡量配位反应进行的完全程度。若存在副反应，受副反应影响，上述平衡会发生移动，有副反应的配位反应进行的完全程度可以用条件稳定常数（conditional stability constant）K'_{MY} 表示：

$$K'_{MY}=\frac{[MY]}{[M'][Y']}$$

式中，[M′]——金属离子各存在形式的浓度之和；

[Y′]——EDTA 各种存在形式的浓度总和。

通过以上 M、EDTA 副反应讨论可得：

$[M']=\alpha_M[M]$，$[Y']=\alpha_Y[Y]$

把两者代入上式可得：

$$K'_{MY}=\frac{[MY]}{\alpha_M[M]\alpha_Y[Y]}$$

$$=\frac{K_{MY}}{\alpha_M\alpha_Y}$$

对 K'_{MY} 取对数可得：$\lg K'_{MY}=\lg K_{MY}-\lg\alpha_Y-\lg\alpha_M$。

【例题 3-8】pH=1.5 的溶液中，含有浓度均为 0.010 mol/L 的 EDTA、Fe^{3+}、Ca^{2+}，计算 FeY^- 的条件稳定常数的对数值。

解：查表得 $K_{CaY}=10^{10.69}$

$\alpha_{Y(Ca)}=1+K_{CaY}[Ca]$

$=1+10^{10.69}\times 0.010$

$=10^{8.69}$

pH=1.5 时，$\alpha_{Y(H)}=10^{15.55}$

$\alpha_Y=\alpha_{Y(H)}+\alpha_{Y(Ca)}-1$

$=10^{15.55}+10^{8.69}-1$

$\approx 10^{15.55}$

α_{Fe} 忽略不计

$\lg K'_{FeY^-}=\lg K_{FeY^-}-\lg\alpha_Y-\lg\alpha_{Fe}$

$=25.10-15.55$

$=9.55$

综上所述，配位滴定主反应进行完全程度的主要影响因素为 EDTA 的酸效应、共存金属离子效应、待测金属离子水解效应、辅助配位剂效应，其余因素影响较小，可忽略不计。当溶液体系中不存在辅助配位剂，被测金属离子水解效应较小时，主反应主要受 EDTA 的酸效应、共存金属离子效应影响，可调整溶液体系的 pH 降低 EDTA 的酸效应、加掩蔽剂降低共存金属离子效应，使配位滴定主反应进行完全。

四、配位滴定曲线

配位滴定时，随配位滴定剂标准溶液的加入，被测游离金属离子浓度 [M] 不断减小，到达化学计量点附近时，pM（–lg [M]）发生突跃，与酸碱滴定相似。但因存在副反应，配位滴定要比酸碱滴定复杂。

在以 EDTA 为配位剂的滴定中，配合物 MY 的条件稳定常数 K'_{MY} 受副反应的影响会随溶液体系反应条件的变化而变化，为使滴定过程中 K'_{MY} 基本不变，可使用适当酸碱缓冲液调节水溶液的酸度。然后利用 K'_{MY} 即可计算出不同 pH 溶液中在不同滴定阶段被测游离金属离子 M 的浓度 [M]，以配位滴定剂加入量为横坐标，以 –lg [M] 为纵坐标画曲线，即配位滴定曲线，如图 3-6 所示。

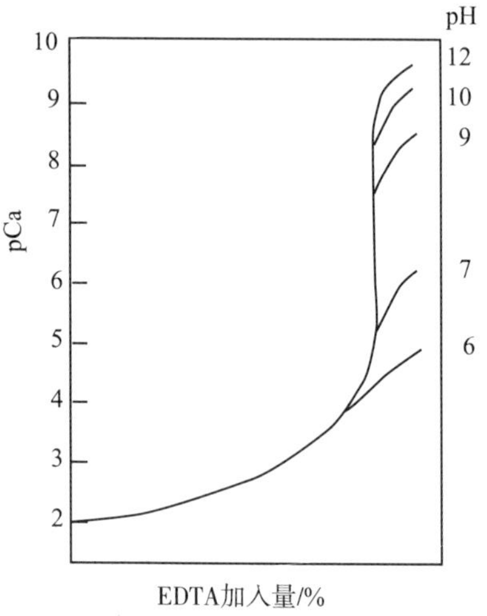

（0.010 00 mol/L EDTA 标准溶液等浓度 Ca^{2+}）

图 3-6　EDTA 滴定 Ca^{2+} 滴定曲线图

配位滴定曲线表示在不同 pH 条件下，被测金属离子的浓度在滴定过程中的变化规律。

3.2.2　金属指示剂的特点及使用条件

配位滴定判断滴定终点的方法，最常用的是金属指示剂（metallochromic indicator）变色法。

一、金属指示剂的原理

金属指示剂是能与金属离子生成变色配合物的多元弱碱或多元弱酸有机配位剂。游离金属指示剂的颜色相比金属离子和金属离子指示剂两者生成配合物的颜色有显著不同。配位滴定到达滴定终点前，溶液中游离金属离子与金属离子指示剂生成配合物，显示两者配合物的颜色。到达配位滴定终点时，金属离子被 EDTA 夺取，溶液显示游离金属指示剂的颜色。

在待测水样中加入金属指示剂，金属离子与金属指示剂两者生成配合物。用 M 表示金属离子，用 In 表示金属指示剂，两者生成配合物可用下式表示：

$$M+In \rightleftharpoons MIn$$

滴加 EDTA 标准溶液，金属离子逐步被 EDTA 夺取生成 MY，MY 的条件稳定常数大于 MIn，到达滴定终点时，In 游离，显示 In 颜色指示滴定终点。

$$MIn+Y \rightleftharpoons MY+In$$

例如，游离铬黑 T 在 pH= 8~11 时显示蓝色，与 Ca^{2+}、Mg^{2+} 等金属离子生成酒红色的配合物，到达滴定终点前溶液显示酒红色，到达滴定终点时显示游离铬黑 T 蓝色指示滴定终点。

可用于配位滴定的金属离子指示剂应当具备以下特点：

①金属离子和金属离子指示剂两者配合物（MIn）的颜色与游离金属离子指示剂（In）颜色有显著不同，滴定终点颜色变化明显。

②金属离子和金属离子指示剂两者配合物（MIn）的稳定性要适当。如果 MIn 稳定性太小，在到达滴定终点前指示剂提前游离，会使判断滴定终点提前，变色也不敏锐；如果 MIn 稳定性太高就不能被 EDTA 置换，加入过量 EDTA 也不会变色指示终点。

③金属离子和金属离子指示剂两者配合物（MIn）要易溶于水。如果两者配合物生成胶体或生成沉淀，会使变色不明显或因变色缓慢而滴定终点拖长。

④金属离子指示剂具有一定的稳定性。

二、金属离子指示剂使用注意事项

1. 选择合适的 pH 范围

许多金属离子指示剂是多元弱碱或多元弱酸，它们随着水溶液 pH 的不同，解离不同，显示的颜色也不同。例如铬黑 T 是个三元酸，pH<6 时游离铬黑 T 显示红色，pH>12 时游离铬黑 T 显示橙色，与金属离子铬黑 T 配合物酒红色相差不明显。pH= 8~12 时游离铬黑 T 为蓝色，与金属离子铬黑 T 配合物酒红色有明显差异。所以，使用金属离子指示剂需注意选用合适的 pH 范围。

2. 防止指示剂的封闭

指示剂的封闭是指金属离子与指示剂生成过于稳定配合物，即使 EDTA 过量，也不能夺取金属离子而使指示剂游离变色，无法指示滴定终点。例如，测定水的硬度时铬黑 T 能被溶液中的 Fe^{3+} 离子封闭，可使用加入适当配位剂掩蔽共存金属离子等措施消除指示剂封闭现象。

3. 防止指示剂的僵化

指示剂的僵化是指金属离子与指示剂生成难溶于水的配合物，EDTA 虽能夺取金属离子而使指示剂游离变色，但因反应缓慢、变色缓慢而拖长滴定终点。例如 PAN 指示剂，存在指示剂僵化现象，可使用加入一定量丙酮、乙醇等有机溶剂，或加热以及接近终点时缓慢滴定，剧烈摇晃等措施消除指示剂僵化现象。

三、常用的金属离子指示剂

常用的金属离子指示剂如表 3-6 所示。

表 3-6 常见金属离子指示剂

指示剂	适宜pH范围	颜色变化		直接滴定的离子	指示剂配制	注意事项
		In	MIn			
铬黑 T（eriochrome black T，简称 BT 或 EBT）	8~10	蓝	红	pH = 10 Mg^{2+}、Zn^{2+}、Cd^{2+}、Pb^{2+}、Mn^{2+}、稀土元素离子	1∶100 NaCl（固体）	Fe^{3+}、Al^{3+}、Cu^{2+}、Ni^{2+} 等离子封闭 EBT
酸性铬蓝 K（acid chrome blue K）	8~13	蓝	红	pH = 10 Mg^{2+}、Zn^{2+}、Mn^{2+} pH = 13 Ca^{2+}	1∶100 NaCl（固体）	—
二甲酚橙（xylenol orange，简称 XO）	<6	亮黄	红	pH<1 ZrO^{2+} pH=1~3.5 Bi^{3+}、Th^{4+} pH=5~6 Ti^{3+}、Zn^{2+}、Pb^{2+}、Cd^{2+}、Hg^{2+}、稀土元素离子	0.5% 水溶液	Fe^{3+}、Al^{3+}、Ni^{2+}、Ti^{IV} 等离子封闭 XO
磺基水杨酸（sulfo-salicylic acid，简称 ssal）	1.5~2.5	无色	紫红	pH=1.5~2.5 Fe^{3+}	5% 水溶液	ssal 本身无色，FeY^- 呈黄色
钙指示剂（calcon-carboxylic acid，简称 NN）	12~13	蓝	红	pH=12~13 Ca^{2+}	1∶100 NaCl（固体）	Fe^{3+}、Al^{3+}、Ni^{2+}、Ti^{IV}、Cu^{2+}、Mn^{2+}、Co^{2+} 等离子封闭 NN
过氧乙酰硝酸酯 [1-（2-pyridylazo）-2-naphthol，简称 PAN]	2~12	黄	紫红	pH=2~3 Bi^{3+}、Th^{4+} pH=4~5 Cu^{2+}、Ni^{2+}、Zn^{2+}、Cd^{2+}、Pb^{2+}、Mn^{2+}、Fe^{2+}	0.1% 乙醇溶液	MIn 在水中溶解度小，为防止 PAN 僵化，滴定时须加热

3.3 氧化还原滴定

3.3.1 基本原理

一、氧化还原平衡（redox equilibrium）

1. 特点

氧化还原滴定法（redox titration）是应用较为广泛的一种滴定分析方法，是以氧化反应与还原反应为基础的滴定分析法，能直接或间接测定无机物和有机物。例如，用重铬酸钾法测定铁，首先配制 $K_2Cr_2O_7$ 标准溶液，以二苯胺磺酸钠为指示剂，再用 $K_2Cr_2O_7$ 标准溶液滴定溶液中的 Fe^{2+}，其反应方程式为：

$$Cr_2O_7^{2-} + 6Fe^{2+} + 14H^+ \rightleftharpoons 2Cr^{3+} + 6Fe^{3+} + 7H_2O$$

在滴定到达终点时，指示剂变色，即可测定和计算铁的含量。对于某些无变价的元素，可以将其转化为具有氧化还原性质的物质进行间接测定，例如测定钙的含量等。

氧化还原反应机理比较复杂，反应是在溶液中氧化剂（oxidizing agent）与还原剂（reducing agent）之间的电子转移。由于副反应的发生，反应物之间无计量关系，而且反应速率一般较慢。因此，在氧化还原滴定中需严格控制反应条件，符合滴定分析的基本要求。氧化还原滴定法是以氧化剂或还原剂作为标准溶液，可分为高锰酸钾法、重铬酸钾法和碘量法等滴定方法。

2. 条件电极电位（electrode potential）

在氧化还原反应中，氧化剂和还原剂的强弱，可用电对的电极电位来衡量，电对的电位越高，其氧化态的氧化能力越强；电位越低，其还原态的还原能力越强。对于可逆的氧化还原电对，其电极电位的大小可用能斯特方程求得。例如，以 Ox/Red 表示某一电对，则该电对的氧化还原半反应为：

$$Ox + ne^- \rightleftharpoons Red$$

在 25 ℃时，其电位可表示为：

$$E_{Ox/Red} = E^{\theta}{}_{Ox/Red} + \frac{RT}{nF}\ln\frac{c_{Ox}}{c_{Red}} \tag{3-7}$$

式中，$E_{Ox/Red}$——氧化态 Ox 还原态 Red 电对的电极电位，V；

$E^{\theta}{}_{Ox/Red}$——标准电极电位，V；

c_{Ox}、c_{Red}——氧化态 Ox 及还原态 Red 的浓度；

R——摩尔气体常数，8.314 J · mol^{-1} · K^{-1}；

T——热力学温度，K；

F——法拉第常数，96 485 C · mol^{-1}；

n——半反应中电子的转移数。

将以上数据代入式中，在 25 ℃时可得：

$$E_{Ox/Red} = E^{0}{}_{Ox/Red} + \frac{0.059}{n}\lg\frac{c_{Ox}}{c_{Red}} \qquad (3\text{-}8)$$

可见，电对的电极电位与溶液中氧化态和还原态的浓度有关。当 $c_{Ox}=c_{Red}=1$ mol · L^{-1} 时，$E_{Ox/Red}=E^{\theta}{}_{Ox/Red}$，电极电位等于标准电极电位。所谓标准电极电位是指在一定温度下（通常为 25 ℃），氧化还原半反应中各组分都处于标准状态，即离子或分子的活度等于 1 mol · L^{-1}，反应中如有气体参加则其分压等于 100 kPa 时的电极电位。$E_{Ox/Red}$ 仅随温度变化。

通常可将溶液的浓度代替活度进行计算，忽略溶液中离子强度的影响，但在实际工作中，溶液中离子强度的影响不能忽视，更重要的是当溶液组成改变时，电对的氧化态与还原态的存在形式也随之改变，引起电极电位的变化，此时用能斯特方程计算溶液中三价铁 Fe（Ⅲ）与二价铁 Fe（Ⅱ）各种存在形式的总浓度，则化学反应方程式可写成：

$$E_{Fe^{3+}/Fe^{2+}} = E^{\theta}_{Fe^{3+}/Fe^{2+}} + 0.059\lg\frac{c_{Fe^{3+}}}{c_{Fe^{3+}}} \qquad (3\text{-}9)$$

上式中 $E^{\theta}_{Fe^{3+}/Fe^{2+}}$ 称为条件电极电位，表示在一定条件下氧化态和还原态的总浓度都为 1 mol · L^{-1}（或二者浓度比值为 1）时的实际电位，条件电极电位反映了离子强度与各种副反应影响的总结果，在一定条件下为常数。在处理有关氧化还原反应的电位计算时，应尽量采用条件电极电位，当无相同条件下的电极电位数据时，可采用条件相近的条件电极电位，这样所得的处理结果比较接近实际情况。

【例题 3-9】1 mol · L^{-1} 的 HCl 溶液中，$c_{Ce(IV)}=1.00\times10^{-2}$ mol · L^{-1}，$c_{Ce(Ⅲ)}=1.00\times10^{-3}$ mol · L^{-1} 时，计算 Ce（IV）/Ce（Ⅲ）电对的电极电位。

解：查表可得半反应 Ce（IV）+ e^{-} $\rightleftharpoons$ Ce（Ⅲ）在 1 mol · L^{-1} HCl 介质中的 $E^{\theta}=1.28$ V，则：

$$E = E^{\theta}_{Ce^{4+}/Ce^{3+}} + 0.059\ \text{V}\ \lg\frac{c_{Ce^{4+}}}{c_{Ce^{3+}}}$$

$$= 1.28\ \text{V} + 0.059\ \text{V}\ \lg\frac{1.00\times10^{-2}}{1.00\times10^{-3}}$$

$$= 1.34\ \text{V}$$

3. **平衡常数**

氧化还原滴定分析法要求氧化还原反应进行得越完全越好，而氧化还原反应的完全程度是以反应的平衡常数大小来衡量的。氧化还原反应的平衡常数，可根据能斯特方程和电对的条件电极电位或标准电极电位求得。设氧化还原反应式为：

$$n_2\text{Ox}_1 + n_1\text{Red}_2 \rightleftharpoons n_2\text{Red}_1 + n_1\text{Ox}_2$$

两电对的电极电位为：

$$\text{Ox}_1 + n_1\text{e}^- \rightleftharpoons \text{Red}_1$$

$$E_1 = E^{\theta}_1 + \frac{0.059}{n_1}\lg\frac{c_{\text{Ox}_1}}{c_{\text{Red}_1}}$$

$$\text{Ox}_2 + n_2\text{e}^- \rightleftharpoons \text{Red}_2$$

$$E_2 = E^{\theta}_2 + \frac{0.059}{n_2}\lg\frac{c_{\text{Ox}_2}}{c_{\text{Red}_2}}$$

当反应达到平衡时，$E_1=E_2$，则：

$$E^{\theta}_1 + \frac{0.059}{n_1}\lg\frac{c_{\text{Ox}_1}}{c_{\text{Red}_1}} = E^{\theta}_2 + \frac{0.059}{n_2}\lg\frac{c_{\text{Ox}_2}}{c_{\text{Red}_2}}$$

$$E^{\theta}_1 - E^{\theta}_2 = \frac{0.059}{n_2}\lg\frac{c_{\text{Ox}_2}}{c_{\text{Red}_2}} - \frac{0.059}{n_1}\lg\frac{c_{\text{Ox}_1}}{c_{\text{Red}_1}}$$

$$= \frac{0.059}{n_1 n_2}\lg\left[\left(\frac{c_{\text{Ox}_2}}{c_{\text{Red}_2}}\right)^{n_1}\left(\frac{c_{\text{Red}_1}}{c_{\text{Ox}_1}}\right)^{n_2}\right]$$

当反应式达到平衡时，则有：

$$\frac{(c_{\text{Red}_1})^{n_2}(c_{\text{Ox}_2})^{n_1}}{(c_{\text{Ox}_1})^{n_2}(c_{\text{Red}_2})^{n_1}} = K\ （平衡常数）$$

将上式代入得：$\lg K=\dfrac{(E^{\theta}_1 - E^{\theta}_2)\ n_1 n_2}{0.059}$

因此，氧化还原反应平衡常数 K 值的大小是由氧化剂与还原剂两电对的条件电极电位之差来决定，两者差值越大，K 值也就越大，反应进行得越完全。根据两个电对的电极电位值，计算氧化还原反应的平衡常数 K 值。

氧化还原反应定量进行，反应达到平衡时，其 $\lg K \geqslant 6$，$E_1^{\theta'} - E_2^{\theta'} \geqslant 0.4$ V，这样的氧化还原反应才能应用于滴定分析。

4. 影响氧化还原反应速率的因素

氧化还原反应平衡常数 K，只能表明该反应的可能性和反应完全的程度，而不能表明反应速率的快慢。氧化还原反应过程比较复杂，许多反应不是一步完成的，反应的速率是由最慢的一步反应决定的。所以不能按总的氧化还原反应式判断反应速率。在滴定分析中，要求氧化还原反应必须定量、迅速地进行，因此对于氧化还原反应，除了从平衡常数来了解反应的可能性外，还应考虑反应的速率。影响氧化还原反应速率的因素有反应物浓度、温度、催化剂、诱导反应。

（1）反应物浓度

通常情况，增加反应物浓度可加快反应速率。例如，在酸性条件下重铬酸钾和碘化钾反应：

$$Cr_2O_7^{2-} + 6I^- + 14H^+ \rightleftharpoons 2Cr^{3+} + 3I_2 + 7H_2O$$

如适当增大 I^- 和 H^+ 的浓度，可加快反应速率。实验表明，加入过量的 KI，在 0.4 mol·L^{-1}[H^+] 条件下，反应速率会加快，经 5 min 氧化还原反应就可进行完全。但酸度不能太大，否则将促使空气中的氧对 I^- 的氧化速率加快，造成分析误差。

（2）温度

温度对氧化还原反应速率的影响也是很复杂的。对于大多数氧化还原反应，温度升高可加快反应速率。例如，高锰酸钾与草酸的反应，温度每升高 10 ℃，反应速率增加 2~3 倍。

$$2MnO_4^- + 5C_2O_4^{2-} + 16H^+ \rightleftharpoons 2Mn^{2+} + 10CO_2 + 8H_2O$$

（3）催化剂

催化剂是改变反应速率的有效方法之一。正催化剂可加快氧化还原反应速率，负催化剂则会减慢反应速率。例如，在酸性条件下 $KMnO_4$ 与 $H_2C_2O_4$ 反应，即使升高温度，在滴定的最初阶段，$KMnO_4$ 褪色仍很慢，若加入少量 Mn^{2+} 作为催化剂，反应速率会提高。

（4）诱导反应

某些氧化还原反应在通常情况下并不发生或进行极慢，而在另一反应进行时会促进这一反应的发生。这种由于一个氧化还原反应的发生促进另一氧化还原反应进行，称为诱导反应。例如，在酸性条件下，$KMnO_4$ 氧化 Cl^- 的反应速率极慢，而溶液中同时存在 Fe^{2+} 时，$KMnO_4$ 氧化 Fe^{2+} 的反应会加速 $KMnO_4$ 氧化 Cl^- 的反应。Fe^{2+} 被称为诱导体，MnO_4^- 被称为作用体，Cl^- 被称为受诱体。

在催化反应中，催化剂不参与氧化还原反应；而在诱导反应中，诱导体参加反应，变成新物质，受诱体也参与反应，增加了作用体的消耗量。因此，用 $KMnO_4$ 滴定 Fe^{2+}，当有 Cl^- 存在时，将使 $KMnO_4$ 溶液消耗量增加，使结果产生误差。如需在 HCl 介质中用 $KMnO_4$ 法测 Fe^{2+}，应在溶液中加入 $MnSO_4$-H_3PO_4-H_2SO_4 溶液，可防止 Cl^- 对 MnO_4^- 的还原作用。

二、氧化还原滴定曲线

1. 滴定曲线

氧化还原滴定中，加入滴定剂，反应物的氧化态和还原态的浓度逐渐变化，体系的电位也随之不断改变，可以用氧化还原滴定曲线来表示这种变化。当滴定到达化学计量点附近时，再滴入少量标准溶液就会引起电极电位的急剧变化。用曲线形式表示标准溶液用量和电位变化的关系，即氧化还原滴定曲线。氧化还原滴定曲线通过实验测出数据表示，对于可逆电极滴定体系可以用能斯特方程计算出各滴定点的电位值。

例如，1 $mol \cdot L^{-1}$ H_2SO_4 溶液中，用 0.100 0 $mol \cdot L^{-1}$ $Ce(SO_4)_2$ 标准溶液滴定 20.00 mL 0.100 0 $mol \cdot L^{-1}$ $FeSO_4$，分析滴定过程中标准溶液用量和电极电位之间量的变化情况。

滴定反应式：

$$Ce^{4+} + Fe^{2+} = Ce^{3+} + Fe^{3+}$$

两个电对的条件电极电位：

$$Fe^{3+} + e^- \rightleftharpoons Fe^{2+} \qquad E^{\theta} = 0.68\ V$$

$$Ce^{4+} + e^- \rightleftharpoons Ce^{3+} \qquad E^{\theta} = 1.44\ V$$

（1）滴定开始至化学计量点前

化学计量点前，溶液中存在着过量的 Fe^{2+}，滴定过程中电极电位可根据 Fe^{3+}/Fe^{2+} 电对计算：

$$E_{Fe^{3+}/Fe^{2+}} = E^{\theta}_{Fe^{3+}/Fe^{2+}} + 0.059\lg\frac{c_{Fe^{3+}}}{c_{Fe^{2+}}}$$

此时 $E_{Fe^{3+}/Fe^{2+}}$ 的值随溶液中 $c_{Fe(Ⅲ)}$ 和 $c_{Fe(Ⅱ)}$ 的改变而变化。如加入 $Ce(SO_4)_2$ 标准溶液 99.9%，Fe^{2+} 剩余 0.1% 时，溶液的电位是：

$$E_{Fe^{3+}/Fe^{2+}} = 0.68\ V + 0.059\ V\ \lg\frac{99.9}{0.1} = 0.86\ V$$

化学计量点前各滴定点的电位值均可按此法计算。

（2）化学计量点时

$$E = \frac{n_1 E^{\theta'}_{Ce^{4+}/Ce^{3+}} + n_2 E^{\theta'}_{Fe^{3+}/Fe^{2+}}}{n_1 + n_2} = \frac{1.44+0.68}{2}\ V = 1.06\ V$$

（3）化学计量点后

化学计量点后，由于加入了过量的 Ce^{4+}，可利用 c_{Ce4+}/c_{Ce3+} 来计算电位：

$$E_{Ce^{4+}/Ce^{3+}} = E^{\theta}_{Ce^{4+}/Ce^{3+}} + 0.059\lg\frac{c_{Ce^{3+}}}{c_{Ce^{2+}}}$$

例：当 Ce^{4+} 过量 0.1%，溶液的电位是：

$$\phi_{Ce^{4+}/Ce^{3+}} = \phi^{\theta}_{Ce^{4+}/Ce^{3+}} + 0.059\lg\frac{0.1}{10} = 1.26\ V$$

化学计量点过后各滴定点的电位值，可按此法计算。

1 mol · L^{-1} H_2SO_4 溶液用 0.100 0 mol · L^{-1} Ce（SO）$_2$ 滴定 20.00 mL 0.100 0 mol · L^{-1} Fe^{2+} 溶液，将滴定过程中不同滴定点的电位计算列于表 3-7，绘制的滴定曲线如图 3-7 所示。

表 3-7　0.100 0 mol · L^{-1} Ce(SO)$_2$ 滴定 20.00 mL 0.100 0 mol · L^{-1} Fe^{2+} 溶液

加入 Ce^{4+} 溶液		体系的电极电位 E/V
体积 V/mL	滴定分数 f/%	
1.00	5.0	0.60
8.00	40.0	0.67
10.00	50.0	0.68
12.00	60.0	0.69
18.00	90.0	0.74
19.80	99.0	0.80
19.98	99.9	0.86
20.00	100.0	1.06
20.02	100.1	1.26
22.00	110.0	1.38
30.00	150.0	1.42
40.00	200	1.44

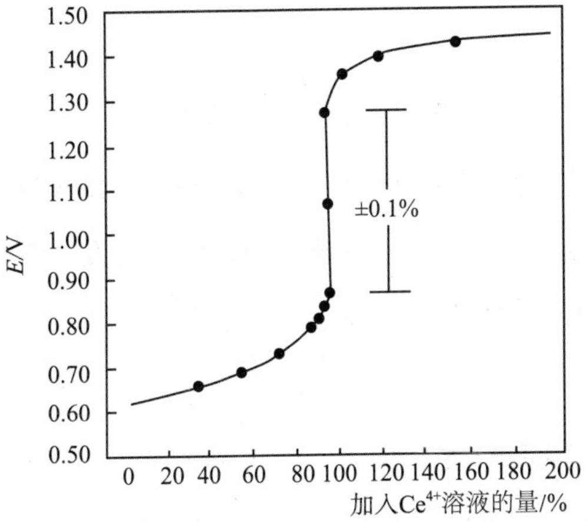

图 3-7 0.100 0 mol · L^{-1} Ce (SO)$_2$ 滴定 0.100 0 mol · L^{-1} Fe^{2+} 的滴定曲线

滴定曲线表明：滴定开始时电极电位变化缓慢，当接近化学计量点时，体系电位 E 发生突跃（0.86~1.26 V），溶液性质也随之发生变化，由 Fe^{2+} 剩余变化到 Ce^{4+} 过量，化学计量点后，电极电位的变化又变得缓慢了。

当滴定分数为 50% 时体系的电位等于还原剂电对的条件电极电位；当滴定分数为 200% 时电位等于氧化剂电对的条件电极电位；当滴定分数由 99.9%~100.1% 时电极电位变化范围为 1.26 V–0.86 V=0.4 V，则滴定曲线的电位突跃是 0.4 V，可判断氧化还原反应滴定的可能性和选择指示剂。在 Ce^{4+} 滴定 Fe^{2+} 的反应中，两电对电子转移数均为 1，化学计量点的电位（1.06 V）处于滴定突跃中间（0.86~1.26 V），滴定曲线在计量点的前后基本对称。滴定曲线突跃的长短与氧化剂还原剂两电对的条件电极电位的差值大小有关，电对的条件电极电位相差大，滴定突跃就长，反之就较短。

2. 氧化还原滴定终点的确定

在氧化还原滴定中，除用电位滴定法确定其滴定终点外，通常用指示剂来确定滴定终点。

3.3.2 指示剂使用特点 [3]

一、氧化还原指示剂

这类指示剂是本身具有氧化还原性质的复杂有机化合物。在氧化还原滴定过程中能发生氧化还原反应，其氧化态和还原态具有不同的颜色，可指示氧化还原滴定终点。

例如，Ox 和 Red 分别代表指示剂的氧化态和还原态，则其氧化还原半反应如下：

$$Ox+ne^- \rightleftharpoons Red$$

根据能斯特公式：

$$E_{In} = E_{In}^{\theta} + \frac{0.059}{n} \lg \frac{c_{Ox}}{c_{Red}} \qquad (3\text{-}10)$$

式中，E_{In}^{θ} 为在一定条件下指示剂的条件电极电位，随着滴定体系电位的改变，指示剂氧化态和还原态的浓度比也发生变化，溶液的颜色发生变化。与酸碱指示剂的变色情况相似，氧化还原指示剂理论变色的电位范围是：

$$E_{In} = E_{In}^{\theta} \pm \frac{0.059}{n}(V)$$

还应注意，指示剂不同，其 E_{In}^{θ} 不同，在不同的介质中同一种指示剂，其 E_{In}^{θ} 也不同。

表 3-8 列出一些重要的氧化还原指示剂的条件电极电位。在选择指示剂时，应使氧化还原指示剂的条件电极电位尽量与反应的化学计量点的电位相一致，以减小滴定终点的误差。

表 3-8　常用氧化还原指示剂的 E_{In}^{θ} 及颜色变化

指示剂	E_{In}^{θ}/V [H^{+}]=1 mol/L	颜色变化	
		氧化态	还原态
次甲基蓝	0.36	蓝色	无色
二苯胺	0.76	紫色	无色
二苯胺磺酸钠	0.84	紫红色	无色
邻苯氨基苯甲酸	0.89	紫红色	无色
邻二氮菲亚铁	1.06	浅蓝色	红色
硝基邻二氮菲亚铁	1.25	浅蓝色	紫红色

以二苯胺磺酸钠为指示剂，用 $K_2Cr_2O_7$ 溶液滴定 Fe^{2+}，则滴定到化学计量点时，过量的 $K_2Cr_2O_7$ 溶液将二苯胺磺酸钠由无色的还原态氧化为紫红色的氧化态，以指示滴定终点。

二、其他指示剂

1. 自身指示剂

在氧化还原滴定中，利用一些标准溶液或被测的物质本身的颜色，滴定时无须另加指示剂，滴定剂或被滴定液本身的颜色变化起着指示剂的作用，这称为自身指示剂。例如，在高锰酸钾法中，以 $KMnO_4$ 标准溶液滴定 $FeSO_4$ 溶液：

$$MnO_4^- + 5Fe^{2+} + 8H^+ \rightleftharpoons Mn^{2+} + 5Fe^{3+} + 4H_2O$$

滴定剂 $KMnO_4$ 本身具有紫红色，而 Mn^{2+} 几乎无色。当滴定到化学计量点时，稍过量的 $KMnO_4$ 就使被测溶液出现稳定的粉红色，滴定终点已到。实验证明，$KMnO_4$ 的浓度达到 2×10^{-6} mol · L^{-1} 时，就可以观察到溶液的粉红色。

2. **专属指示剂**

本身无氧化还原性质，它能与滴定体系中的氧化剂或还原剂结合而显示出与其本身不同的颜色，可指示氧化还原滴定终点的指示剂。例如，可溶性淀粉指示剂与游离碘生成深蓝色配合物，当 I_2 被还原为 I^- 时蓝色消失，当 I^- 被氧化为 I_2 时，蓝色出现，可利用蓝色的出现与消失指示终点。当 I_2 的浓度为 2×10^{-6} mol · L^{-1} 时即能看到蓝色指示终点，淀粉是碘法的专属指示剂。

3.3.3 在水质分析中的应用 [4]

一、滴定前的预处理

1. **必要性**

在氧化还原滴定之前需进行预处理，使待测组分处于所需状态，例如，测定铁矿中总铁量，欲测定全铁含量，需进行预处理，将铁以三价形态存在，先用 $SnCl_2$ 将 Fe^{3+} 还原成 Fe^{2+}，后用 $K_2Cr_2O_7$ 标准溶液滴定。为使反应顺利进行，在滴定前将全部被测组分转变为适宜滴定价态的氧化或还原处理步骤，称为氧化还原的预处理。

预处理时所用的氧化剂或还原剂必须符合下列条件。

①必须将被测组分全部氧化或还原成适宜滴定的价态，且反应速率较快。

②过剩的预氧化剂或预还原剂必须易于完全除去。采取加热、过滤或其他化学处理方法。例：对过量的（NH_4）$_2S_2O_8$、H_2O_2 用加热分解除去，过量的 $NaBiO_3$ 不溶于水用过滤除去。

③氧化还原反应的选择性好。例如，用重铬酸钾法测定钛铁矿中铁含量，若用锌（$\phi^{\theta}=-0.76$ V）为预还原剂，不仅还原 Fe^{3+}，也能还原 Ti^{4+}（$E^{\theta}_{Ti^{4+}/Ti^{3+}}=0.10$ V），其结果是铁钛的总量。要选用 $SnCl_2$（$E^{\theta}_{Sn^{4+}/Sn^{2+}}=0.14$ V）为预还原剂，只还原 Fe^{3+}，选择性比较好。

2. **常用的预处理试剂**

根据氧化剂、还原剂的性质，选择实验步骤，可达到预处理的目的。将几种常用的预处理试剂列于表 3-9 与表 3-10 中。

表 3-9　预处理常用的氧化剂

氧化剂	用途	使用条件	过量氧化剂除去方法
$NaBiO_3$	$Mn^{2+} \rightarrow MnO_4^-$ $Cr^{3+} \rightarrow Cr_2O_7^{2-}$	在 HNO_3 溶液中	$NaBiO_3$ 微溶于水，过量的 $NaBiO_3$ 可滤去
$(NH_4)_2S_2O_8$	$Ce^{3+} \rightarrow Ce^{4+}$ $VO^{2+} \rightarrow VO_3^-$ $Cr^{3+} \rightarrow Cr_2O_7^{2-}$	在酸性介质（HNO_3 或 H_2SO_4）中有催化剂 Ag^+ 存在	加热煮沸 $S_2O_8^{2-}$
	$Mn^{2+} \rightarrow MnO_4^-$	在 HNO_3 或 H_2SO_4 介质中并存在 H_3PO_3 以防止析出 $MnO(OH)_2$ 沉淀	
$KMnO_4$	$VO^{2+} \rightarrow VO_3^-$ $Cr^{3+} \rightarrow CrO_4^{2-}$ $Ce^{3+} \rightarrow Ce^{4+}$	冷的酸性溶液中（Cr^{3+} 存在） 在碱性介质中 在酸性溶液中（即使存在 F^- 或 $H_2P_2O_7^{2-}$ 也可选择性地氧化）	加入 $NaNO_2$ 除去过量的 $KMnO_4$。但为防止 NO_2^- 同时还原 VO_3^-、$Cr_2O_7^{2-}$ 可先加入尿素，然后小心滴加 $NaNO_2$ 溶液至 MnO_4^- 红色刚好褪去
H_2O_2	$Cr^{3+} \rightarrow CrO_4^{2-}$ $Co^{2+} \rightarrow Co^{3+}$ Mn（Ⅱ）→ Mn（Ⅳ）	2 mol/L NaOH 在 $NaHCO_3$ 溶液中 在碱性介质中	在碱性溶液中加热煮沸
$HClO_4$	$Cr^{3+} \rightarrow Cr_2O_7^{2-}$ $Co^{2+} \rightarrow Co^{3+}$ $Ce^{3+} \rightarrow Ce^{4+}$	$HClO_4$ 必须加热	放冷且冲稀即失去氧化性，煮沸除去所生成的 Cl_2。浓热的 $HClO_4$ 与有机物将爆炸，若试样含有机物，必须先除去有机物

表 3-10　预处理常用的还原剂

还原剂	用途	使用条件	过量氧化剂除去方法
$SnCl_2$	$Fe^{3+} \rightarrow Fe^{2+}$ Mo（Ⅵ）→ Mo（Ⅴ） As（Ⅴ）→ As（Ⅲ）	在 HCl 溶液中	加入过量 $HgCl_2$ 的氧化，或用 $K_2Cr_2O_7^{2-}$ 氧化除去
$TiCl_3$	$Fe^{3+} \rightarrow Fe^{2+}$	在酸性溶液中	水稀释，少量 Ti^{3+} 被水中 O_2 氧化（可加 Cu^{2+} 催化）
N_2H_4	As（Ⅴ）→ As（Ⅲ） Sb（Ⅴ）→ Sb（Ⅲ）	冷的酸性溶液中（Cr^{3+} 存在）	浓 H_2SO_4 中煮沸
Al	$Fe^{3+} \rightarrow Fe^{2+}$ $Sn^{2+} \rightarrow Sn^{4+}$ $TiO^{2+} \rightarrow Ti^{3+}$	在 HCl 溶液中	—

3.4 沉淀滴定

3.4.1 沉淀滴定法

以沉淀反应为基础的一种滴定分析方法。虽然沉淀反应很多，但是能用于滴定分析的沉淀反应必须符合下列几个条件。

①沉淀反应必须迅速，并按一定的化学计量关系进行。

②生成的沉淀应具有恒定的组成，而且溶解度必须很小。

③有确定化学计量点的简单方法。

④沉淀的吸附现象不影响滴定终点的确定。

由于上述条件的限制，能用于沉淀滴定法的反应并不多，目前有实用价值的主要是形成难溶性银盐的反应，例如：

$$Ag^{+}+Cl^{-} = AgCl\downarrow \quad （白色）$$

$$Ag^{+}+SCN^{-} = AgSCN\downarrow \quad （白色）$$

这种利用生成难溶银盐反应进行沉淀滴定的方法称为银量法。用银量法主要用于测定 Cl^-、Br^-、I^-、Ag^+、CN^-、SCN^- 等离子及含卤素的有机化合物。除银量法外，沉淀滴定法中还有利用其他沉淀反应的方法。

3.4.2 沉淀溶解平衡[5]

在一定温度下，当溶解的速度和沉淀的速度相等时，未溶解的固体和溶液中离子之间达到动态平衡，溶液中离子浓度不再改变，形成饱和溶液，此时溶液中离子浓度的乘积为一个常数。例如，在 AgCl 的饱和溶液中，$[Ag^+][Cl^-] = K_{sp}$（AgCl）。K_{sp} 称为溶度积常数，简称溶度积。K_{sp}（AgCl）= 1.8×10^{-10}（在 25 ℃时），温度改变时，K_{sp} 值也随之改变。

1. **溶度积**

溶度积的通式：

$$M_m A_n = mM + nA$$

$$[M]^m [A]^n = K_{sp}（M_m A_n）$$

2. **计算不同类型沉淀溶解平衡时溶液中离子浓度**

（1）MA 型沉淀

$$MA = M + A$$

$$S = [M] = [A] = \sqrt{K_{sp}(MA)}$$

例：AgCl　$K_{sp}(AgCl) = 1.8 \times 10^{-10}$。

$$[Ag^+] = [Cl^-] = \sqrt{K_{sp}(AgCl)} = \sqrt{1.8 \times 10^{-10}}\ mol \cdot L^{-1} = 1.34 \times 10^{-5}\ mol \cdot L^{-1}$$

（2）通用型

$$M_mA_n = mM + nA$$

$$[M]^m[A]^n = K_{sp}(M_mA_n)$$

$$S = \sqrt[m+n]{\frac{K_{sp}(M_mA_n)}{M^mN^n}}$$

例：Ag_2CrO_4　$K_{sp}(Ag_2CrO_4) = 2.0 \times 10^{-12}$，$m=2$，$n=1$。

$$S = \sqrt[2+1]{\frac{K_{sp}(Ag_2CrO_4)}{4}} = \sqrt[3]{\frac{2 \times 10^{-12}}{4}}\ mol \cdot L^{-1} = 7.94 \times 10^{-5}\ mol \cdot L^{-1}$$

$$[Ag^+] = 2S = 2 \times 7.94 \times 10^{-5}\ mol \cdot L^{-1} = 1.59 \times 10^{-4}\ mol \cdot L^{-1}$$

在进行沉淀反应时，也存在酸效应、配合物效应等副反应，在有副反应存在时，可以用条件溶度积 K'_{sp} 代替 K_{sp} 处理沉淀平衡可更符合实际情况。条件溶度积 K'_{sp} 用下列公式来表示

$$K'_{sp} = [M'][A'] = K_{sp}\,\alpha_M\,\alpha_A$$

式中，α_M、α_A——发生沉淀的阳离子和阴离子副反应系数。

难溶化合物的溶度积常数见附表 1。

3. **分级沉淀**

将一种共同沉淀剂滴加到含有两种或多种离子的溶液中，发生先后沉淀的现象，称为分级沉淀或分步沉淀。在分级沉淀中所需沉淀剂离子浓度小的物质先沉淀，大的后沉淀。滴定中可以利用分级沉淀现象来选择合适的指示剂指示终点的到达。

4. **沉淀转化**

一种难溶化合物转化为另一种难溶化合物的现象，叫作沉淀转化。在沉淀滴定中有时需要避免这种现象发生。例如用福尔哈德法测定卤素中氯离子时，由于氯化银的溶解度比较大，近终点会发生氯化银沉淀转化的现象造成误差，所以应避免。

3.4.3 沉淀滴定曲线

以银量法中用 Ag^+ 滴定 Cl^- 为例进行讨论与计算滴定曲线。

滴定反应：$Ag^+ + Cl^- \rightleftharpoons AgCl\downarrow$（白色） K_{sp}（AgCl）$=1.8\times10^{-10}$

例：用 0.100 mol/L Ag^+ 滴定 50.0 mL 0.050 0 mol/L Cl^-，由于反应平衡常数大。认为 Ag^+ 和 Cl^- 完全反应，基于其他滴定曲线的计算方法，计算达到化学计量点时需要的 Ag^+ 体积。根据

$$c_{Ag}V_{Ag}=c_{Cl}V_{Cl}$$

$$V_{Ag}=\frac{c_{Cl}V_{Cl}}{c_{Ag}}=\frac{0.050\,0\ \text{mol}\cdot\text{L}^{-1}\times50.0\ \text{mL}}{0.100\ \text{mol}\cdot\text{L}^{-1}}=25.0\ \text{mL}$$

达到化学计量点需要 25.0 mL Ag^+ 的溶液。

在达到化学计量点前，若加入 10.0 mL 的 Ag^+ 标准溶液，Cl^- 是过量的，则未反应的 Cl^- 的浓度为

$$[Cl^-]=\frac{c_{Cl}V_{Cl}-c_{Ag}V_{Ag}}{V_{Cl}+V_{Ag}}=\frac{0.050\,0\ \text{mol}\cdot\text{L}^{-1}\times50.0\ \text{mL}-0.100\ \text{mol}\cdot\text{L}^{-1}\times10.0\ \text{mL}}{50.0\ \text{mL}+10.0\ \text{mL}}$$

$$=2.50\times10^{-2}\ \text{mol}\cdot\text{L}^{-1}$$

$$\text{pCl}=-\lg[Cl^-]=-\lg(2.50\times10^{-2})=1.60$$

$$[Ag^+]=\frac{K_{sp}(AgCl)}{[Cl^-]}=\frac{1.8\times10^{-10}}{2.5\times10^{-2}}\ \text{mol}\cdot\text{L}^{-1}=7.2\times10^{-9}\ \text{mol}\cdot\text{L}^{-1}$$

$$\text{pAg}=-\lg[Ag^+]=-\lg(7.2\times10^{-9})=8.14$$

在达到化学计量点时，Ag^+ 和 Cl^- 二者浓度是相等的，此时二者的浓度为

$$[Ag^+][Cl^-]=K_{sp}(AgCl)=1.8\times10^{-10}$$

$$[Ag^+]=[Cl^-]=\sqrt{K_{sp}(AgCl)}=\sqrt{1.8\times10^{-10}}\ \text{mol}\cdot\text{L}^{-1}=1.3\times10^{-5}\ \text{mol}\cdot\text{L}^{-1}$$

此时的 pCl 和 pAg 都是 4.89。

在达到化学计量点后时，滴定混合物中含有过量的 Ag^+，若加入 35.0 mL 的滴定液，此时 Ag^+ 浓度为

$$[Ag^+]=\frac{c_{Ag}V_{Ag}-c_{Cl}V_{Cl}}{V_{Cl}+V_{Ag}}=\frac{0.100\ \text{mol}\cdot\text{L}^{-1}\times35.0\ \text{mL}-0.050\,0\ \text{mol}\cdot\text{L}^{-1}\times50.0\ \text{mL}}{50.0\ \text{mL}+35.0\ \text{mL}}$$

$$=1.18\times10^{-2}\ \text{mol}\cdot\text{L}^{-1}$$

此时 pAg =1.93 的，计算 Cl^- 浓度为

$$[Cl^-]=\frac{K_{sp}(AgCl)}{[Ag^+]}=\frac{1.8\times10^{-10}}{1.18\times10^{-2}}\ \text{mol}\cdot\text{L}^{-1}=1.5\times10^{-8}\ \text{mol}\cdot\text{L}^{-1}$$

$$pAg = -lg[Ag^+] = -lg(7.2 \times 10^{-9}) = 8.14$$

$$pCl = 7.82。$$

计算的 pCl 和 pAg 的其他数据如表 3-11 所示。

表 3-11　0.100 mol/L Ag^+ 滴定 50.0 mL 0.050 0 mol/L Cl^- 的数据

V_{AgNO_3}/mL	pCl	pAg	V_{AgNO_3}/mL	pCl	pAg
0.00	1.30	—	30.00	7.54	2.20
5.00	1.44	8.31	35.00	7.82	1.93
10.00	1.60	8.14	40.00	7.97	1.78
15.00	1.81	7.93	45.00	8.07	1.68
20.00	2.15	7.60	50.00	8.14	1.60
25.00	4.89	4.89			

根据数据作出沉淀滴定曲线如图 3-8 所示。

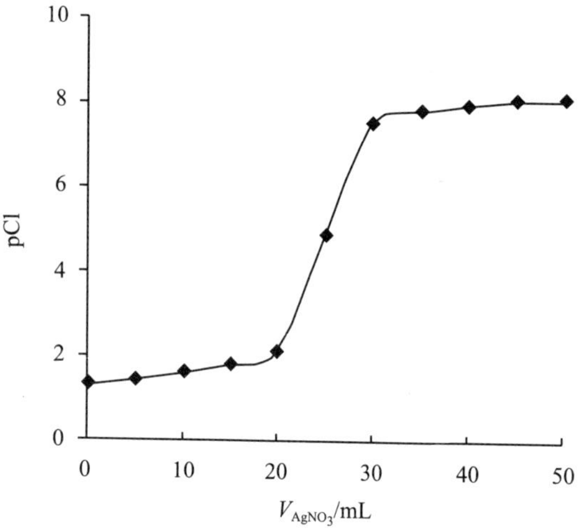

图 3-8　0.100 mol/L Ag^+ 滴定 50.0 mL 0.050 0 mol/L Cl^- 沉淀滴定曲线

3.4.4　沉淀滴定法的指示剂使用 [6]

沉淀滴定法终点的确定按指示剂作用原理的不同分为三种情况：形成有色沉淀、形成有色配合物和指示剂被吸附而引起沉淀颜色的改变。根据所用指示剂的不同，按创立者的名字命名，银量法分为三种方法，分别介绍如下。

一、莫尔法（Mohr）——铬酸钾作指示剂法

莫尔法是以 K_2CrO_4 为指示剂，用 $AgNO_3$ 作为标准溶液，在中性或弱碱性溶液中

测定卤素混合物含量的方法。

1. 指示剂的作用原理

以测定 Cl^- 为例，K_2CrO_4 作指示剂，用 $AgNO_3$ 标准溶液滴定，其滴定反应为：

$Ag^++Cl^- = AgCl\downarrow$ （白色） $K_{sp}(AgCl)=1.8\times10^{-10}$

$2Ag^++CrO_4^{2-} = Ag_2CrO_4\downarrow$ （砖红色） $K_{sp}(Ag_2CrO_4)=2.0\times10^{-12}$

本方法的依据是多级沉淀原理，由于 AgCl 的溶解度比 Ag_2CrO_4 的溶解度小，因此在用 $AgNO_3$ 标准溶液滴定时，AgCl 先析出沉淀，当滴定剂 Ag^+ 与 Cl^- 达到化学计量点时，微过量的 Ag^+ 与 CrO_4^{2-} 反应析出砖红色的 Ag_2CrO_4 沉淀，指示滴定终点的到达。

2. 滴定条件

（1）指示剂作用量

用 $AgNO_3$ 标准溶液滴定 Cl^-、指示剂 K_2CrO_4 的用量对于终点指示有较大的影响，CrO_4^{2-} 浓度过高或过低，Ag_2CrO_4 沉淀的析出就会过早或过迟，就会产生一定的终点误差。因此要求 Ag_2CrO_4 沉淀应该恰好在滴定反应的化学计量点时出现。化学计量点时 K_2CrO_4 指示剂的理论用量可根据溶度积常数计算如下：

$$[Ag^+][Cl^-]=K_{sp}(AgCl)=1.56\times10^{-10}\ mol/L$$

$$[Ag^+]=[Cl^-]=\sqrt{K_{sp}(AgCl)}=\sqrt{1.56\times10^{-10}}\ mol/L=1.25\times10^{-5}\ mol/L$$

若此时恰有 Ag_2CrO_4 沉淀，则

$$[CrO_4^{2-}]=\frac{K_{sp}(Ag_2CrO_4)}{[Ag^+]^2}=\frac{1.1\times10^{-12}}{(1.25\times10^{-5})^2}\ mol/L=7.1\times10^{-3}\ mol/L$$

在滴定时，由于 K_2CrO_4 显黄色，当其浓度较高时颜色较深，不易判断砖红色的出现。为了能观察到明显的终点，指示剂的实际用量应比理论计算量略低一些。实验证明，在一般滴定溶液中 Ag_2CrO_4 约为 5×10^{-3} mol/L 是确定滴定终点的适宜浓度。若反应液体积为 50~100 mL，则加入 5%（g/mL）铬酸钾指示剂 1~2 mL 即可。显然，K_2CrO_4 浓度降低后，要使 Ag_2CrO_4 析出沉淀，必须多加些 $AgNO_3$ 标准溶液，这时滴定剂就过量了，终点将在化学计量点后出现，但由于产生的终点误差一般都小于 0.1%，不会影响分析结果的准确度。但是如果溶液较稀，如用 0.010 00 mol/L $AgNO_3$ 标准溶液滴定 0.010 00 mol/L Cl^- 溶液，滴定误差可达 0.6%，影响分析结果的准确度，应做指示剂空白实验进行校正。

（2）滴定时的酸度

在酸性溶液中，CrO_4^{2-} 有以下反应：

$$CrO_4^{2-}+2H^+ \rightleftharpoons 2H_2CrO_4 \rightleftharpoons CrO_3^-+2H_2O$$

因而降低 CrO_4^{2-} 的浓度，使 Ag_2CrO_4 沉淀出现过迟，甚至不会沉淀。

在强碱性溶液中，会有棕黑色 Ag_2O 沉淀析出：

$$2Ag^++2OH^- \rightleftharpoons Ag_2O\downarrow +H_2O$$

因此，莫尔法只能在中性或弱碱性（pH=6.5~10.5）溶液中进行。若溶液酸性太强，可用 $CaCO_3$、$NaHCO_3$ 或硼砂中和；若溶液碱性太强，可用稀 HNO_3 溶液中和至甲基橙变橙色，再滴加 NaOH 至橙色变黄色；而在有 NH_3 存在时，滴定的 pH 范围应控制在 6.5~7.2 之间。

3. 应用范围

莫尔法主要用于测定 Cl^-、Br^-，如氯化物、溴化物纯度测定以及天然水中氯含量的测定。当试样中 Cl^- 和 Br^- 共存时，测得的结果是它们的总量。若测定 Ag^+，应采用返滴定法，即向 Ag^+ 的试液中加入过量的 NaCl 标准溶液，然后再用 $AgNO_3$ 标准溶液滴定剩余的 Cl^-（若直接滴定，先生成的 Ag_2CrO_4 转化为 AgCl 的速度缓慢，滴定终点难以确定）。莫尔法不宜测定 I^- 和 SCN^-，因为滴定生成的 AgI 和 AgSCN 沉淀表面会强烈吸附 I^- 和 SCN^-，使滴定终点过早出现，造成较大的滴定误差。

莫尔法的干扰离子较多，凡能与 CrO_4^{2-} 生成沉淀的阳离子均干扰滴定（Ba^{2+}、Pb^{2+}）。凡能与 Ag^+ 生成沉淀的阴离子均干扰滴定（如 PO_4^{3-}、AsO_4^{3-}、S^{2-} 和 $C_2O_4^{2-}$），在中性或弱碱性溶液中易水解产生沉淀离子（如 Fe^{3+}、Al^{3+}、Bi^{3+} 和 Sn^{4+}）。

二、佛尔哈德法（Volhard）——铁铵矾作指示剂

佛尔哈德法是在酸性介质中，以铁铵矾 $[NH_4Fe(SO_4)_2]\cdot 12H_2O$ 作指示剂来确定滴定终点的一种银量法。根据滴定方式的不同，佛尔哈德法分为直接滴定法和返滴定法两种。

1. 直接滴定法测定 Ag

在含有 Ag^+ 的溶液，在 HNO_3 介质中，以铁铵矾作指示剂，用 NH_4SCN 标准溶液直接滴定，当滴定到化学计量点时，微过量的 SCN^- 与指示剂 Fe^{3+} 结合生成红色的 $FeSCN^{2+}$ 即为滴定终点。其反应是

终点前 $Ag^+ + SCN^- = AgSCN\downarrow$ （白色） $K_{sp}(AgSCN)=1.0\times10^{-12}$

终点时 $Fe^{3+} + SCN^- = FeSCN^{2+}\downarrow$ （红色） $K=200$

由于指示剂中的 Fe^{3+} 在中性或碱性溶液中将形成 $(FeOH)^{2+}$ 等深色配合物，碱度再大，还会产生 $Fe(OH)_3$ 沉淀，因此滴定应在酸性（0.3~1 mol/L）溶液中进行。用 NH_4SCN 溶液滴定 Ag^+ 溶液时，生成的 AgSCN 沉淀能吸附溶液中的 Ag^+，使 Ag^+ 浓度

降低，以致红色的出现略早于化学计量点。因此，在滴定过程中需剧烈摇动，使被吸附的 Ag^+ 释放出来。此法的优点在于可用来直接测定 Ag^+，并可在酸性溶液中进行滴定。

2. 返滴定法测定卤素离子

佛尔哈德法测定卤素离子（如 Cl^-、Br^-、I^- 和 SCN^-）时应采用返滴定法。即在酸性介质待测溶液中，先加入已知过量的 $AgNO_3$ 标准溶液，再用铁铵矾作指示剂，用 NH_4SCN 标准溶液返滴定剩余的 $AgNO_3$。反应如下：

终点前 $Ag^+ + Cl^- = AgCl\downarrow$ （白色）（过量）

$Ag^+ + SCN^- = AgSCN\downarrow$ （白色）（剩余量）

终点时 $Fe^{3+} + SCN^- = FeSCN^{2+}$ （红色）

用佛尔哈德法测定 Cl^-，滴定到临近终点时，经摇动后形成的红色会褪去，这是因为 AgSCN 的溶解度小于 AgCl 的溶解度，加入的 NH_4SCN 将与 AgCl 发生沉淀转化反应 $AgCl + SCN^- = AgSCN\downarrow + Cl^-$，沉淀的转化速率较慢，滴加 NH_4SCN 形成的红色随着溶液的摇动而消失。这种转化作用将继续进行到 Cl^- 与 SCN^- 浓度之间建立一定的平衡关系，才会出现持久的红色，无疑滴定已多消耗了 NH_4SCN 标准滴定溶液。为了避免上述现象的发生，通常采用以下措施：

①试液中加入一定过量的 $AgNO_3$ 标准溶液之后，将溶液煮沸，使 AgCl 沉淀凝聚且进行分离，以减少 AgCl 沉淀对 Ag^+ 的吸附，过滤除去沉淀，并用稀 HNO_3 充分洗涤沉淀，然后用 NH_4SCN 标准滴定溶液回滴滤液中的过量 Ag^+。

②用 NH_4SCN 标准溶液滴定之前，加入有机溶剂硝基苯或邻苯二甲酸二丁酯或 1，2- 二氯乙烷。用力摇动后，有机溶剂将覆盖到 AgCl 沉淀表面并与外部溶液隔离，阻止 AgCl 沉淀与 NH_4SCN 发生转化反应。此法方便，但硝基苯有毒。

③提高指示剂的浓度来减小终点时 SCN^- 的浓度，从而减小上述误差。实验证明，一般溶液中 $c(Fe^{3+}) = 0.2$ mol/L 时，终点误差将小于 0.1%。

3. 应用范围

佛尔哈德法在测定 Br^-、I^- 和 SCN^- 时，滴定终点十分明显，不会发生沉淀转化，因此不必采取上述措施。但是在测定碘化物时，必须加入过量 $AgNO_3$ 溶液之后再加入铁铵矾指示剂，以免 I^- 对 Fe^{3+} 的还原作用而造成误差。强氧化剂和氮的氧化物以及铜盐、汞盐都与 SCN^- 作用，因而干扰测定，必须预先除去。

三、法扬司法（Fajans）——吸附指示剂法

法扬司法是以吸附指示剂确定滴定终点的一种银量法。

1. **作用原理**

吸附指示剂是一类有机染料，其阴离子在溶液中易被带正电荷的胶状沉淀吸附，吸附后结构改变，从而引起颜色的变化，指示滴定终点的到达。现以 $AgNO_3$ 标准溶液滴定 Cl^- 为例，说明指示剂荧光黄的作用原理。

荧光黄是一种有机弱酸，用 HFI 表示，在水溶液中可离解为荧光黄阴离子 FI^-：$HFI \rightleftharpoons FI^- + H^+$。在滴定至化学计量点前，生成的 AgCl 沉淀在过量的 Cl^- 溶液中且带负电荷，形成的 $AgCl \cdot Cl^-$ 不吸附指示剂荧光黄阴离子，溶液仍呈黄绿色荧光。当达到化学计量点时，AgCl 沉淀吸附过量的 Ag^+ 形成 $AgCl \cdot Ag^+$ 而带正电荷，此带正电荷的 $AgCl \cdot Ag^+$ 吸附荧光黄阴离子，结构发生变化呈现粉红色，使溶液由黄绿色变成粉红色，指示终点到达。反应如下：

$$AgCl \cdot Ag^+ + FI^- = AgCl \cdot Ag \cdot FI \text{（粉红色）}$$

2. **使用注意事项**

为了使终点变色敏锐，应用吸附指示剂时需要注意以下几点：

①保持沉淀呈胶体状态。由于吸附指示剂的颜色变化发生在沉淀微粒表面上，因此，应尽可能使卤化银沉淀呈胶体状态，具有较大的表面积。为此，在滴定前应将溶液稀释，并加糊精或淀粉等高分子化合物作为保护剂，以防止卤化银沉淀凝聚。

②控制溶液酸度。常用的吸附指示剂大多是有机弱酸，而起指示剂作用的是它们的阴离子。酸度大时，H^+ 与指示剂阴离子结合成不被吸附的指示剂分子，无法指示终点。酸度的大小与指示剂的离解常数有关，离解常数大，酸度可以大些。例如荧光黄，其 $pKa \approx 7$，适用于 pH=7~10 的条件下进行滴定，若 pH<7，荧光黄主要以 HFI 形式存在，不被吸附。

③避免强光照射。卤化银沉淀对光敏感，易分解析出银使沉淀变为灰黑色，影响滴定终点的观察，因此在滴定过程中应避免强光照射。

④吸附指示剂的选择。沉淀胶体微粒对指示剂离子的吸附能力，应略小于对待测离子的吸附能力，否则指示剂将在化学计量点前变色。但不能太小，否则终点出现过迟。卤化银对卤化物和几种吸附指示剂的吸附能力的次序如下：

I^- >二甲基二碘荧光黄> SCN^- > Br^- >曙红> Cl^- >荧光黄

因此，滴定 Cl^- 不能选曙红，而应选荧光黄。测定 Br^- 可以选用曙红。表 3-12 中列出了几种常用的吸附指示剂及其应用。

表 3-12 常用吸附指示剂

指示剂	被测离子	滴定条件	终点颜色变化
荧光黄	Cl^-、Br^-、I^-	pH= 7~10	黄绿色→粉红色
二氯荧光黄	Cl^-、Br^-、I^-	pH= 4~10	黄绿色→红色
曙红	Br^-、I^-、SCN^-	pH= 2~10	橙黄色→红紫色
二甲基二碘荧光黄	I^-	中性	黄红色→红紫色
溴甲酚绿	SCN^-	pH= 4~5	黄色→蓝色

3、**应用范围**

法扬司法可用于测定 Cl^-、Br^-、I^- 和 SCN^- 及生物碱盐类（如盐酸麻黄碱）等。测定 Cl^- 常用荧光黄或二氯荧光黄作指示剂，而测定 Br^-、I^-、SCN^- 常用曙红作指示剂。此法终点明显，方法简便，但反应条件要求较严，应注意溶液的酸度、浓度及胶体的保护等。

参考文献

[1] 武汉大学 . 分析化学（第四版）[M]. 北京：高等教育出版社，2000.

[2] 华东理工大学，四川大学，分析化学（第七版）[M]. 北京：高等教育出版社，2018.

[3] 华中师范大学，东北师范大学，陕西师范大学等 . 分析化学 [M]. 北京：高等教育出版社，2004.

[4] 张利君，刘杰 . 化学分析技术 [M]. 北京：北京理工大学出版社，2012.

[5] 彭崇慧，冯建章，张锡瑜 . 定量化学分析简明教程 [M]. 北京：北京大学出版社，1985.

[6] 周心如，杨俊佼，柯以侃 . 化验员读本（第五版）：上册 [M]. 北京：化学工业出版社，2016.

思考题

1. 什么是酸碱滴定法？
2. 不同溶液 pH 的计算公式是什么？
3. 什么是滴定突跃，突跃范围与浓度及酸碱强弱的关系是什么？
4. 怎样选择酸碱指示剂？
5. 配合物的条件稳定常数与稳定常数有什么不同？
6. 如何避免金属指示剂的封闭和僵化？

7. 使用金属离子指示剂为什么要调整溶液体系的 pH？

8. 何为条件电位？

9. 影响氧化还原反应速率的主要因素有哪些？

10. 氧化还原滴定中的指示剂可分为几类？

11. 什么叫沉淀滴定法？沉淀滴定法所用的沉淀反应必须具备哪些条件？

12. 说明以下测定中，分析结果偏高还是偏低，还是没有影响，为什么。

（1）在 pH=4 或 pH=11 时，以铬酸钾指示剂法测定 Cl^-。

（2）采用铁铵矾指示剂法测定 Cl^- 或 Br^-，未加硝基苯。

（3）吸附指示剂法测定 Cl^-，选曙红为指示剂。

（4）用铬酸钾指示剂法测定 NaCl、Na_2SO_4 混合溶液中的 NaCl。

13. 下列试样①NH_4Cl、②$BaCl_2$、③KSCN、④Na_2CO_3＋NaCl、⑤NaBr、⑥KI，如果用银量法测定其含量，用何种指示剂确定终点的方法为佳？

练习题

1. 计算下列溶液的 pH。

（1）1.00×10^{-6} mol/L 的 HCl 溶液；

（2）0.01 mol/L 的 NH_4NO_3 溶液；

（3）0.10 mol/L 的 $NaHCO_3$ 溶液。

2. 要配置 1 L pH=9.40 的 NaAc 溶液，需称取 NaAc 多少克？

3. 200 mL 0.1 mol/L NaH_2PO_4 和 200 mL 1 mol/L Na_2HPO_4 溶液配的缓冲溶液 pH 为多少？

4. 计算 pH=5.0 时 EDTA 的酸效应系数及其对数值。

5. 取 50.0 mL 水样，测定总硬度，EDTA 标准溶液浓度为 0.413 4 mmol/L，到达滴定终点消耗 EDTA 标准溶液 20.53 mL，试计算该水样的总硬度。

6. 取 50.0 mL 水样，先用盐酸酸化，再将溶液煮沸冷却，加氢氧化钠溶液调节溶液 pH=12，以钙试剂为指示剂，用 0.011 40 mol/L EDTA 标准溶液滴定至蓝色，消耗 EDTA 标准溶液 10.40 mL；然后以盐酸酸化并加热至溶液无色，用氨缓冲溶液调节溶液 pH=10，以铬黑 T 指示剂，继续用 EDTA 标准溶液滴定到溶液颜色呈蓝色，消耗 EDTA 标准溶液 7.60 mL，分别求水样中钙、镁离子的含量。

7. 标定 $KMnO_4$ 溶液浓度，宜选择的基准物质是（　　）。

A. NaCl　　B. $Na_2S_2O_3$　　C. $FeSO_4$　　D. $Na_2C_2O_4$

8. 氧化还原滴定法按照所采用的滴定剂分类，其中常用的有（　　　　）法、（　　　　）法和（　　）法等。

9. 计算在 H_2SO_4 介质中，H^+ 浓度分别为 1 mol · L^{-1} 和 0.1 mol · L^{-1} 的溶液中 VO_2^+/VO^{2+} 电对的条件电极电位。（忽略离子强度的影响，$\varphi^{\theta}{}_{VO_2^+/VO^{2+}} = 1.00$ V）

10. 写出莫尔法、佛尔哈德法和法扬司法测定 Cl^- 的主要反应，并指出各种方法选用的指示剂和酸度条件。

11. 称取 NaCl 基准试剂 0.117 3 g，溶解后加入 30.00 mL $AgNO_3$ 标准溶液，过量的 Ag^+ 需要 3.20 mL NH_4SCN 标准溶液滴定至终点。已知 20.00 mL $AgNO_3$ 标准溶液与 21.00 mL NH_4SCN 标准溶液能完全作用，计算 $AgNO_3$ 和 NH_4SCN 溶液的浓度各为多少。

12. 称取 NaCl 试液 20.00 mL，加入 K_2CrO_4 指示剂，用 0.102 3 mol/L $AgNO_3$ 标准溶液滴定，用去 27.00 mL，每升溶液中含 NaCl 多少克？

第四章　仪器分析基础知识

4.1　分光光度法

4.1.1　测定原理

一、光的特性

物质的颜色与入射光有着十分密切的联系，例如自然光下蓝色的硫酸铜溶液在钠光灯（黄光）照射下呈现出黑色；若将它放在暗处，则是无色。可见，物质的颜色不仅与物质结构有关，也与光照和入射光的组成有关。因此，为了深入地理解物质对光的选择性吸收，首先需要学习光的基本性质。

1. **电磁波谱**（electromagnetic spectrum）

光是一种电磁波，具有波粒二象性。光作为波，具有波长（wavelength）（λ）和频率（frequency）（ν）；光作为粒子，具有能量（energy）（E）。二者之间的关系为：

$$E = h\nu = h\frac{c}{\lambda} \tag{4-1}$$

式中，E——能量，eV（电子伏特）；

h——普朗克常数（6.626×10^{-34} J·s）；

ν——频率，Hz（赫兹）；

c——光速，在真空中约为 3×10^{10} cm·s^{-1}；

λ——波长，nm（纳米）。

从公式（4-1）可知，不同波长的光具有不同的能量，波长越长，能量越小，反之，波长越短，能量越大。

2. **单色光**（monochromatic light）**和互补光**（complementary light）

同一种波长的光，称为单色光。而多种波长的光称为复合光（compound light），例如白炽光、太阳光等都是复合光。

凡是能被肉眼感觉到的光称为可见光（visible light），波长范围为 400~780 nm。而波长小于 400 nm 的紫外光，波长大于 780 nm 的红外光都不能被人的眼睛看见，称为不可见光（invisible light）。图 4-1 列出了不同色光的大致波长范围。

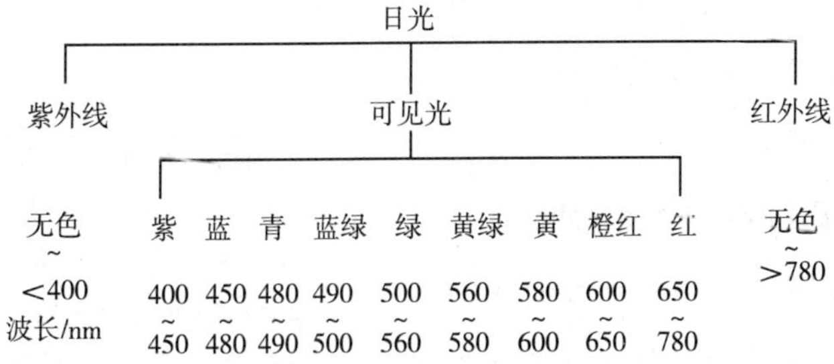

图 4-1　各种色光的波长

一束白光通过棱镜后色散为红、橙、黄、绿、青、蓝、紫七色光的现象说明，白光是由波长不同的有色光按照不同的比例混合而成的。如果把不同颜色的两种光按一定强度比例混合，也可成为白光，这两种颜色的光称互补色光。图 4-2 为互补色光示意图。图中对角直线关系的两种颜色的光即为互补色光，如绿色光与紫色光互补，红色光与青色光互补等。

图 4-2　互补色光示意图

二、物质对光的选择性吸收（selective absorption）

1. 颜色的产生

一束白光通过某透明溶液，该溶液对可见光各种波长的光全部吸收时溶液呈黑色。该溶液对可见光各种波长的光都不吸收时溶液透明无色。该溶液选择性地吸收了可见光某波长的光呈现出被吸收光的互补色光的颜色。由此可见，物质的颜色是基于物质对光选择性吸收的结果，物质呈现的颜色是被物质吸收光的互补色。

2. 吸收光谱曲线（absorption spectrum curve）

依次通过某一固定浓度厚度的有色溶液的不同波长的光，测出它们对各种波长光的吸收程度（用吸光度 A 表示），以吸光度为纵坐标，以波长为横坐标，制作曲线，此曲线称为该物质的吸收光谱曲线。它反映了物质对不同波长光的吸收度。如图 4-3 所示三条吸收光谱曲线代表三种不同浓度的 $KMnO_4$ 溶液。

高锰酸钾溶液对不同波长的光的吸收程度是不一样的，对波长为 525 nm 的绿色光吸收最多，在吸收光谱曲线上的最大值对应的波长称为最大吸收波长（常以 λ_{max} 表示）。在吸光度测定时，选取在 λ_{max} 的波长处来测量，可得到最大的灵敏度。不同浓度的高锰酸钾溶液最大吸收波长一样。不同的是吸收峰峰高随浓度的增加而增高。不同物质的吸收光谱曲线其形状和最大吸收波长都不相同。吸收光谱曲线可作为物质定性分析的依据。

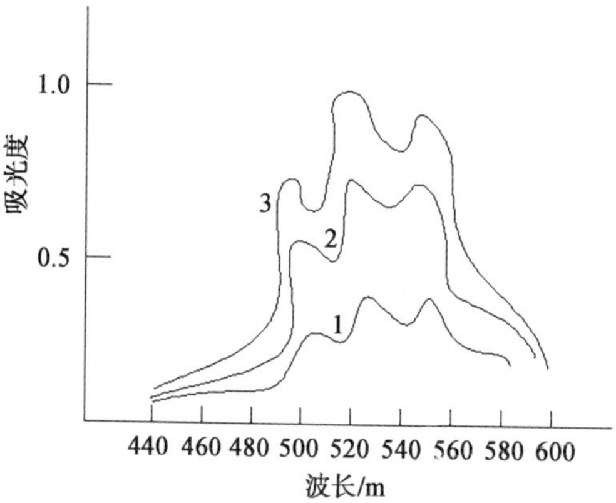

1-c（$KMnO_4$）=1.56×10^{-4} mol · L^{-1}
2-c（$KMnO_4$）=3.12×10^{-4} mol · L^{-1}
3-c（$KMnO_4$）=4.68×10^{-4} mol · L^{-1}

图 4-3　$KMnO_4$ 溶液的吸收光谱曲线

三、吸收定律（law of absorption）

1. 朗伯 - 比尔定律（lambert-beer law）

垂直照射到一定浓度的均匀透明溶液的一束平行的单色光（图 4-4），溶液厚度与溶液对入射光的吸收程度的关系为朗伯（S. H. Lambert）定律。

$$\lg\frac{\phi_0}{\phi_{tr}}=kb \qquad (4\text{-}2)$$

式中，ϕ_0——入射光通量；

ϕ_{tr}——透过溶液后的光通量；

k——比例常数；

b——溶液液层厚度，或称光程长度，它与溶液性质、入射光波长、浓度和温度有关。

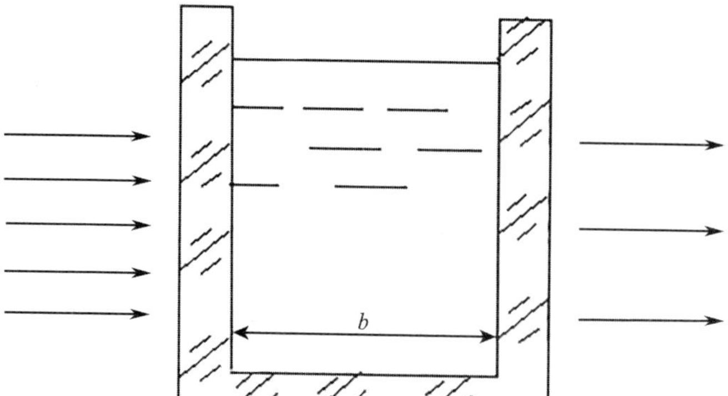

图 4-4　单色光透过均匀透明溶液

透射比 ϕ_{tr}/ϕ_0 表示溶液对光的透射程度，用符号 τ 表示。透射比愈小说明透过的光愈少。ϕ_0/ϕ_{tr} 是透射比的倒数，它表示入射光 ϕ_0 一定时，透过光通量愈大，即$\lg\frac{\phi_0}{\phi_{tr}}$愈小，光吸收愈少。即$\lg\frac{\phi_0}{\phi_{tr}}$吸光度表示单色光通过溶液时被吸收的程度，用$A$表示。

$$A=\lg\frac{\phi_0}{\phi_{tr}}=\lg\frac{1}{\tau}=-\lg\tau \quad (4\text{-}3)$$

当一束平行单色光垂直照射到相同液层厚度、不同浓度的同种物质均匀透明溶液时，溶液浓度与入射光通量的关系为比尔（Beer）定律：

$$\lg\frac{\phi_0}{\phi_{tr}}=k'c \quad (4\text{-}4)$$

式中，k'——另一比例常数，它与液层厚度、入射光波长、溶液性质和温度有关；

c——溶液浓度。

当溶液液层厚度和入射光通量一定时，光吸收的程度与溶液浓度成正比。

比尔定律只能在一定浓度范围内才适用。浓度过高或过低时，溶质会发生聚合或电离而产生误差。当溶液厚度和浓度都改变时，则：

$$A=\lg\frac{\phi_0}{\phi_{tr}}=\lg\frac{1}{\tau}=Kbc \quad (4\text{-}5)$$

式中，K——比例常数，与物质的性质、入射光波长和溶液的温度等因素有关。

公式（4-5）就是光吸收定律（朗伯 - 比尔定律）：当一束平行单色光垂直入射透明、均匀的稀溶液时，溶液的吸光度与溶液的厚度和溶液浓度的乘积成正比。

公式的使用条件：单色光、吸收发生在均匀的介质且吸收过程中吸收物质互相不发生作用。

2. **吸光系数**（absorption coefficient）

公式（4-5）中比例常数K为吸光系数，表示单位浓度的溶液液层厚度为 1 cm 时，在一定波长下测得的吸光度。K值的大小取决于入射光波长、吸光物质的性质、溶剂性质和溶液温度等，与液层厚度和溶液浓度大小无关。K值大小因溶液浓度所采用的单位的不同而不同。

（1）摩尔吸光系数（molar absorption coefficient）

溶液的浓度以物质的量浓度（$mol \cdot L^{-1}$）表示、液层厚度以厘米（cm）表示时对应的比例常数K称为摩尔吸光系数，以 ε 表示，单位为$L \cdot mol^{-1} \cdot cm^{-1}$。公式（4-5）可改写成：

$$A=\varepsilon bc \quad (4\text{-}6)$$

摩尔吸光系数作为吸光物质的重要参数之一，表示物质对某一特定波长光的吸收能力。ε 愈小，表示该物质对某波长光的吸收能力愈弱，测定的灵敏度也就愈低。所以，为了提高分析的灵敏度，需选择摩尔吸光系数大的有色化合物进行分析测定，选择具有最大值波长的光作入射光。通常认为 $\varepsilon < 1\times10^4$ L・mol^{-1}・cm^{-1} 灵敏度较低；ε 在 1×10^4~6×10^4 L・mol^{-1}・cm^{-1} 属中等灵敏度；$\varepsilon > 6\times10^4$ L・mol^{-1}・cm^{-1} 属高灵敏度。在实测中，不能直接取 1 mol・L^{-1} 高浓度的溶液去测量摩尔吸光系数，只能在稀溶液中测量后换算成摩尔吸光系数。

（2）质量吸光系数（mass absorption coefficient）

若溶液层厚度以厘米（cm）表示，溶液浓度以质量浓度 ρ（g・L^{-1}）表示，相应的吸光度则为质量吸光度，以 a 表示，单位为 L・g^{-1}・cm^{-1}。（4-5）可表示为

$$A=abc \tag{4-7}$$

3. **吸光度的加和性**（additivity）

在多组分的体系中，如果各种物质对光有吸收，且相互之间没有作用，则体系在该波长的总吸光度等于各组分吸光度的和（吸光度的加和性）：

$$A_{总}=A_1+A_2+\cdots+A_n \tag{4-8}$$

式中各吸光度的下标表示组分 1，2，…，n。吸光度的加和性对多组分同时定量测定，校正干扰等都有着极其重要的作用。

四、影响吸收定律的主要因素（main factor）

由吸收定律可知，理论上吸光度与溶液浓度线性关系图中直线截距为零，斜率为 εb，实际上，吸光度与浓度关系并非是线性的，该现象称为偏离光吸收定律。

如果溶液的实际吸光度比理论值大，则为正偏离吸收定律，否则为负偏离吸收定律，如图 4-5 所示。引起偏离吸收定律的原因主要有下面几方面。

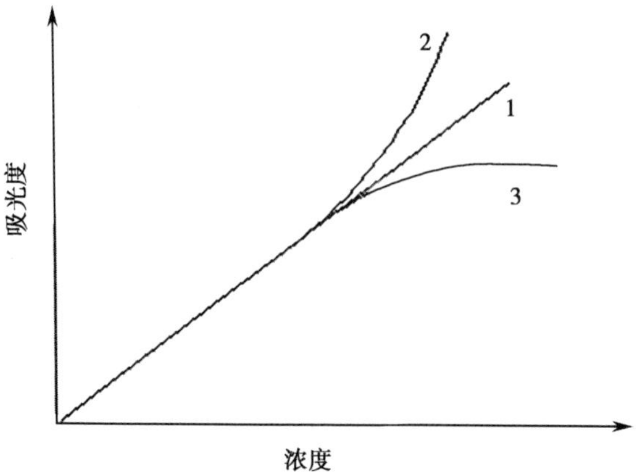

图 4-5　偏离光吸收定律

（1）入射光非单色光

吸收定律使用的基础是入射光是单色光，但实际情况是，现有单色器（monochromator）的水平无法分离出纯单色光，而是波长范围较窄的光谱带组成的复合光。由于物质对不同波长的选择性吸收，导致吸光系数的不同，进而导致偏离吸收定律。为了缩小偏离程度，可以将入射光的波长选择在吸收曲线较平坦的部分（图 4-6）。

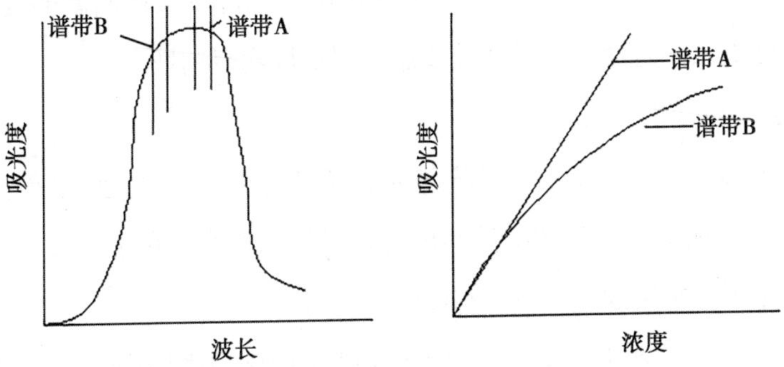

图 4-6 入射光的非单色性对吸收定律的影响

（2）溶液的化学因素

溶液中的吸光物质因离解、缔合而形成的新物质改变了吸光物质的浓度，并偏离吸收定律。

（3）比尔定律的局限性

比尔定律只适用于浓度小于 0.01 mol · L^{-1} 的稀溶液。在高浓度时，吸光粒子间平均距离减小，导致每个粒子影响其相邻粒子的电荷分布。这种相互作用使它们的摩尔吸光系数 ε 变化，并偏离比尔定律。为此，在实际工作中，待测溶液的浓度应控制在 0.01 mol · L^{-1} 以下。

4.1.2 分光光度计结构原理和使用特点

一、结构组成（structure）

分光光度计主要构成包括光源（light source）、单色器、吸收池（absorption tank）、信号检测器（signal detector）、数据处理与显示（data processing and display）等部件组成。根据光源的不同波谱范围又可分为红外分光光度计（3×10^3~3×10^4 nm）、紫外分光光度计（200~400 nm）和可见分光光度计（400~780 nm）。下面主要介绍紫外 - 可见分光光度计。

1. **光源**

有两类常用光源，一是热辐射光源，比如钨丝灯、卤钨灯，可提供连续的可见光光谱；二是气体放电光源，比如氢灯和氘灯，可提供连续的紫外光光谱。

可见分光光度计只需要安装热辐射光源，紫外 - 可见分光光度计则需要同时安装热辐射光源和气体放电光源。卤钨灯的灯泡由于充有一定量的卤素或卤化物，相比于钨丝灯，其发光强度更大、寿命更长。氘灯相比于氢灯，虽然两者的发射光谱相似，但氘灯发光强度更大、寿命更长。现代仪器多用氘灯或卤钨灯。

2. **单色器**

从光源的连续光谱中截取所需特定波长的单色光束的一种光学装置。它包括入射狭缝、准光器、聚焦组件、色散组件和出射狭缝等。核心是色散组件，它可以实现对复合光的分光作用。常用的色散组件有棱镜和光栅。

棱镜多用于早期仪器中，由于它对不同波长的光有不同的折射率，因而可把复合光分散成波长有序排列的连续光谱。各波长区的疏密程度不同是由于棱镜分光得到的光谱光距与各波长之间是非线性关系。短波长区域稀疏，长波长区域密集。棱镜单色器针对不同光源采用不同材质的棱镜，可见光区适宜采用玻璃棱镜，紫外光区适宜采用石英棱镜，尽可能地保持原有光强，减少棱镜材料对光的吸收。

光栅单色器是利用光的干涉和衍射作用，让不同波长的光有不同的方向，实现对复合光的色散。与棱镜不同的是，光栅单色器出来的连续光谱各波长区的疏密程度是相同的，各谱线之间均匀分布且距离相等；且光栅比棱镜单色器分辨率更高，可利用的波长范围宽，现在光栅单色器被广泛采用作为色散组件。

3. **吸收池**

通常是一个棱柱形状的玻璃容器（比色皿），用来盛放待测液体和参比溶液。由光学面和毛玻璃面组成。与色散组件的棱镜材料选择一样，紫外光需使用石英吸收池，可见光的测量宜采用玻璃吸收池。吸收池决定了吸收层的厚度，常用的吸收池规格有 0.5 cm、1.0 cm、2.0 cm、3.0 cm 和 5.0 cm 等，最常用的是 1.0 cm。盛放待测液体和参比溶液的吸收池应使用相同的规格，而且两者之间的透光率之差大于 0.5% 的需要先校正。

吸收池使用时应注意以下几点：

①注意保持干净、透明，避免损坏或污染透光面；

②拿取吸收池时，只能用手指接触两侧的毛玻璃，避免接触光学面；

③不得将光学面与硬物或脏物接触，盛装溶液时，高度为吸收池的 2/3 处即可，

光学面如有残液可先用滤纸轻轻吸附，然后再用镜头纸或丝绸擦拭；

④凡含有腐蚀玻璃的物质的溶液，不得长期盛放在吸收池中；

⑤注意及时清洗使用过的吸收池，吸收池在使用后，应立即用水冲洗干净，必要时可用 1 : 1 的盐酸浸泡，然后用水冲洗干净；

⑥不能将吸收池放在火焰或电炉上进行加热或干燥箱内烘烤等。

4. 信号检测器

检测透射光强度，并把光信号转换成电信号。具有响应速度快、灵敏度高、线性范围宽、稳定性好等特征。信号检测器分光电池、光电管和光电倍增管等。目前，光电倍增管使用最为广泛。

5. 信号处理与显示

有数字显示、电位调零装置和直流检流计等。现代分光光度计基本上采用屏幕显示，呈现操作条件、吸收曲线、结果等，通过微处理器进行自动控制与结果处理，大幅度提高了仪器测量的精密度和自动化程度。

二、测定原理（measuring principle）

紫外 - 可见分光光度计可分为双波长（dual wavelength）和单波长（single wavelength）分光光度计。单波长分光光度计根据其光束数目可分为双光束和单光束分光光度计。

1. 单光束分光光度计

光路示意图如图 4-7 所示。光源经单色器分光后的一束平行单色光，轮流通过盛有参比溶液或待测液体的吸收池，分别测定其吸光度，从而计算待测液体的浓度。其特点是维修容易、操作方便，适用于常规分析。

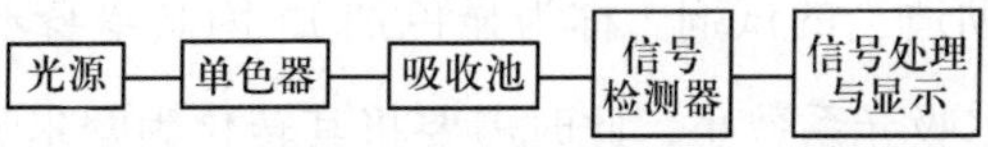

图 4-7 单光束分光光度计测定原理示意图

2. 双光束分光光度计

光源经单色器分光分解后得到两束光强相等、波长相等的单色光，两束光分别通过参比溶液和待测液体。能自动比较两束光透过吸收池后的光强，比值就是待测液体的透射比，转换成吸光度记录，如图 4-8 所示。其特点是能自动消除光源的光强变化带来的测量误差。

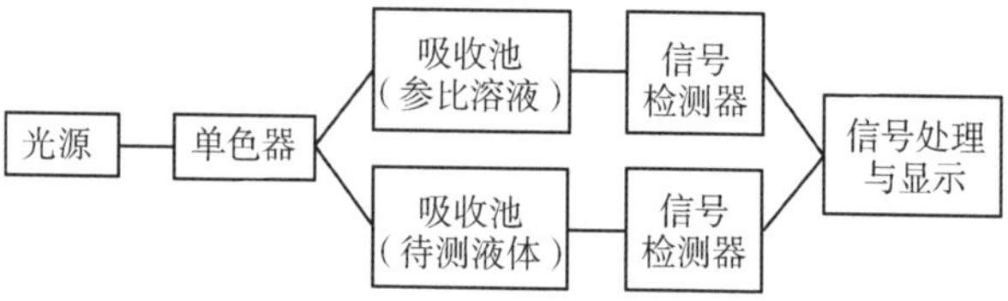

图 4-8　双光束分光光度计测定原理示意图

3. 双波长分光光度计

作为一种新型的分光光度计的双波长分光光度计，光源经过一个特殊的单色器后，把光调成两束不同波长的单色光，用切光器使这两束单色光分别透过吸收池，由信号检测器测出参比溶液和待测液体的吸光度，从而计算出待测液体的浓度，如图 4-9 所示。

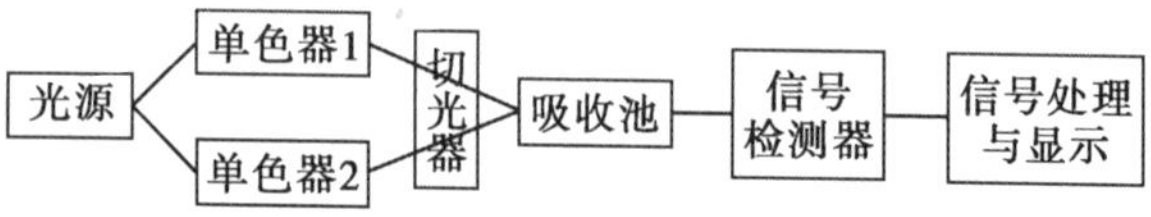

图 4-9　双波长分光光度计测定原理示意图

三、使用特点

仪器简单、操作方便；分析速度快；检出限低，灵敏度高；有一定的选择性；应用范围广，在各种无机、有机化合物的分析，配合物的组成分析，同分异构体的鉴别等方面都有应用，可以据此进行一些定性分析或其他定量分析。

多用于微量和低含量组分的测定，不适合用于高含量组分的测定。对于高浓度溶液可能是入射光的问题，如单色光不纯、杂散光、非平行光，可能是化学因素引起的，例如吸光分子之间的相互作用、化学平衡。

有些物质需要借助适当的试剂（称为显色剂），因其本身不会吸收紫外光或可见光，或者有吸收但摩尔吸光系数小，此时需要将其转化为摩尔吸光系数较大的有色化合物后再进行测定，称为显色反应。显色反应需要考虑显色剂用量、显色反应的温度与时间、溶剂、溶液酸度、共存离子的干扰与消除等。

4.1.3　在水质分析中的应用

在水质分析中，分光光度法是一种常用的分析方法，紫外 - 可见分光光度法可以检测水中的总氮（total nitrogen）、总磷（total phosphorus）、硫酸盐、氰化物、六价铬、挥发酚和阴离子合成洗涤剂等。

一、总氮和总磷的测定

植物的营养元素氮、磷在水体中需要有合适的范围，如果超过国家规定的氮磷排放标准，容易发生水体富营养化污染，甚至暴发蓝藻、红潮等事件。

氨氮（NH_4^+-N）的测定可采用纳氏试剂分光光度法；亚硝酸盐氮（NO_2^--N）可采用N-（1-萘基）-乙二胺分光光度法；硝酸盐氮（NO_3^--N）的测定可采用酚二磺酸分光光度法或紫外分光光度法；总氮（TN）的测定可采用过硫酸钾氧化紫外分光光度法，分别测定有机氮和无机氮化合物（无机氮包括氨氮、硝酸盐氮、亚硝酸盐氮），然后进行加和。

二、挥发酚（volatile phenol）的测定

水中挥发酚可以采用4-氨基安替比林分光光度法来测定。在碱性条件且铁氰化钾存在的情况下，挥发酚与4-氨基安替比林发生配位反应，形成紫红色配合物，可在510 nm处测定酚的吸光度，用标准曲线来确定挥发酚的含量。

三、铁（iron）含量的测定

测定水中微量铁可以采用邻二氮杂菲分光光度法。先将水中的Fe^{3+}用盐酸羟胺还原成Fe^{2+}，并控制溶液pH值在2~9的范围内，Fe^{2+}将和邻二氮杂菲反应生成稳定的橙红色配合物。该配合物的最大吸收波长是510 nm。邻二氮杂菲测定水中铁含量是一种典型的分光光度法，此法不仅灵敏度高，而且选择性也很好。绝大多数金属离子都对测定不产生干扰。Fe^{3+}也能与邻二氮杂菲反应生成淡蓝色的配合物。因此，测定前先将Fe^{3+}全部还原转化成Fe^{2+}，避免来自Fe^{3+}的干扰。

四、其他

分光光度法在水质分析中应用广泛，很多物质通过显色反应后可以测定，表4-1总结了分光光度法在各水质项目的检测。

表4-1 水质分析中的分光光度法测定

测定组分	方法	测定范围 /（mg/L）	吸收波长 / nm	摩尔吸光系数
浊度	硫酸肼 / 六次甲基四胺	—	680	—
Ag	镉试剂 2B	0.01~0.8	554	1.0×10^5
	3，5-Br_2-PADAP	0.02~1.4	470	7.6×10^4
As	二乙氨基二硫代甲酸银	0.007~0.5	510	—
	新银盐	0.000 4~0.012	400	—

续表

测定组分	方法	测定范围 /（mg/L）	吸收波长 / nm	摩尔吸光系数
B	姜黄素	0.02~1.0	540	1.8×10^5
Ba	铬酸盐	0.06~3.0	545	—
Be	铬天青 S	0.001~0.28	618	9.0×10^4
Cd	二硫腙	0.001~0.06	518	8.6×10^4
Co	5-Cl-PADAB	0.02~0.16	570	1.03×10^5
Cr^{6+}/ 总 Cr	二苯碳酰二肼	0.004~1	540	4×10^4
Cu	二乙氨基二硫代甲酸钠	0.01~2.0	440	1.4×10^4
	2，9- 二甲基 -1，10- 菲罗啉	0.06~3	457	—
Hg	二硫腙	0.002~0.04	485	—
Fe	邻菲罗啉	0.03~5.0	510	1.1×10^4
Fe^{2+}/Fe^{3+} 氰络合物	三氯化铁	2~10	700	—
Mn	甲醛肟	0.01~4.0	450	1.1×10^4
	高碘酸钾	0.02~3.0	525	—
Ni	丁二酮肟	0.1~4	530	6.6×10^3
Pb	二硫腙	0.01~0.3	510	6.7×10^4
Sb	5-Br-PADPA	0.05~1.2	420	5.0×10^4
Se	3，3’- 二氨基联苯胺	0.002 5~0.05	415	—
Zn	二硫腙	0.005~0.05	535	9.3×10^4
V	钽试剂（BPHA）萃取	0.018~10.0	440	—
Th	铀试剂Ⅲ	0.008~3.0	668	1.27×10^5
U	TRPO-5-PADAP	0.001 3~1.6	578	7.4×10^4
二硫化碳	二乙胺乙酸酮	0.045~1.46	430	—
游离氯 / 总氯	N，N- 二乙基 -1，4- 苯二胺	0.03~1.5	510	—
氨氮	纳氏试剂	0.025~2	420	—
	水杨酸 - 次氯酸钠	0.01~1.0	697	—
总氮	过硫酸钾氧化 - 紫外光度	0.05~4	A_{220}-$2A_{275}$	—
亚硝酸盐氮	N-（1- 萘基）- 乙二胺	0.003~0.2	540	—
硝酸盐氮	酚二磺酸	0.02~2.0	410	—
	直接紫外光度测定	0.08~4.0	220/275	—

续表

测定组分	方法	测定范围 / (mg/L)	吸收波长 / nm	摩尔吸光系数
磷	钼锑抗	0.01~0.6	700	—
	孔雀绿 / 磷钼杂多酸	0.001~0.3	620	10^5
氟化物	氟试剂	0.08~1.8	620	—
碘化物	亚砷酸 / 硫酸铈	＞0.001	510	—
凯氏氮	同氨氮	—		—
氰化物	异烟酸 - 吡唑啉酮	0.004~0.25	638	—
	吡啶 - 巴比妥酸	0.002~0.45	580	—
	苯偶姻缩合催化	0.02~0.5	555	—
硫酸盐	铬酸钡		420	—
硫化物	对氨基二甲基苯胺	0.02~0.8	665	—
挥发酚类	4- 氨基安替比林	0.002~6	460	—
甲醛	乙酰丙酮	0.2~3.2	414	7.2×10^3
	变色酸	0.1~3.3	570	2.1×10^3
三氯乙醛	吡唑啉酮	0.000 02~0.005 6	480	—
苯胺类	萘乙二胺	0.03~50	545	—
一硝基苯 / 二硝基苯	还原 - 偶氮	＞0.2	545	—
三硝基苯	氯代十六烷基吡啶	0.1~70	465	—
阴离子洗涤剂	亚甲蓝	0.05~2	652	—
COD	重铬酸钾氧化	＞10	590	—
UV_{254}	紫外吸光度	—	254	—
三乙胺	溴酚蓝	0.5~3.5	410	—
二乙烯三胺	水杨醛	0.4~3.2	390	—
肼	对二甲基苯甲醛	0.002~1.00	485	—
一甲基肼	对二甲基苯甲醛	0.02~0.80	470	—
偏二甲基肼	氨基亚铁氰化钠	0.01~1.0	500	—
TNT	亚硫酸钠＋氯代十六烷基吡啶	0.2~4.0	466	—
	亚硫酸钠	0.2~10.0	420	—
黑索金	乙酰丙酮	0.1~10.0	412	—
五氯酚	藏红 T	0.01~0.5	535	—

4.2 其他仪器分析方法在水质分析中的应用

4.2.1 电位分析法（potentiometric analysis）

电位分析法，是指研究化学电池内电极电位和溶液中某些组分含量的相对关系，并进行定量计算的电化学分析法，可分成直接电位法和电位滴定法两类。[1]

一、直接电位法（direct potentiometric method）

基于能斯特方程，通过测定电池电动势来求取待测离子活度值的技术，其应用重点为 pH 计和各类离子电极设备等。此法简单、快捷，同时不破坏水溶液中的平衡关系。为降低电动势测量误差，许多企业引入了差分电极技术，在溶液的电极反应中，通常采用差分测量方法，以三电极技术代替了常规的双电极技术，能够更有效地改善分析结果的敏感性与准确性。此外，在使用过程中要注意温度补偿，同时保持温度的稳定以保证输出数据的精度。

二、电位滴定法（potentiometric titration）

以测定电势的改变为基准，用指示电极的电位突变来判断滴定终点。电位滴定法广泛应用于各种化学滴定，能够测定水中阴离子、pH、COD 及总硬度等重要的技术指标，不论从准确性还是精密度等方面均能满足分析的需要。针对不同的测量项目，更换适当的工作电极即可。由于科学技术的快速发展，专用的自动电势滴定仪，结合计算机的自动进样系统可实现整个电位滴定流程的自动化。

4.2.2 电导分析法（conductometric analysis）

利用测定介质中的电导率判断待测物质浓度，或直接利用溶液的电导率表示测定结论的方法称为电导分析法。它可用于测定水中电导率和溶解性总固体 TDS。[2–4]

一、电导率（conductivity）测定

电导率仪常用于间接测定水中离子的总浓度。由于电导率数值随环境温度改变而改变，故在应用电导率仪时要考虑环境温度补偿，以提高输出数值的精度。

二、水中溶解性总固体（total dissolved solids，简称 TDS）测定

TDS 是饮用水的主要检测指标之一，其国标方法是称量法，但该方式费时长，且受周围环境温度和湿度干扰较大。研究表明 TDS 与电导率存在线性关系。因此，一般

采用电导法来测定 TDS。电导法不受水溶液色泽、浊度和悬浮物的限制，故无须预处理即能进行测量，从而减少了称量法要过滤或多次恒重而带来的耗时的缺点，故值得在实验室推行。由许多的实验数据可看出，电导法测定结果一般比称量法小，这主要是因为水样中的氯化钙、氯化镁、硝酸钙和硝酸镁等物质产生了较强的吸湿性；此外，在 105 ± 3 ℃时无法完全消除水样中盐类所含的结晶水，也会造成称量法结果偏大；而且由于水中有机物通常不解离或解离能力极弱，会导致电导法的结果偏低。[5-7]

4.2.3 原子吸收光谱法（atomic absorption spectrometry）

一、基本原理

基于气态原子蒸气吸收一定波长的光，从而使得原子中的外层电子从基态跃迁到激发态而实现的。当光照通过原子蒸气，且入射辐射的频率等于原子中的电子由基态跃迁到第一激发态所需要的能量频率时，原子就从辐射场中吸收能量，形成共振吸收，故而产生原子吸收光谱。

二、在水质分析中的应用

在水质分析中，原子吸收光谱法是测量污染物，尤其是重金属物质的原子蒸气对辐射吸收强度的一种重要的仪器分析方法，其原理简单，操作方便。

随着在元素研究领域的广泛应用，原子吸收光谱技术也因为其自身的优势，已经广泛地运用在化学工业、农学、生物制药、地质、冶金、产品检测，以及环境保护等领域。该法是金属元素研究的最有力方法之一。此外，该方法诸多方面已成为基础性方法，如化工行业的水泥分析、玻璃分析、原油分析、电镀废液分析、高盐电解液分析及高聚物的无机成分研究；农业方面的植物研究、化肥研究、饲料研究；生化和药物学中的体液成分研究、内脏及试样研究、中药分析；冶金过程中的钢铁研究、合金分析；地球化学的环境研究、大气污染物研究、水土分析、地质矿产分析以及农产品中的微量元素研究。

在有机物分析方面，原子吸收光谱仪利用间接法可以测定多种有机物，如 8- 羟基喹啉（Cu）、酯类（Fe）、醇类（Cr）、维生素 C（Ni）、氨基酸（Cu）和含卤素的有机物（Ag）等。

在理论研究方面的应用，原子吸收可作为物理或物理化学的一种实验手段，对物质的一些基本性能进行测定和研究。[8-10]

4.3 水质自动分析技术简介

4.3.1 水温计

水质的自动分析主要用在进水、设备与环境温度的测量，按工作原理分为辐射式、膨胀式、热电偶式和热电阻式等。

一、双金属温度计（bimetallic thermometer）

它是根据物体受热体积膨胀的特性来设计的，又称为膨胀式温度计。双金属温度计是通过两个热膨胀系数不同的金属元素来计算温度的，属于固态温度计。它构造简易、坚固，可在条件恶劣的工况下使用，并具有较好的温度适应性。

二、热电阻温度计（resistance thermometer）

一种适合 -200~500 ℃温度范围内测量的温度计。热电阻温度计一般是由热电阻、连接引线和显示器构成，通过金属导体的电阻值随着环境温度的变化而改变来实现温度检测功能。比较常用的有金属热电阻与半导体热电阻。因热电阻传递的是电阻信息，故热电阻温度计适用于远距离显示或传送信号。

三、热电偶温度计（thermocouple thermometer）

以热电效应为基础的测温仪表，由热电偶、连接引线和显示器三部分组成。热电偶是由两种不同的导体或半导体材料焊接而成，焊接的一端为工作端或热端，与被测介质充分接触，感受被测温度；另一端是自由端或叫冷端，与导线连接。当热端受热后，冷、热两端的温度差异会在热电回路中形成热电势，从而进行温度的测定。

4.3.2 电导率测定

一款宽温度范围的在线水质分析仪表，它适用于较高温度的水质管理和自动化控制，例如，热交换系统、锅炉水、医用多效蒸馏水系统、凝结水、工业循环水和机械零部件的工业热清洗等。

电导率以数值形式表示溶液的导电能力，与电阻值相对。电导率测量仪的测量原理是将两块相互平行的极板放到被测溶液中，在极板的两端加上一定的电势，测量极板间流过的电流。电导率仪可用于精密检测不同液体的介质，当配以对应常数的电极时即可准确测定高纯水电导率值。广泛应用于食品、石化、纸浆和造纸、饮品加工、制糖、钢材、金属表面处理、电子产品、半导线以及医药工业等领域。

电导率是评价水质的一个重要参数，它反映水中电解质的浓度，其值的大小与其所含无机酸、碱、盐的量有一定关系。不同类型的水溶液有不同的电导率。新制备的蒸馏水的电导率很小，放置一段时间后，因其吸收了二氧化碳而导致电导率增加。在水质监测中，通过电导率仪可以间接分析水的全盐量值。

4.3.3 pH 测定

pH 是最常用的水质指标之一，它表示水的酸碱性的强弱。pH 计又叫酸度计，能连续测量水溶液的氢离子浓度。pH 计由变送器和测量传感器两部分组成。

在被测液体中插入两个不同的电极，其中一个工作电极的电位取决于溶液中氢离子的浓度；另一个是参比电极，具有固定的电极。这两个电极构成一个原电池，通过直流放大器放大两个电极间的电势，以数值的形式在仪表上显示出来，即为被测液体的 pH。pH 计的核心是电位计，安装有温度补偿设备，用来校正温度对电极的影响。

pH 计的安装与选择要根据水质的实际情况而定，水中污染物的不同及环境质量的好坏对仪器的测量结果与使用寿命都会产生影响。[11–12]

4.3.4 浊度测定

可以采用离线浊度仪或在线浊度仪，两者的测定原理基本相同或类似，主要区别是采样方式：离线浊度仪需将水样注入样品测量池（或称样品测量室）；在线浊度仪则通过水管自动进样并检测浊度。

测定原理主要是由光源组件中发出的光［其在某一特定波段下（通常是红外光或者可见光）的一束光］遇到样品中的悬浮颗粒时产生散射光，浊度传感器中内置的光电检测器系统将会检测一个与入射光束呈特定角度（通常是 90° 角）的散射光信号，最终经信号与数据处理，自动获取浊度值。浊度在线检测校准过程中，通常也会首先对连续流动过程的水样流进行气泡的消除等处理，目的是为脱除在样品流中夹带的空气泡，使在线浊度仪能不受样品流速波动及流体压力的变化引起的噪声影响，从而消除浊度测量中的主要干扰，尤其是针对低量程在线浊度仪。图 4-10 给出了两类典型的线浊度仪。

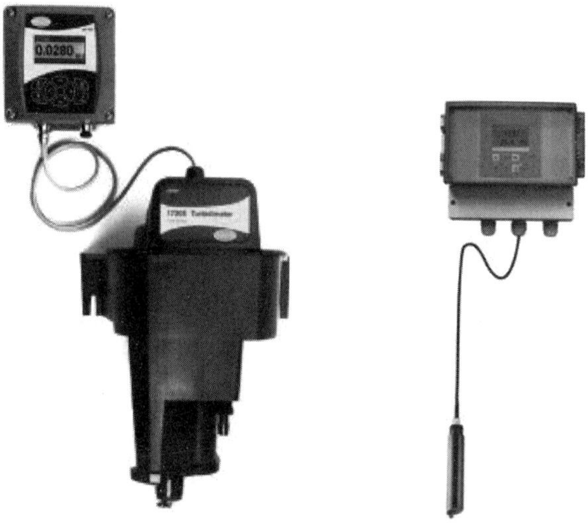

（a）1720E 低量程在线浊度仪（b）OUM253-OUS31 在线浊度分析仪

注：图（a）中的浊度传感器含气泡消除系统，图（b）中的浊度传感器仅含浊度传感器探头。

图 4-10　两类典型的在线浊度仪

4.3.5　化学需氧量的自动分析

在污水水质分析中，化学需氧量表示有机物被强氧化剂氧化时消耗的强氧化剂的量，根据当量关系换算成氧的量，用 mg/L 表示，即化学需氧量。COD 自动检测仪的主要技术原理有 5 种：重铬酸盐法（以下简称 COD_{Cr} 法）、高锰酸钾法（以下简称 COD_{Mn} 法）、紫外线法（以下简称 UV 法）、电化学法和总有机碳法（以下简称 TOC 法）。这些不同技术原理的 COD 自动检测仪之间的性能比较，具体如表 4-2 所示。

表 4-2　各类型 COD 自动检测仪的性能比较

性能比较	COD_{Cr} 法	COD_{Mn} 法	UV 法	电化学法	TOC 法
测量精度	± 5%	± 5%	± 3%	± 5%	± 3%
可靠性	较低	较低	很高	较高	很高
日常使用费用	很高	较高	较低	很高	很低
购置成本	较低	较低	适中	很高	很高
应用范围	较广	很小	较小	很广	很广

其中 COD_{Cr} 法和 COD_{Mn} 法属于传统试剂法，两者采用不同的标准溶液对水样进行氧化，由计算机控制自动完成水样的现场采集、加药、恒温消解、光电比色，直至结果显示全过程，可快速连续地实现污水中 COD 的全自动分析。试剂法通常每隔 1~2 小

时间歇自动检测，根据氧化分解的条件，此类COD自动检测仪有酸性法检测仪和碱性法检测仪。通过更换试剂，也有酸性法和碱性法两种方法交替使用的仪表。酸性法适用于水样中含微量氯离子或不含氯离子的检测，而碱性法受氯离子影响不大，所以可用于含有大量氯离子水样的检测。

UV法则利用溶解性有机物对紫外光的吸收作用，通过对被测物紫外线吸光度的测量，计算出COD值。UV计将水样连续送进测定瓶，用紫外线照射，然后根据其吸光度检测水样的有机物含量。尽管在各种有机物中，有的不吸收紫外线最大波长光，也有的完全不吸收紫外线光，但二级处理水的UV和COD往往有很好的相关关系。UV计通常使用254 nm波长的光，可从低压汞灯的光线得到，便于连续检测。同时对可见光的吸光度进行检测，将这一部分从紫外光的吸光度中减去，往往可消除样品中悬浮颗粒物造成的散射光影响。

电化学法是指利用电化学方法来测量COD值，是基于羟基自由基的氧化作用实现的。此法的检测仪配有专门的工作电极，能在表面产生羟基自由基，它是一种强氧化剂，有着超强的氧化能力，能快速氧化水中的有机物。检测仪所产生的羟基自由基量与通过的电流直接相关，水样中COD值又与氧化过程中羟基自由基的量相关。因此，检测仪通过电流值换算，可推算出COD值。

TOC法的检测原理是在水样中加酸，用氮气吹脱水中的无机碳，然后在高温与催化剂存在的条件下，使水样通过含有一定氧浓度的载流气体进行燃烧，用非分散性红外线分析仪检测气体燃烧炉中的CO_2浓度，据此求出水样中的有机碳浓度。

4.3.6 生化需氧量的自动分析

生化需氧量，是水体中的好氧微生物在一定温度下将水中有机物分解成无机质，这一特定时间内的氧化过程中所需要的溶解氧量。在BOD的测量中，通常规定使用20 ℃、5天的测试条件，分别测定前后水样溶解氧的质量浓度，由前后溶解氧的质量浓度之差计算每升样品消耗的溶解氧量，记为五日生化需氧量，简称为BOD_5。[13]

BOD在线水质分析仪内嵌有微生物传感器，微生物传感器是由氧电极和微生物菌膜组成，可检测微生物在降解有机物时引起的氧浓度的变化。[14]检测原理如下：当含有饱和溶解氧的样品进入流通池中与微生物传感器接触，样品中溶解性可生化降解的有机物受到微生物菌膜中菌种的作用，而消耗一定量的氧，使扩散到氧电极表面氧的质量减少。当样品中可生化降解的有机物向菌膜扩散速度（质量）达到恒定时，扩散到氧电极表面上氧的质量也达到恒定，因此产生一个恒定电流。由于恒定电流与水样中可生化降解的有机物浓度存在定量关系，因此该信号经放大、分析处理，可换算成BOD值。

4.3.7 总氮的自动分析

总氮是指水中可溶性及悬浮颗粒中的含氮量，包括水中亚硝酸盐氮、硝酸盐氮、无机铵盐（inorganic ammonium salt）、溶解态氨（dissolved ammonia）以及大部分有机含氮化合物中的氮。湖泊、水库中含有超标的氮、磷物质时，造成浮游植物繁殖旺盛，出现富营养化状态。总氮是控制水质的重要指标之一。

总氮的自动分析可通过连续流动 - 盐酸萘乙二胺分光光度法或流动注射 - 盐酸萘乙二胺分光光度法进行分析测定，分别采用连续流动分析仪或流动注射分析仪。[15-16] 仪器包括自动进样器，化学分析单元（化学反应与分析模块、通道），检测单元（连续流动分析仪的流动检测池光程为 30 mm，流动注射分析仪的流通检测池光程为 10 mm），数据处理单元。

仪器检测的化学反应原理：在碱性介质中，试料中的含氮化合物在一定温度（连续流动 - 盐酸萘乙二胺分光光度法采用 107~110 ℃，流动注射 - 盐酸萘乙二胺分光光度法采用 95 ± 2 ℃），以及紫外线照射下，被过硫酸盐氧化为硝酸盐后，经镉柱还原为亚硝酸盐。在酸性介质中，亚硝酸盐与磺胺进行重氮化反应，然后与盐酸萘乙二胺偶联生成紫红色化合物，于波长 540 nm 处测量吸光度。

4.3.8 总磷的自动分析

营养物在线传感器除了总氮传感器外，总磷也是重要的在线监测指标。总磷是指水体中所有磷元素（含各种存在形态）的总含量，一般包含正磷酸盐、缩合磷酸盐、焦磷酸盐、偏磷酸盐、亚磷酸盐和有机团结合（或螯合）的磷酸盐等，主要来自各类生活污水、化肥、有机磷农药产品及各类近代生物洗涤剂、工业所用的无机磷酸盐增洁剂等。

总磷的自动分析可利用连续流动 - 钼酸铵分光光度法采用连续流动分析仪测定，或者利用流动注射 - 钼酸铵分光光度法采用流动注射分析仪进行测定。两种分析仪均包括自动进样器，化学分析单元（化学反应与分析模块、通道），检测单元，数据处理单元。连续流动分析仪的检测池光程为 50 mm，流动注射分析仪的流通检测波长为

880 nm。

连续流动分析仪上的总磷浓度检测的基本化学反应原理如下：液态试样中加入过硫酸钾溶液，经紫外消解和 107 ± 1 ℃酸性水解，各种形态的磷全部可被充分氧化成正磷酸盐。正磷酸盐在酸性介质中、锑盐存在下，与钼酸铵反应生成磷钼杂多酸，该化合物立即被抗坏血酸还原生成蓝色络合物，于波长 880 nm 处测量吸光度。[17]

流动注射分析仪总磷检测的化学反应原理：在酸性条件下，试样中各种形态的磷经 125 ℃高温高压水解，再与过硫酸钾溶液混合进行紫外消解，全部被氧化成正磷酸盐，在锑盐的催化作用下，正磷酸盐与钼酸铵反应生成磷钼杂多酸，该化合物立即被抗坏血酸还原生成蓝色络合物，于波长 880 nm 处测量吸光度。[18]

4.3.9 氨氮的自动分析

水体中的氨氮是指以游离态氨 NH_3 和离子态铵 NH_4^+ 形式存在的氮。水质氨氮在线监测仪主要有 6 种，分别是纳氏试剂分光光度法仪器、水杨酸分光光度法仪器、氨气敏电极法仪器、电导法仪器、滴定法仪器以及铵离子选择法仪器。其中最为常见的为纳氏试剂分光光度法、水杨酸分光光度法以及氨气敏电极法的水质氨氮在线监测仪。

纳氏试剂分光光度法仪器的设计原理基于 HJ 535—2009 中的纳氏试剂分光光度法。[19]该方法依据氨与碘化汞和碘化钾的碱性溶液反应生成淡红棕色胶态化合物，在 420 nm 有强烈吸收，根据朗伯 - 比尔定律可定量水样中的氨。基于纳氏试剂法的水质氨氮在线监测仪，具有较高的环境适用性，可以应用在地表水、地下水和污染源的在线监测中，但由于比色容易受到水样色度和浊度的影响，在高色度、高浊度的应用环境中，则对仪器的预处理模块提出较高要求。同时，由于仪器所用试剂含有剧毒物质碘化汞，对操作者易造成伤害，同时易造成环境的二次污染，目前较多的仪器开始转为水杨酸法。

水杨酸分光光度法仪器的设计原理是基于 HJ 536—2009 中的水杨酸分光光度法。[20]在该方法中，在碱性介质（pH=11.7）和硝普钠存在下，水中的氨、铵离子与水杨酸盐和次氯酸离子反应生成蓝色化合物，在 697 nm 处产生强烈吸收，根据朗伯 - 比尔定律可定量水样中的铵的含量。水杨酸分光光度法的检出限比纳氏试剂法低，可以达到 0.01 mg/L，因此该方法的氨氮在线监测仪更适合应用于饮用水、地表水等低浓度水体的监测。但由于测试所需的次氯酸盐溶液保存时间短，因此在在线应用中应重点注意试剂的有效保存问题。

氨气敏电极法仪器设计的参考方法是美国 EPA 标准 EPA 4500-NH_3，调节水样 pH 值在 11~12 的强碱性范围内，曝气使水样中的氨氮以氨气的形式逐出，氨气透过氨气敏电极的疏水膜引起内充液 pH 变化，通过电极电位的变化测定氨。氨气敏电极法仪器的优点：一是不受水体色度和浊度的影响，无须对水样进行预处理；二是测量范围宽，适于高浓度水样的测定。但电极的寿命和再现性是目前该类型仪器的主要问题。

4.3.10 污水中其他组分的自动分析

污水组分的自动分析，除了上述介绍的各个指标外，还有涉及其他组分自动分析的检测仪器，比如溶解氧测量仪、污泥界面计、超声波污泥浓度计、MLSS 检测仪和余氯计等。这些自动分析仪器在污水处理厂中，有不同程度的使用。此外，有些在线分析仪包含有多个组分分析的传感器，实现同时获取不同污水组分的指标值，共享同一个数据传输端口，节省了数据传输的成本等。

参考文献

[1] 赵藻藩，周性尧，张悟铭等．仪器分析［M］．北京：高等教育出版社，1990.

[2] 李克安．分析化学教程［M］．北京：北京大学出版社，2005.

[3] 方惠群，余晓冬，史坚．仪器分析学习指导［M］．北京：科学出版社，2004.

[4] 国家卫生健康委员会．生活饮用水标准检验方法：GB/T 5750—2023［S］．北京：中国标准出版社，2023.

[5] 王翠，刘涛利，郑玲等．出厂水电导率与溶解性总固体的相关性分析［J］．供水技术，2012，6（03）：25-27.

[6] 刘雪儿．测量饮用水中溶解性总固体称量法与仪器法比较［J］. 中国城乡企业卫生，2016，31（09）：69-70.

[7] 陈素军，刘裕婷，张志荣．自备井水中溶解性总固体快速测定方法的研究［J］．国际检验医学杂志，2014，35（18）：2515+2518.

[8] 刘宇，余莉萍．分析化学［M］．天津：天津大学出版社，2011.

[9] 邓勃．原子吸收光谱分析的原理、技术和应用［M］．北京：清华大学出版社，2004.

[10] 邱德仁．原子光谱分析［M］．上海：复旦大学出版社，2002.

[11] 高俊杰等 . 仪器分析，国防工业出版社 [M]，2005.
[12] 马勇，彭永臻等 . 城市污水处理系统运行及过程控制 [M] . 北京：科学出版社，2007.
[13] 环境保护部 . 水质　五日生化需氧量（BOD_5）的测定　稀释与接种法：HJ 505—2009 [S] . 北京：中国环境科学出版社，2009.
[14] 国家环境保护总局 . 水质　生化需氧量（BOD）的测定　微生物传感器快速测定法：HJ/T 86—2002 [S] . 北京：中国环境科学出版社，2002.
[15] 环境保护部 . 水质　总氮的测定　连续流动 - 盐酸萘乙二胺分光光度法：HJ 667—2013 [S] . 北京：中国环境科学出版社，2013.
[16] 环境保护部 . 水质　总氮的测定　流动注射 - 盐酸萘乙二胺分光光度法：HJ 668—2013 [S] . 北京：中国环境科学出版社，2013.
[17] 环境保护部 . 水质　总磷的测定　连续流动 - 钼酸铵分光光度法：HJ 670—2013 [S] . 北京：中国环境科学出版社，2013.
[18] 环境保护部 . 水质　总磷的测定　流动注射 - 盐酸萘乙二胺分光光度法：HJ 671—2013 [S] . 北京：中国环境科学出版社，2013.
[19] 环境保护部 . 水质　氨氮的测定　纳氏试剂分光光度法：HJ 535—2009[S] . 北京：中国环境科学出版社，2009.
[20] 环境保护部 . 水质　氨氮的测定　水杨酸分光光度法：HJ 536—2009 [S] . 北京：中国环境科学出版社，2009.

思考题

1. 朗伯 - 比尔定律中的吸光系数取决于哪些因素？又跟哪些因素无关？
2. 分光光度计主要由哪些部分组成？
3. 分光光度计的使用特点有哪些？
4. 电位分析法的原理是什么？
5. 简述电导分析法在水质分析中的应用。
6. 原子吸收光谱法的原理是什么？简述其在水质分析中的应用。
7. 在水质自动分析中常用的温度计有哪些？
8. 简述电导率仪的测定原理。

9. 简述 pH 计的测定原理和方法。

10. 污水水质组分分析中，常见的分析指标有哪些？

11. 污水水质在线分析仪器有哪些？

练习题

1. 某溶液本身的颜色是红色，它吸收的颜色是（　　）。

A. 黄色　　B. 绿色　　C. 青色　　D. 紫色

2. 在分光光度法中，定量分析遵循的是（　　）。

A. 朗伯 - 比尔定律　　B. 拉乌尔定律　　C. $m_i=f_iA_i$　　D. $E=hc/\lambda$

3. 在符合朗伯 - 比尔定律的范围内，有色物的浓度、最大吸收波长、吸光度三者的关系是（　　）。

A. 减小，增加，增加　　B. 增加，不变，减小

C. 减小，不变，减小　　D. 增加，增加，增加

4. 朗伯 - 比尔定律说明，当一束单色光通过均匀有色溶液中，有色溶液的吸光度正比于（　　）。

A. 溶液的温度　　B. 溶液的浓度和溶液厚度的乘积

C. 有色配合物稳定性　　D. 溶液的酸度

5. 在分光光度法实验中，是否需要选用参比溶液？为什么？常用的参比溶液有哪几种？

6. 请简述如何采用紫外 - 可见分光光度法标准曲线法定量分析未知浓度溶液的浓度。

7. 原子吸收光谱是（　　　　），紫外可见分光光谱吸收光谱是（　　　　）。（选填“线状光谱”或“带状光谱”）

8. 原子吸收分光光度法中最常用的光源为（　　）。

A. 氘灯　　B. 空心阴极灯　　C. 蒸气放电灯　　D. 无极放电灯

9. 下列关于锐线光源，说法正确的是（　　）。

A. 光源发射线与吸收线的中心频率一致，且发射线的半宽度比吸收线的半宽度大得多

B. 光源发射线与吸收线的中心频率一致，且发射线的半宽度比吸收线的半宽

度小得多

C. 光源发射线与吸收线的中心频率不一致，且发射线的半宽度比吸收线的半宽度大得多

D. 光源发射线与吸收线的中心频率不一致，且发射线的半宽度比吸收线的半宽度小得多

10. 水中的悬浮物是指水样通过孔径为（　　　　）μm 的滤膜，截留在滤膜上并于（　　　　）℃下烘至恒重的固体物质。

11. COD 的全称是（　　　　），COD 自动检测仪的主要技术原理有 5 种，包括（　　　　）、（　　　　）、（　　　　）、（　　　　）和总有机碳法。

12. 总氮（TN）是指水中可溶性及悬浮颗粒中的含氮量，包括水中（　　　　）、（　　　　）、（　　　　）、（　　　　），以及大部分有机含氮化合物中的氮。

13. 总磷（TP）是指水体中所有磷元素（含各种存在形态）的总含量，一般包含（　　　　）、缩合磷酸盐、焦磷酸盐、（　　　　）、亚磷酸盐和有机团结合（或螯合）的磷酸盐等，主要来自各类生活污水、化肥、有机磷农药产品及各类近代生物洗涤剂、工业所用的无机磷酸盐增洁剂等。

第五章　微生物学基础知识

微生物学（microbiology）是指一种从细胞、分子或组织等层面上，探索细菌的形态结构、生态代谢、遗传变异、形态分布以及分类发展过程和生物行为规律，并将之运用到化学工程发酵、医药卫生、生物工程，以及环境等应用方面的科学技术。为了方便与科学家的交流并防止形成混乱，在生命科学中，对生命的划分主要是根据其生命特征以及相互之间的亲缘关系有顺序地分门别类排列成一体系，在系统上有七种层次：界、门、纲、目、科、属、种。[1] 每个品种都有唯一公认的名称，在城市污水处理厂投产之前，第一个要完成的任务便是活性污泥（activated sludge）的培育和驯化。为了使活性污泥系统达到良好工作状况，需要定期检查，做出详细记载，编写运行日志。通过测试，获取第一手资讯，从而准确合理地调整系统的工作状况。

5.1　分类与命名及鉴定检索

微生物（microorganism）数量大约 15 万 ~20 万种，唯有了解科学的生物分类知识与理论，才能更合理地进行微生物学研究工作。

种类（classification）、鉴定（identification）和命名（nomenclature）是生物分类学中彼此联系的三种具体任务。分类的基本目的，就是把所有的生物个体按其相似性加以归群，并按照各类种群之间亲缘关联的紧密程度排列成一种等级体系，而这种系统又应当尽量体现各生态群体之间天然的系统演化关联，各个种群在这个体系中均有自身的适当地位。定名是根据国际规范给所有动物唯一的公正的名字，以便科学家之间的沟通，减少物名的混乱。鉴别则是经过细致考察、研究或分析通过测试新的纯种细菌的各种性状表现和性能指标，从而发现权威的分类体系，并将它们归属于已经存在的分类单位中的过程。

5.1.1　分类单位（classification unit）

根据微生物客观存在的生态特征（包括个体形状及结构、洗染能力、表形特征、生理生化特性、细菌的内部成分结构特点、菌落特性、细菌内部结构、生理生化反应、与氧气的关联、血清学反应等）和它们的亲属关联，有顺序地分门别类排列成一系，由大至小排序。将属性最相近的细菌称为界，在界里只能从性质相近的细菌中寻找它们的不同特征，划分为不同的门，一直分到种。种之上的生物系统按划分单位自上而下可先后划分为7类：界（kingdom），门（phylum），纲（class），目（order），科（family），属（genus）和种（species）。在这7类中，必要时每个都可加入若干个辅助单元，如加入亚、超或族等。一般认为，生物的种是最基础的划分部门，它是对一群外表形态或性状上高度接近，亲缘关系十分相似、与同属内其他种类之间存在着显著区别的一群菌株的统称。

由于微生物学和高等生物学不同领域，对种的界定还存有不同意见。

5.1.2 命名原则（nomenclature principle）

每个微生物都有一种自己的专属名字。名称主要有两种：一为地区性俗名，通常带有简单明了、通俗直白的性质，且很方便于国际交流；二系学名，是指根据国际命名法规所做出并被世界各国学术界承认的官方称谓。学名的表示方式主要使用二名法，由林奈（Linnaeus）所首创，但有时使用三名法。

一、二名法（binomial nomenclature）

二名法 = 属名 + 种名[2]，所有或多种细菌的学名，均由属名（generic name）和种名（species name）构成。一般采用拉丁词或古希腊字等拉丁化的外文词。并且属名及种名需用斜体字母表示，命名时种名置于最前面，首字母大写；属名均以小写置于后面。属名主要是描述微生物的重要特征或是作为名称的描述词；而种名则指代某个生物的次要性状。在分类学上的植物学名中，在以上两个组成部分后面还需加写另外三种信息：正式的名称人（正体字，括号括住）、现名定名人（正体）和现称的正式命名年份，但在通常的学刊中后三种均可不用。

学名 = 属名 + 种名 +（首次定名人）+ 现名定名人 + 现名定名年份

例如，大肠埃希氏菌（简称“大肠杆菌”）：Escherichia coli（Migula）Castellani et Chalmers 1919；枯草芽孢杆菌：Bacillus subtilis（Ehrenberg）Cohn 1872。[3]

二、三名法（trinomial nomenclature）

三名法 = 属名 + 种名 + 亚种或变型等名称。如果某些微生物的鉴定性状中除全部特征和模式种一致之外还带有突出而新的特殊性状，则可以将其叫作此种的亚种（也叫变种）。

学名 = 属名 + 种名 + 符号 subsp 或 var（可省略）+ 亚种或变种

例如，酿酒酵母椭圆变种：Saccharomyces cerevisiae（var）ellipsoideus。[4]

在实际工作中，若一株或若干菌株只鉴定到属，而还没鉴别到种，那么对该菌株的命名就只是属名，而不是种名。如将芽孢杆菌属的植物定名为 Bacillus 或是用 sp.（正体，species 单数的简写）或 spp.（正体，species 复数的简写）来替代。例如，一种芽孢杆菌用“Bacillus sp.”表示；一批芽孢杆菌用“Bacillus spp.”表示。[5] 此外，在一个种内不同个体相互之间差异很小，区分这种微小差异就用株来表达。株是非分类单位，命名原则规定菌株的名字可随便选定，通常可用数字加编码来代替（字母表示实验室所在地或特征等名字，编码代表序号等数字）。株所代表的性状并不能作为分级鉴定用。

例如，大肠埃希杆菌：Escherichia coli K12（一种常用的 E.Coli 菌株）。[6]

5.1.3 分类鉴定依据

由于科技进步，从原来的按细菌表型特征加以划分的经典生物分类学发展阶段，已经进展到按它们的亲属关联和发展规律性加以划分的细菌体系划分阶段。

（1）经典分类学阶段

微生物分类学进展的早期，分类特征、鉴别指标以生物细胞的外形与习性为基础，通过比较典型的研究方式，考察并测试对细菌的外形性状、运动性、酶反应、营养条件、繁殖条件、代谢特征、致病能力、抗原功能，以及生态特征等的传统类型鉴别项目。

（2）生物系统分类阶段

自 1960 年以来，新方法的使用为微生物的精确识别打开了一个崭新的时代。主要包括以下三部分[7]：

①细胞组分水平，包括细胞壁、醌类、脂类和光合色素等成分的分析；

②蛋白质水平，包括氨基酸序列分析、蛋白质分析；

③核酸水平，包括（G+C）（摩尔分数）值的测定、16SrRNA 或 18SrRNA 寡核苷酸序列分析、核酸分子杂交、基因组测序等。

一、经典的鉴定方法和依据

鉴定所有的微生物只需要完成三个基本操作，即：

①分离纯化某微生物；

②测定一系列必要的鉴定指标；

③查找生物权威性的鉴别手册可以确定种属，根据微生物类型的不同，鉴定项目、鉴定方式将会变化。

鉴别不同的细菌通常采用不同的表现方法。因此，在鉴别形态表现比较丰富、形体较大的真菌、藻类等细菌时，以其外形特点为主；在鉴别细菌、放线菌和绯垂藓时，往往形态性状和生物性状兼用；对其他细菌生物病毒的鉴别，除了采用电子显微镜等各种生物、免疫学检查手段之外，还采用致病性和某些特殊的技术指标等手段。

1. **形态特征**（morphological character）

生物分类鉴定的最基础的数据，它包括：

①个体性状（细胞形状、尺寸、排列、运动性、特殊结构和染色反应等）；

②群体性状（群体类型，在半固态或液态培养基上的发育情况）。

2. **生理生化特征**（physiological and biochemical characteristics）

早期微生物的分类鉴别中，单纯依靠形态学特点是无法分辨和识别的，所以生理生化特点成为微生物分类鉴别的重点内容。细胞的生理生化特征和酶的类型、生物活力以及相关蛋白质等直接有关，而酶和蛋白质也都是遗传组的主要产物，所以，细胞生理生化特征就是细菌基因组的间接表现。不过，因为许多生理生化特征都是由染色体以外的遗传因子进行编码。此外，多种因素影响生理生化特征的表达，且十分复杂。因此，在通过生理生化特征来确定亲缘关系同时进行生物系统分类时，就需要和其他性状综合分析，不然就可能产生错误的结果（表 5-1）。

表 5-1　适用于微生物类型鉴定的生理生化特征性质[8]

生理生化特征	不同类群的区别
营养类型	光能自养、光能异养、化能自养、化能异养及兼性厌氧型
对氮源的利用能力	对蛋白质、蛋白胨、氨基酸、含氮无机盐、N_2 等的利用
对碳源的利用能力	对各种单糖、双糖、多糖以及醇类、有机酸等的利用
对生长因子的需要	对特殊维生素、氨基酸、X 因子、V 因子等的依赖性
酶	产酶种类和反应特性等
对抗生素及抑菌剂的敏感性	对抗生素、氰化钾（钠）、胆汁、弧菌抑制剂以及各种染料的敏感度
代谢产物	代谢过程产生了各种多层特征的代谢物质，类型、数量、色泽和显色反应
生殖情况	有性、无性生殖情况
生活史	在生命不同时期的特征

3. **生态特性**（ecological characteristics）

各种细菌均有适应自身发展的环境要求，如繁殖温度、空气、pH、渗透压的影响、寄主类型、与寄主相互作用等（表 5-2）。

表 5-2　常用于微生物分类鉴定的生态特征

生态特征	不同类群的区别
好氧性	好氧、微好氧、厌氧及兼性厌氧
对温度的适应性	最适、最低和最高生长温度和致死温度
对 pH 的适应性	在一定 pH 条件下的生长力及生长的 pH 范围
对渗透压的适应性	对盐浓度的耐受性或嗜盐性
与宿主间的关系	共生、寄生、致病性等

4. **血清学反应**（serological reaction）

细菌机体和病毒等都富含蛋白质、脂蛋白、脂多糖等产生抗体阳性的物质基础，但因为各种微生物的抗体物质构成相异，就赋予了它们截然不同的抗体特性。一个菌株的抗体，除能与它自己的抗体起特异性反应之外，如果它和其他类型的菌株中存在着共同的抗体组分，它的抗原与抗体相互之间也会引起相互交错反应。所以，人们可在有机体外对各种菌株发生抗原和抗体反应进行试验——血清学实验研究，来开展对细菌的分析与鉴定。一般是对全基因组的线粒体壁、鞭毛、荚膜以及黏液层的抗原性加以分析对比，另外也可能用经纯化的蛋白质（酶）加以研究，以对比各种细胞同源蛋白质间的结构与相似性。

由于传统血清学分析法只能对抗病原大分子的表面组织加以研究，其结果往往会受到分子结构上每一抗原结合部位的干扰，所以使用上具有较大的局限性。

5. **噬菌体分型**（phage typing）

在原核生命中已广泛出现了相应物种的噬菌体。噬病毒体对宿主的侵染和裂解功能往往存在高度的特异性，即一个噬病毒体常可侵染并裂解一种微生物，或者只裂解种中的特定细菌。所以，按照噬病毒体的宿主范围可以把细菌分成不同的噬菌型和通过噬病毒体裂解功能的特异性进行微生物识别。

确定噬病毒体对微生物的裂解反应的方法并不复杂，通常只有将烈性噬病毒体悬液滴入新鲜的、正处于对数生长期的细胞平板培育物中，或将噬病毒体溶液滴入新的细胞液态培育物中，并适温培育 16~48 h 后，若细胞平板表面产生噬菌斑（透明斑），或使细胞液态培育物由浑浊变为清澈，则表示噬病毒体对该细菌有裂解效应，否则为阴性结果。

噬病毒体与微生物间反应的高度特异性，通常表现为能裂解同一种内的菌种，但亦可出现于宿主区域范围较广的噬菌体，除能裂解同一菌种之外，也能裂解种内不同种或不同属的菌种。种属之间的交叉反应，如何表现属种之间的系统发育相关性以及相关意义，目前还缺乏具体的研究成果。

二、分类鉴定中的现代方法

1. 氨基酸（amino acid）顺序和蛋白质（protein）分析

蛋白质的氨基酸顺序也间接表达了基因组中碱基的组成。这样，就可利用对某些同源蛋白质氨基酸顺序的比较来分析各种生物系统间发育的关联，顺序相似性越高，其发育亲缘关系也越近。

一般而言，蛋白质中氨基酸次序的演进速度大体上是不变的，而各种功用有所不同的蛋白质则常以截然不同的速度进行。所以，在生物科学研究中应该针对所比较的类群注意选取相应的生物分子。目前一般多选择与细菌色素或者其他的电子传递蛋白质、组蛋白、转录与翻译有关的蛋白质，及其多种代谢酶的顺序开展对细菌的分类研究。

直接检测蛋白质的氨基酸序列很复杂且费时。因此有时需要使用间接的对比技术，前述的血清学分析方法即为当中一种，而且还能够通过电泳图谱对比。通过电泳图谱对比的分析或鉴别的基础原则是：在亲缘关系相似的细胞中存在着相同的蛋白质，反之亦然。在全细胞分类鉴别研究中，人们通常选择可溶性蛋白的全细胞通过蛋白质提取液的电泳图谱分析，或者研究同种蛋白质的电泳迁移性。从现有的实验数据来看，蛋白质电泳图谱通常只能用作对属和种以下类别鉴别的一种方法。对属以上类别单元的定位或鉴别作用则欠佳。

2. 核酸（nuclein）水平

（1）DNA 碱基比例的测定

DNA 碱基比值是指的（G+C）（摩尔分数）值，又称 GC 比，它代表 DNA 蛋白质中鸟嘌呤（G）和胞嘧啶（C）所占的摩尔百分比值[8]，即

$$(G+C)(\text{摩尔分数})=[(G+C)/(A+T+G+C)]\times 100\%$$

通过计算各种生物的 GC 比，可以发现亲缘关系较接近的物种，由于其基因组的单核苷酸顺序较接近，因而二者的 GC 比也相似，比如，链霉菌属内约五百余种的 GC 比均在 65%~74% 的区域；GC 比相同的两个生物，它们的亲缘关系也不一定都非常相似，主要原因是单核苷酸的顺序可能差异较大。因此，枯草芽孢杆菌与人类的 GC 比

非常相似，很显然二者血缘关系远；GC 比相差较大的两类细菌，它们的亲缘关系也必定很远。

GC 比也是在构建新分类单位时的可靠指数。根据测定，种内各菌株 GC 比差异在 2.5%~4.0% 范围；属内各 GC 比差异则在 5%~10% 范围。假如差异大于 10%，一般就可看作不同的物属了。当 GC 比差异小于 2% 时，在分类学上就无关紧要。计算 DNA 中 GC 比的办法不少，而热解链温度控制（Tm，即熔解高温或热变性温度）法由于具备了运算简单、重复性好等优势，故运用较为普遍。

（2）核酸分子杂交法

按碱基的互补匹配机理，用人工方式对两种不同来源的单链核酸扩增物进行重复性匹配（reannealing，重退火），从而形成新的杂合现象双股核酸扩增的方法，一般称为核酸杂交。本法可以进行 DNA-DNA、DNA-rRNA 和 rRNA-rRNA 蛋白质之间的杂交。核酸杂交法也是检测核酸蛋白质同源性，以及各种生物之间亲缘联系的有效方法。

某一生物 DNA 碱基配对的排列次序，是它漫长演进的历程中在分子水平上的重要记录，也是比上述 GC 比更详尽和更准确的生物遗传性状指数。亲缘关系越是接近的微生物，其碱基配对顺序也就越相似，且杂交时碱基配对的比率也高；反之亦然。通常认为，如果两个菌株之间 GC 比相差 1%，其碱基序列的共同区域就约减少 9%；而如果 GC 比相差 10% 以上，那么二者的共同序列也就很少了。但如果有一个 GC 比范围都在 5% 之内的菌株，要确定它们是不是都属于同一种类，就需要通过 DNA-DNA 之间的小分子杂交。

（3）rRNA 寡核苷酸编目分析

它是指通过研究在原核生物或真核细胞内最稳定的 rRNA 寡核苷酸的同源化关系，从而判断各种生物之间的亲缘关系及其进化谱系的科学技术。在核糖体中存在多种不同形式的寡核苷酸，一般采用 16SrRNA 或 18SrRNA 进行生物演化的整体归类分析，主要具有以下特征：它存在于所有细胞中，每个原核生物都有 16SrRNA，而每个真核生物也有 18SrRNA；生理机制既固定而且必不可少，因此编码 rRNA 的基因数量也非常固定；分子数量适中，在蛋白质中的浓度较高、易于获得；核糖体 RNA 的某些核苷酸顺序相当保守，经过亿万年的发展以后还能维持其原初地位。

16SrRNA 或 18SrRNA 寡核苷酸编目研究所根据的基本原理是：用一个 RNA 经蛋白酶水解核糖体 RNA，就可以形成一些寡核苷酸的片段，而如果说两种或两株以上细菌的亲缘关联越相近，则其所形成的寡核苷酸片段的次序也就越相近，相反亦然。试验方式大致为：把用 32P 标记的被测细菌核糖体 RNA 纯化，并用能专一降解 G 上 3’末端磷酸酯键的 T-RNA 蛋白质加以降解，并由此形成了许多以 G 为终点的长短不一的寡核苷酸片段，然后再将它们通过双向的电泳分离，最后再用放射自显影技术得到了 rRNA 寡核苷酸群的指纹图谱（fingerprint），并由此判断各种长寡核苷酸斑点在电泳图谱上的地位，接着再把知识图谱中链长为不少于六个核苷酸的长寡核苷酸片段作顺序分析，将所得到的结论按各种方向加以编目、排列。再经过对比、统计和分析后，就可以定性地判断各被测细菌之间的亲缘关系。

经过 T-RNA 酶的分解，一般能使 rRNA 中产生长短不一的寡核苷酸片段，每个片段通常由 1~20 个均有的核苷酸单体所构成。只选取含有 6 个或以上核苷酸的片段测定其核苷酸顺序，两菌株 rRNA 的差异就能够通过比较得出。

用 rRNA 寡核苷酸编目分析的方法是一种工程量巨大、试验要求复杂和操作条件十分严苛的分子生物学分析技术。然而，rRNA 寡核苷酸的分类技术仍以其意义重要而被不少研究者所应用。尤其是沃斯（C.R.Woese）等人，即据此提出了在生物界类划分中的三域学说，此外他们还对三域中各大种群的演进路线描绘了谱系图。

（4）微生物全基因

基因组排序的计算。以上所用的技术均根据微生物的基因组数据及遗传信息的间接表达，对细菌进行全基因组体检测。可以获得细菌的所有遗传信息，但目前仅进行了极少数细菌的全基因体定序。

3. 细胞化学成分

（1）细胞壁的化学成分

原核生物细胞壁组成的研究对细菌鉴定类型具有一定的重要意义，因此，通过比较不同细胞的放线菌的肽聚糖物质中肽末与第三位氨基酸的数量、肽桥的构造，及其与相邻肽尾交联的情况，就能够将其分为不同的类型。

（2）全细胞水解液的糖型

根据放线菌全基因组水解液的一般糖型，它有四个类型：

①阿拉伯糖、半乳糖，如诺卡菌属；

②马杜拉糖，如马杜拉放线菌属；

③无糖，如高温放线菌属；

④木糖、阿拉伯糖，如小单孢菌属。

（3）磷酸类脂成分的分析

位于微生物、放线菌液胞膜上的磷酸类脂物质，在各个属中各有不同，可作为区分属的重要依据。

（4）枝菌酸的分析

诺卡菌属、分枝杆菌属和棒状杆菌属三种统称为诺卡菌形放线菌，分别从形状、结构和细胞壁的组成上都不易区别，且前三者中所含枝菌酸的碳链长短差异较明显，分别为 80、50 和 30 个碳原子，因而可进行分属。

（5）醌类的分析

原核微生物中有的含泛醌（辅酶 Q），有的含甲基萘醌（维生素 K），因此在鉴别中具有重要意义。[9]

4. 数值分类法

这是一种根据生物数量分类的基本原理，利用现代电子计算机对拟分类的细菌对象按大量表形性状的相似性程度，加以计算、归类的方法。该法又称统计分类学。在比较不同的细菌时，采用共同的类可比性状，包括形态、生理、生化、遗传、免疫学等性状。调查菌株特征与共同性状之间的相关性，所用特征越多，则结论就越准确。一般按照相似性高低进行排列，以相似者或相关系数较大者为同种，较小者为属，按顺序递推。

5. 微生物的快速鉴定（rapid identification）系统和自动化分析技术

经典分类鉴别方法测试项目繁杂，且工程量大，往往成为微生物研究的阻碍。因此，一种更加省时省力的自动诊断装置被开发了起来，通过这种系统可以把十几个甚至几十个生理生化项目的结果自动检测出来，从而大大减少了经典分类鉴别方法的一个个试验的复杂流程。

（1）API 细菌数值鉴定系统（API System）

一个由法国公司制造的可用于快速识别菌种的长形卡片，长 24 cm，宽 4.5 cm，有 20 个塑料小管完整地排放在其上，可同时检测 20 项以上生物指标。在每个管中加有适量可进行生物反应的不同底物干粉和通过反应所产生的生物显色剂。每个试管周围均有膜遮盖，以防止杂菌危害。试验时，首先用一小盒系统中已备的无菌液态基本培养基稀释待鉴别纯菌落及菌苔，使含量适当。接着将此菌的细胞悬液吸入无菌滴管中，再撕开盖膜，一一投入每个小管中，每管约加 0.1 mL。一般在经过 24~48 h 恒温式的生长后，就可以发现各个小管中是否出现了显色性反应，把结果记录于图表中，再增加一些补充指标，包括菌种形状、尺寸、运动性、产生色素、溶血性、芽孢的有无和革兰洗染反应等，就可以依次对结果加以编号、查检索表，最后就得出了该菌株的识别结论。

本体系已被国外相关实验室广泛采用二十多年。适合于 API 系列鉴定的菌种约有七百余种。在使用前，可以按照要确定的目标去选择相应系列的产品，比如，肠菌鉴定可用 API-20E（“20” 指试管数，“E” 为肠道细菌），见图 5-1；厌氧菌可用 API-20A（“A” 指厌气菌，故接种后应放入厌氧罐中培养）等。表 5-3 列出了全部 20 个小管的标记编号、反应名称以及反应产物。

图 5-1　API-20E 鉴定试剂（鉴定肠道细菌）

表 5-3　API-20E 反应判定表 [10]

鉴定卡上的反应项			反应结果	
序号	代号	项目名称	阴性	阳性
01	ONPG	β - 半乳糖苷酶	无色	黄
02	ADH	精氨酸水解	黄绿	红，橘红
03	LDC	赖氨酸脱羧	黄绿	红，橘红
04	ODC	鸟氨酸脱羧	黄绿	红，橘红
05	CIT	枸橼酸盐利用	黄绿	绿蓝
06	H_2S	产 H_2S	无色	黑色沉淀
07	URE	尿素酶	黄	红紫
08	TDA	色氨酸脱氨酶	黄	红紫
09	IND	吲哚形成	黄绿	红
10	VP	V.P. 试验	无色	红
11	GEL	蛋白酶	黑粒	黑色沉淀
12	GLU	葡萄糖产酸	蓝	黄绿
13	MAN	甘露醇产酸	蓝	黄绿
14	INO	肌醇产酸	蓝	黄绿
15	SOR	山梨醇产酸	蓝	黄绿
16	RHA	鼠李糖产酸	蓝	黄绿

续表

鉴定卡上的反应项			反应结果	
序号	代号	项目名称	阴性	阳性
17	SAC	蔗糖产酸	蓝	黄绿
18	MEL	蜜二糖产酸	蓝	黄绿
19	AMY	淀粉产酸	蓝	黄绿
20	ARA	阿拉伯糖产酸	蓝	黄绿

（2）“Enterotube”系统（肠管体系）

该体系用一根有 8~12 个隔离小室的划艇形塑胶管构成，面上有塑膜包裹，可防杂菌侵入。每一个小室中灌有能鉴定各种生物反应的固定栽培基（摆成斜面状），各个小室间都有一孔，有一根注射用金属丝纵贯其间，注射丝的两端伸出在塑胶管外，采用前有塑胶帽遮盖着注射丝。采用时，先把两端塑胶帽旋下，用一端的注射丝蘸取待检纯菌落或菌苔，紧接着在另一端拉出注射丝，而后再恢复原状，以使各个小室的栽培基都接上菌种。恒温培育后，按与 API 系列同样的程序登记、编号，并确认菌株。由 Roche（罗氏）有限公司制造的 Enterotube 系列的基本结构，见图 5-2。

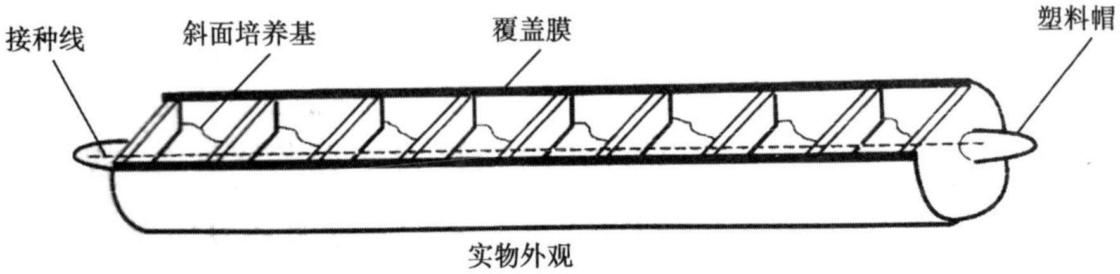

图 5-2 “Enterotube”细菌鉴定管示意

（3）“Biolog”全自动和手动细菌鉴定系统

“Biolog”生物鉴别体系中的重要部分是一个有 96 孔的细菌培养板，1 孔作清水对照，在其余 95 孔内分别加有不同碳源的培养基干粉和氧化还原指示剂。鉴别前，首先将待测菌种制备成适当含量的细胞悬液，然后将其吸入在一个装有 8 个头的接种器中，接种器按 12 下即可进行 96 孔的细菌液接种试验。在 37 ℃下培育 4~24 h 后，再将此培养基板放入检察室用分光光度计测定，然后利用计算机的统计就可以确定该样品的菌种类型。

（4）微生物快速检测

近年来，用于微生物研究的快速检测仪器，发展十分迅速且品种繁多，应用比较普遍的设备如表 5-4 所示。

表 5-4　几种微生物快速测量仪

名称	测量的原理	主要用途
阻抗测定仪（impedance）	细菌在新陈代谢中培养基的惰性底物细胞代谢成导电物质，表面的导电强度增加	电阻抗系数下降细菌的快速识别，以及细菌的迅速计数能力等
放射测量仪（radiomet）	细菌的增殖过程中可通过培养基中加带有 ^{14}C 标记的底物代谢生成 $^{14}CO_2$，测定 $^{14}CO_2$ 的浓度，确定微生物的状况	通过快速测定仪判断细菌的生长状态，细菌代谢的分析及细菌鉴定
微量热计（microcalorimeter）	在细菌生命活动过程中都能发生代谢热量，利用各种类型的细菌或底物发生可复制的表征性热量指纹图	对细菌的迅速鉴别培养基中合适成分的评价
生物发光测量仪（bioluminescence）	在特定条件下荧光素酶和还原荧光素，与细菌体内的 ATP 相互作用，将会形成光，可用于微生物量的快速检测	环境污染生物量的药敏性检测，微生物数量的快速测定
药敏自动测定仪（pharmaceutical sensitivity）	细菌悬液的含菌量和辐射光形成的光辐射值成正比关系	可用作细菌群体检测药品灵敏度的特征指标抗菌药灵敏度的实时检测，细菌的快速识别
自动微生物检测仪（au-to microbic system，简称 AMS）	通过光电扫描装置检测细胞生理生化方面的指标，以及药敏状态基于数码分类识别技术的基本原理，可以全自动记录和打印出分析的数据信息	同时全自动对微生物或单独展开诊断、计量和药敏试验，还可用于未分离微生物的诊断

专业的仪器设备使用了许多现代领先科学技术，大部分配备了电脑加工处理技术，做到了高速、精确、灵敏、智能化测量，检测结果可在几小时或几分钟乃至几秒钟内得出；精度也能做到常规方法的 95% 以上；灵敏度最大可达微微克，约等于单个细胞或其产品的水平；而自动化则可以达半自动，甚至全自动的水平。

5.1.4　分类检索（classified retrieval）系统

一、微生物分类系统理论

随着人们对微生物学认知的逐渐深入，对生物的划分也经过了最初简单朴素地从动物、植物二界到三界、四界、五界甚至六界的过程，并且当前还产生了一种全新的三域理论。现选取一些影响较大、人们普遍认可的系统作简单说明。

1. **五界系统**

1969 年 R. H. Whittaker（惠特克）建立了生物五界划分体系（图 5-3）；即原核生物界（Monera，包含细菌、放线菌、蓝细菌）、菌类界（Fungi，包含酵母菌、指菌）、原生物学界（Protista，包含原生动物、微型海藻、站菌等）、植物界（Plantae）和动物界（Animalia）。目前该体系已得到了普遍认可，并被广泛应用。

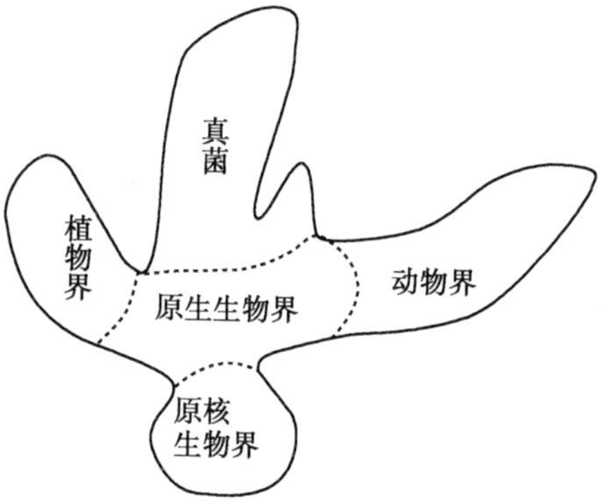

图 5-3　R.H.Whittaker 的五界系统

2. **六界系统**

Jahn[11]（扬）1949 年提出生命的六界系统，包括病毒界、原核生物界、真菌界、真核原生界、植物界和动物界（图 5-4）。我国科学家王大耜（1977 年）也曾给出过类似的六界系统。1996 年，加拿大的 P.H.Raven（雷文）等则发表了包括古细菌界、真细菌界、真菌界、原生生物界、植物界和动物界的研究结论，虽然同为六界体系，但其实质上存在着巨大的区别。这一体系通过 DNA 杂交和现代生物工程技术的研究结果，终于找到了古细菌与真细胞之间的根本区别，把一直处于原核生物学范畴内的古细菌世界重新划分开来。

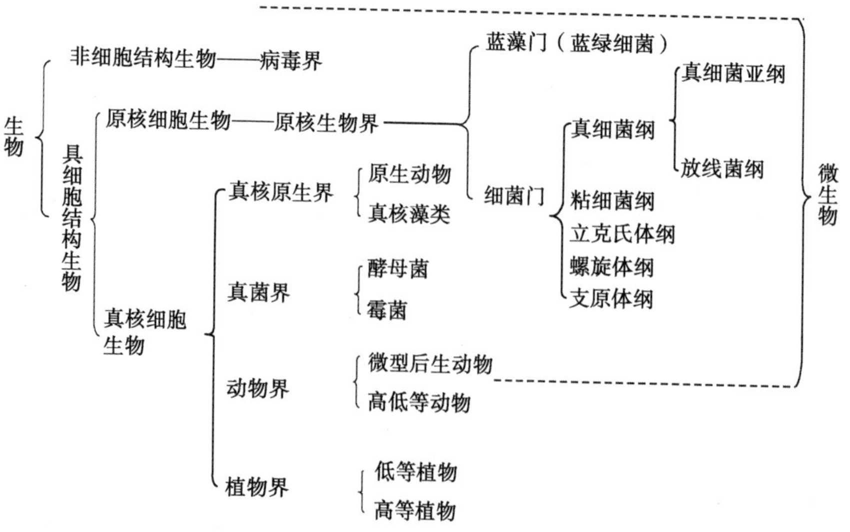

图 5-4　Jahn 六界系统

3. 三域学说

20 世纪 70 年代末，美国 C.R.Woese（沃斯）等人对大部分细菌和其他有机体开展了 16SrRNA 和 18SrRNA 寡核苷酸的测序，并对比了其相似程度，从而产生了一种新体系，简称为三域学说（three domains theory）。域（kingdom）是一个比界更高级的分类单位，过去曾称原界（urkingdom）。三域是指细菌域（bacteria，也曾指真细菌 eubacteria）；古生菌域（archaea，曾称古细菌域 archaebacteria），简称古菌；真核生物域（eukarya）。该理论把各种原核生命都分为有明确差异的两个领域，而其他各种真核生命（包含菌类界、原生生物界、植被界、动物界）共同组成真核生命域（见表 5-5）。

表 5-5　细菌、古生菌与真核生物特性比较 [12]

比较项目	细菌	古生菌	真核生物
核膜	无	无	有
细胞壁中的胞壁酸	有	无	无
膜脂结构	由酯键连接	由醚键连接	—
核糖体	70S	70S	80S
起始子 tRNA	甲酰甲硫氨酸	甲硫氨酸	—
操纵子	有	有	—
mRNA 的帽化和聚 A 尾	无	无	—
二羟尿嘧啶	一般有	无（仅一个例外）	—
质粒	有	有	—
核糖体对白喉毒素	不敏感	敏感	敏感
RNA 聚合酶	一种（含 4 亚基）	几种（每种含 8~12 重基）	3 种（每种含 12~14 亚基）
对氯霉素、链霉素、卡那霉素	敏感	不敏感	不敏感
对茴香霉素	不敏感	敏感	敏感
对多烯类抗生素	不敏感（支原体例外）	不敏感	敏感
产甲烷	不能	能	不能
S 还原成 H_2S	能	能	不能
生物固氮	能	能	不能
叶绿素光合作用	有	无	有

三域学说提出，现今所有生命都是由一个共同的远祖发展而成，起初是一个细胞，先分解为细菌和古生菌这两种原核生命，后来又出现了古生菌分支中的细菌，并分别吞噬了 a 朊细菌和蓝细菌，再出现了内共生（endosymbiosis），并发展出了线粒体和叶绿体，因此，宿主生物最终进化出了各种真核生物。[13]

在生物三域学说中，古生菌域是重新形成的大类群，被称为第三生物。近年来，由于它在古生菌进化研究、分子生物学等领域的地位，被科学界所重视。

经过对五十多个微生物基因组系列的研究与分析，一些科学家已对 C.R.Woese 的观点提出了一些疑问，主要提出 16SrRNA 或 18SrRNA 的分子发展很难保证全部基因体的分子发展；现存的不少真核生命的全基因组结构和在其中表达的活性基因都更接近于微生物而不是类似于古生菌类，包括酿酒酵母以及多种高级动、植物。所以，伴随各类生命全基因组序列的发表，三域学说也将面临不少新的问题。

二、微生物分类检索系统

1. 原核细菌的划分体系——伯杰（Bergey）氏原核生物分类系统

在整个 20 世纪中，能够完整总结原核生命划分体系的权威性书籍相当少见，以全美细菌学家联合会属下的《伯杰氏鉴微生物学手册》（*Bergey's Manual of Determinative Bacteriology*）作用较大。1923 年出版第 1 版，其作者是美籍专家 D.Bergey 等人。在此后，又由其他研究者继续修改，1957 年的第 7 版与 1974 年的第 8 版才开始被普遍采用，至 1994 年已出至第 9 版。此外，由于（G+C）mol% 测定方法、核酸杂交和 16SrRNA 寡核苷酸顺序测定方法等技术和新技术指标的引进，使原核生物分类方法从以表型、实用性鉴别技术指标为首的旧体制（7 版之前）向确定遗传型的系统进化论划分方法新体制逐步发展，于是，从 20 世纪 80 时代初起，联合会组织了全球 20 余国的 300 多位专家学者，共同编制了 4 卷本的新手册，书名改为《伯杰氏统细菌学手册》（*Bergey's Manual of Systematic Bacteriology*，简称《系统手册》），并在 1984 年至 1989 年间分为 4 册先后问世。此书为目前国际市场上较为普遍的应用版本。[14]《系统手册》的第 2 版，自 2000 年开始分为 5 册先后出版，各修订版的最新分类结构介绍如表 5-6、表 5-7 所示。

表 5-6 古生菌界的分类简表

门	纲
Ⅰ. 泉古生菌门（Crenarchaeota）	Ⅰ. 热变形菌纲（Thermoprotei）
	Ⅱ. 硫化叶菌纲（Sulfolobi）
Ⅱ. 广古生菌门（Euryarchaeota）	Ⅰ. 甲烷杆菌纲（Methanobacteria）
	Ⅱ. 甲烷球菌纲（Methanococci）
	I. 盐杆菌纲（Halobacteria）
	Ⅰ. 热原体纲（Thermoplasma）
	I. 热球菌纲（Thermococci）
	Ⅱ. 甲烷嗜热菌纲（Methanopyri）

表 5-7 细菌界的分类简表

门	纲
Ⅰ. 产液菌门（Aquificae）	I. 产液菌纲（Aquificae）
	Ⅱ. 热袍菌纲（Thermotogae）
	Ⅲ. 热脱硫杆菌（Thermodesulfobactertia）
Ⅱ. 异细菌门（Xenobacteria）	I. 异常球菌纲（Deinococci）
	Ⅱ. 栖热菌纲（Thermi）
Ⅲ. 产金色菌门（Chrysiogenetes）	I. 产金色菌纲（Chrysiogenetes）
Ⅳ. 热微菌门（Thermomicrobia）	I. 绿屈挠菌纲（Chloroflexi）
	Ⅱ. 热微菌纲（Thermomicrobia）
Ⅴ. 蓝细菌门（Cyanobacteria）	I. 原绿蓝细菌纲（Prochlorophyta）
Ⅵ. 绿菌门（Chlorobia）	I. 绿菌纲（Chlorobia）
Ⅶ. 朊细菌门（Proteobacteria）	I. 红螺菌纲（Rhodospirilli）
	Ⅱ. 奈瑟球菌纲（Neisseriae）
	Ⅲ. 发酵细菌纲（Zymobacteria）
	Ⅳ. 土细菌纲（Predibacteria）
	Ⅴ. 弯曲杆菌纲（Campylobacters）

续表

门	纲
Ⅷ. 厚壁菌门（Firmicutes）	Ⅰ. 梭菌纲（Clostridia）
	Ⅱ. 柔膜菌纲（Mollicutes）
	Ⅲ. 芽孢杆菌纲（Bacilli）
	Ⅳ. 放线细菌纲（Actinobacteria）
Ⅸ. 缺壁型门（Wall-less Forms）	Ⅰ. 浮霉菌纲（Planctomycetacia）
Ⅹ. 螺旋体门（Spirochaetes）	Ⅰ. 螺旋体纲（Spirochaetes）
Ⅺ. 丝状杆菌门（Fibrobacters）	Ⅰ. 丝状杆菌纲（Fibrobacters）
Ⅻ. 拟杆菌门（Bacteroides）	Ⅰ. 拟杆菌纲（Bacteroides）
XIII. 黄杆菌门（Flavobacteria）	Ⅰ. 黄杆菌纲（Flavobacteria）
XIV. 鞘氨醇杆菌门（Sphingobacteria）	Ⅰ. 鞘氨醇杆菌纲（Sphingobacteria）
XV. 梭杆菌门（Fusobacteria）	Ⅰ. 梭杆菌纲（Fusobacteria）
XVI. 疣微菌门（Verrucomicrobia）	Ⅰ. 疣微菌纲（Verrucomicrobiae）

2. 真菌的生物分类系统——Ainsworth（安斯沃思）等人的真菌物分类系统

我国一直采用真菌表示真核微生物当中的霉菌和酵母等简单生物，自 20 世纪 90 年代初起，提出了以菌物代替真菌的主张。目前世界上存在的真菌物大约有 150 余万种之多，但目前已记录的数量仅 7×10^4~9×10^4 种。现在，全世界每年仍以 1 500 个以上新物种的速率递增中。Micheli（米凯利）（1729 年）第一次为它们做出了划分，至今，最有意义的真菌物种类系统已经有 10 多个（表 5-8）。目前得到学界比较普遍应用的是 1983 年 Ainsworth 第 7 版的分类系统（图 5-5），它把真菌界分成黏菌门和真菌门，后者又分成 5 个亚门。[15]

必须指出的是，即便是同样的 Ainsworth 系列，它的每一种版本都是各有不同的，尤其是发布的第 8 版《安贝氏菌物词典》中，又把真菌纳入真核生物域的三个界中（图 5-6），其余的内容变化也很大，即第 8 版（1995 年）。

表 5-8　真菌中主要类群及代表种类

真菌门	鞭毛菌	接合菌	子囊菌	担子菌	半知菌
代表种类	腐霉	毛霉、根霉	酵母、赤霉、脉孢霉	伞菌、黑粉菌	曲霉、青霉、木霉

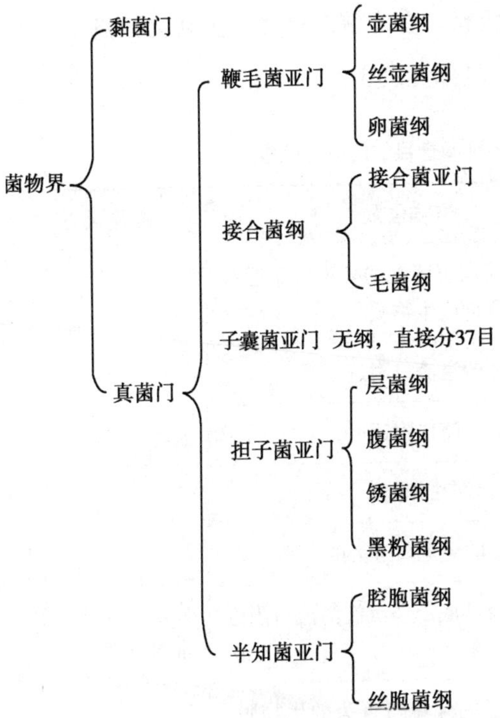

图 5-5 菌物界系统

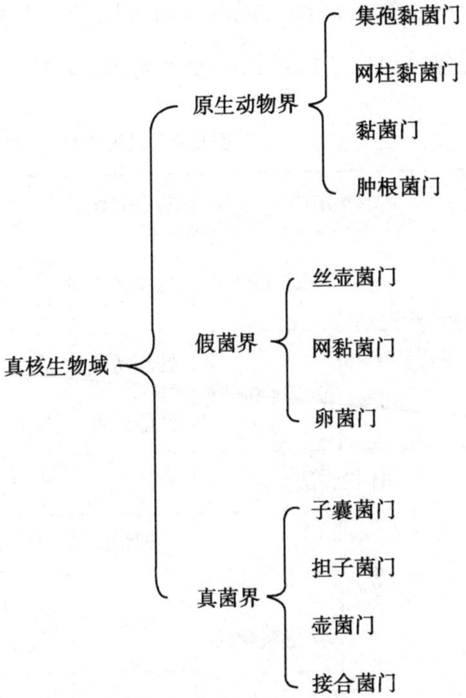

图 5-6 真核生物域系统

5.2 微生物镜检基本知识

由于常规活性污泥方法中大部分细菌体现微小且透明，在显微镜下观察有诸多不便，但是活性污泥中的原后生动物多以单体生存，并且以游离细菌作为捕食对象，当常规活性污泥方法控制参数及条件改变后，显微镜下观察原后生动物的类型、数量、丰度的改变可以用来反映活性污泥特征。

5.2.1 镜检步骤

一、取样

镜检结果受到标本收集过程的干扰较为严重。因此，为了防止类似情况的出现，遵循合理的取样途径，确定取样位置就变得更为重要。传统活性污泥一般都是取自曝气池末端的混合物，此部分活性污泥混合物无论从安全性、絮凝度、群体数量或者原生的生物代表性而言，均是比较好的。在传统活性污泥中，一般非活性污泥原生动物在曝气池进水端最为常见，而活性污泥原生动物主要出现在活性污泥运行中段，此部位所收集的活性污泥混合液可以进行生物相镜检。在末端的最终原生动物数量是否占优势，决定了活性污泥原生动物的功能性状，具体见表 5-9。

表 5-9　代表性处理方式和各种调查目的的取样位置

处理方式		调查目的	取样位置	样品状态
活性污泥法（悬浮法）	完全混合型	总体调查	总体的水流向沉降池的外溢口靠近所提取的混合物或生物膜	装入大约 500 mL 塑胶桶体积的四分之一左右，在常温下运送
	多级推流型	处理状况	流向沉淀池的溢流口附近	
		性能调查	各池末端的溢流口附近	
体投料法		与活性污泥法相同		
生物膜法	接触氧化法	处理状况	流向沉淀池的溢流口近旁的生物	
		短路	进水口旁及其底部、沉淀溢流口附近 3 处的生物膜	
		供氧状况	流向沉淀池的溢流口近旁的生物膜，回流水	
	生物膜法	处理状况	最后一块盘片的生物膜	
		供氧状况	第 1 级生物膜和按等级数选择的盘片生物膜	

取样注意事项：

①所取水样，泥水充分混匀；

②生物相研究所用试剂不得和其他试剂混用；

③取样器要清洗干净，样品绝不可放入冷藏、冷冻箱内，应该常温下操作并尽早观察。

二、观察方法

样品先搅拌均匀，用胶头滴管从玻璃容器下部取出 0.05 mL 水滴在载玻片上，再盖上盖玻片（18 mm × 24 mm），制成活性污泥标本，置于显微镜载物台。首先在低倍镜（从目镜 10 倍 × 物镜 10 倍开始）下观察总体状况，掌握絮体大致状态、观察到的原生动物和微型后生动物是属于哪个类群。其次观察絮体大小、形状的均匀性、密实性，丝状菌和菌胶团比例状况。如果絮体形状均匀，则反映曝气池的搅拌和曝气较为均衡。如果絮体的大小形状分散，则反映污泥停留时间过长，曝气池搅拌及曝气状态不均衡等问题。

换至高倍镜观察，观察污泥絮体与絮体之间的水中有无悬浮物和游离细菌。絮体之间的水中悬浮物多，出水中的悬浮物（SS）量也会增多。要掌握生物相中体形最大的生物种类，最大生物的时代时间可以判断曝气池污泥停留时间。100 倍观察不清楚的细微部位，必须放大 400 倍以上观察。特别是生物的口、鞭毛数量、生长方式，纤毛虫类的纤毛生长方式及丝状细菌的识别等要放大到 400 倍以上观察。

三、生物量的计测方法

利用计测原生动物和微型后生动物的个体数量，就能够确定曝气池的生命状态所属于的组（群）。计测每类生命须用指定方法，通常通过测量每个组（群）的生命数量，就能初步估计生态状况。微生物含量计测是计算放大 100 倍下一个视野内各个群体的生物数量。在不同的视野范围观察 50 个以上（注意相同的视野不要重复），全境范围观察以后，将各个群的生物数进行汇集，调查生物数多的种群。各个族群的生物个体数可用式（5-1）计算：

$$\text{各生物个数（个/mL）} = \frac{\sum_{i=1}^{n} a_i \times \frac{1}{0.05}}{n} \times \frac{18 \times 24}{S} \tag{5-1}$$

式中，a_i——1 个视野观察到的各生物数，个；

n——观察的视野数；

S——显微镜一个视野的面积，mm^2。

生物量的判断标准列于表 5-10。

表 5-10　判定标准

等级	生物个体数 /（个 /mL）	无法数清的生物
+	300 以下	极少
++	300~500	少
+++	500~2 500	中等
++++	2 500~10 000	多
+++++	10 000 以上	很多

5.2.2　注意事项

所取的活性污泥混合物在检测之前，要通过不停地缓慢摇动来防止产生絮凝物沉降。传统的活性污泥法在产生絮凝沉淀后，如果溶液继续被搅匀，其随之产生的絮凝效果将会有所下降，上清液的细小絮体悬浮液数量也会增加，对观测会产生相应的误导作用（如观测到的活性污泥组织疏松、细小、不紧密、色泽偏淡等）。

一般收集活性污泥混合物时，在载玻片上使用的器具为胶头滴管。胶头滴管在伸入被收集的活性污泥混合物中之前，活性污泥必须加以充分搅动，使其悬浮在混合物中，并且将胶头滴管伸入混合物中的深度也要限制，一般在混合物的中间为宜。当采集后，再把活性污泥混合物移到载玻片前，可把胶头滴管内的混合物挤掉几滴，然后再滴在载玻片上。

用滴管取一滴混合液，滴于载玻片中心位置处，如果滴取量过多，可在盖上盖玻片后将溢出的液体擦拭掉，否则，盖玻片容易在载玻片上移动。

高温状态下载玻片上的水样本身重量较小，易发生膨胀，含有的微小泡沫容易析出来干扰检测效果，所以要避免在高温环境下进行镜检实验。

避免阳光直射，可有效地避免被检样品中的气泡析出膨胀的发生，更可防止存在的气泡因为阳光直射引起反光、折射等现象而影响观察效果。同时也能避免对眼睛的伤害。

为了观测的安全性和本身的稳定性，显微镜安装的地方都必须保持高度安全，避免振动。

显微镜在没有自带补偿灯光的情况下，假设环境光照不足 300 Lux（勒克斯），观察时显微镜就会比较昏暗，因此要求显微镜自带补偿灯光来满足观察照明度的要求。

由于周围的光源为彩色光线，所以在显微镜下观测到的视野颜色一般都是彩色的，但对研究活性污泥性质有一定干扰影响。

5.2.3 原后生动物介绍

一、原生动物

一般是单细菌，缺乏细菌壁，仅有分离的细菌器。一般来说，在水体中最常用的动物包括鞭毛纲、肉足纲和纤毛纲（原吸管纲并入）三大部分。

1. 鞭毛纲

肉足纲动物有一条或多个鞭毛，因此通常通称为鞭毛虫。包括滴虫、波豆虫、侧跳虫、内管虫和眼虫等。

2. 肉足纲

肉足纲由于其机体内仅有细胞质所形成的一层膜，体形较小，多无固定形态。包括变形虫和太阳虫等。

3. 纤毛纲

虫体上的纤毛是活动和取食的细胞器。包含游动型与固着型纤虫。常见的有喇叭虫、斜管虫、肾形虫、草履虫、漫游虫、豆形虫、楯纤虫、扭头虫、钟虫、累枝虫、独缩虫、盖纤虫和聚缩虫等。

二、后生动物

后生动物是多细胞动物，对于微型后生动物必须通过显微镜进行观测。水处理中最为常见的有轮虫、线虫、寡毛类动物和浮游甲壳动物。

三、生物相变迁

通常传统的活性污泥法培养初期以游泳型鞭毛虫类为主，可称为鞭毛虫时期，但随着微型动物逐渐适应了水体，大批的根足虫形成，这时又可称为根足虫＋鞭毛虫类阶段，根足虫可逐渐将水体的有机质分解成单一的无机物，同时它们的数量相应下降，而污水也将逐渐净化变清。丰富的有机质，加上适应环境的微生物，此时原生动物的生长速率远大于死亡速率，原生动物数量也继续增加，因此活性污泥在培养中期，水体有机物减少以纤毛虫为主，称为纤毛虫类期，随着水体有机物的减少，代谢废弃物的积累，生存环境逐渐恶化，鞭毛虫类逐渐产生，这个时期可以称为鞭毛虫类＋纤毛虫时期，随着水体中有机质的进一步减少，原生动物的生长速率逐渐下降，当生长速率等于死亡速率时，原生动物达至最大数量，随着微生物的生长速率小于死亡速率时，原生动物数量开始下降进入根足虫类＋纤毛虫类期。

四、常见原后生动物

在活性污泥系统中，人们按照对活性污泥法是否有益，把原生动物分成了非活性污泥类原生动物（表 5-11）、中间性活性污泥类原生动物（表 5-12）和活性污泥类原生动物（表 5-13）。

表 5-11　非活性污泥类原生动物

名称	形态	形态特点	指示意义
变形虫	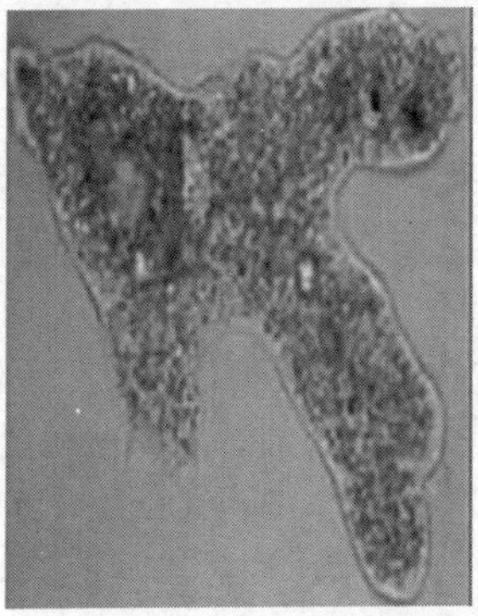	虫体没有固定的形态，时常变化，故名变形虫，伪足和收缩泡放大 800 倍可见，主要特点是体形较大且可任意形变，观察的透明度也较好。活动速度十分迟缓，常深入菌胶团捕食	食性很广泛，单细胞类、微生物、小型原生动物、菌类、有机碎屑等，都是它的主食

续表

名称	形态	形态特点	指示意义
草履虫	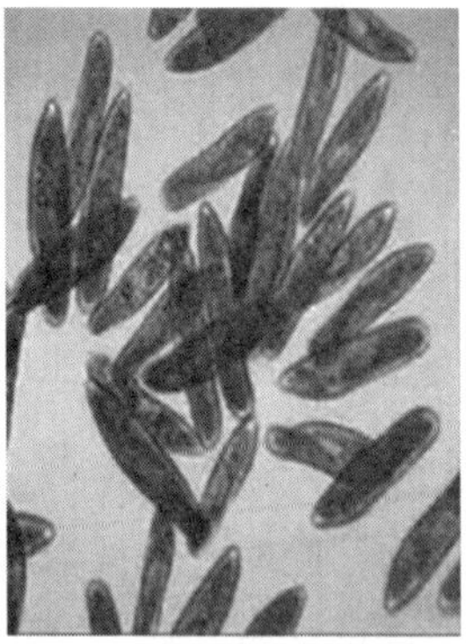	虫体型很大，呈圆柱形，身体后半段中间段最宽大，前半部腹板上有一个凹陷的细胞口沟，在中沟下部有一个细胞口呈椭圆形。整个身体均匀地布满了纤毛。表膜以下的外质较为通透，上面内质则布满了小颗粒状物质，食物泡也相对比较多，伸缩泡 2 个	以细菌为食，喜欢生活在中污性和多污性。大量发生在接近测不出 DO 含量的环境中，在活性污泥中每当净化程度不好的时候就会较多发生
喇叭虫	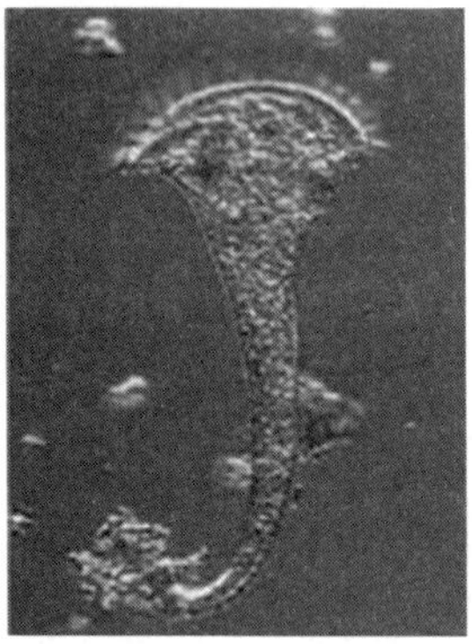	虫体为喇叭状（少数圆筒形），体表充满大量纤毛细胞，体前部的膜口缘区长着按顺时针排列的多个小层结构物。大多数喇叭虫都利用小膜的运动，捕食细菌、藻类、原生动物等	属于原生动物中的游泳类纤毛虫，在传统活性污泥法的中期阶段或处理效果不好时会出现
太阳虫	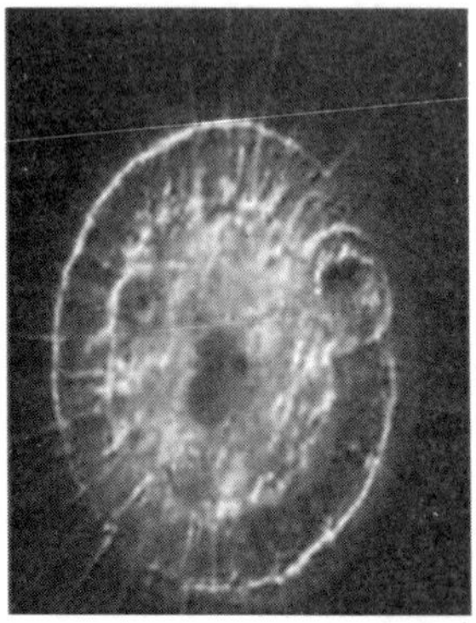	虫体形为球状，并有很多尖针状的伪足，放射状地排列于虫体四周，用以抓取东西。太阳虫的许多种都分布于淡水水体	属于原生动物中的肉足虫属，且通常生活在污泥的中后期阶段
跳侧虫	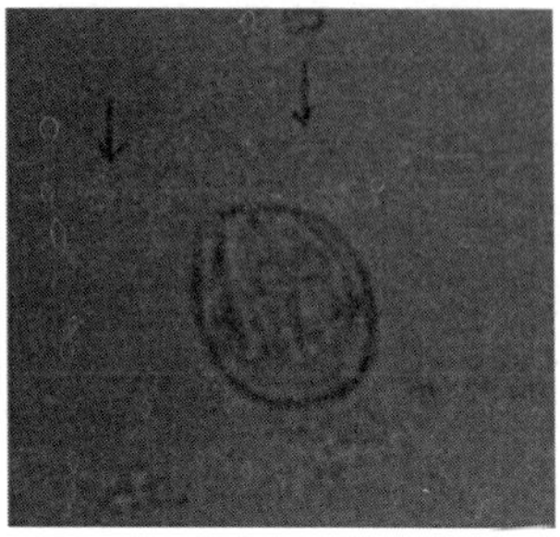	虫体小，一般呈肾形，身体两端较为浑圆，有两根鞭毛，短一点的鞭毛无休止地摇摆着，对 DO 不够特别灵敏，在显微镜下观察时会快速地转动	以游离细菌为主要食料，特别适宜于中污性和多污性的水体。它的大量产生原因往往是高污水负荷，污泥解体，菌胶团的分解，处理后水体透明度下降，COD、BOD 指数增高

续表

名称	形态	形态特点	指示意义
侧滴虫	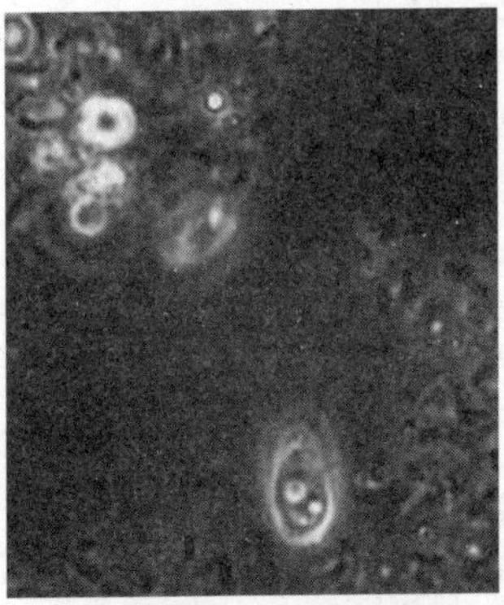	虫体长 6~10 μm，虫体为蚕豆形状，从凹陷处会长出两条鞭毛，鞭毛生长为正常虫体的 2~3 倍，一根往前延伸，另一根向后延伸。它的特点是最后端的一根鞭毛固着在絮体上而成为支点，用虫体的另一根鞭毛做跳动	常发生在由于 DO 不足、活性污泥的解体等因素，导致在絮体周围自氧化降解后形成的游离细菌过多的情况。通常是由于活性污泥的一部分也是自氧化，所以如果处理的环境较好，有时也会观测到侧滴虫
波豆虫	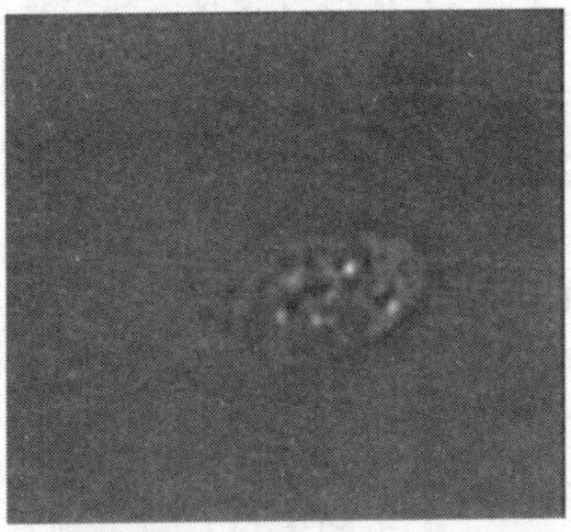	虫体较小，为长椭圆形，前端有一少许扭转的突出尖角，后端为浑圆。由两根鞭毛发源的前端向胞口处突出。鞭毛是活动器官，因而活力很强	一般以细胞为食料，属于中污性与高污性物质的一种。经常出现于 BOD 负荷较高且 DO 少的地方，但若量不占优势则处理时水浑浊，多半在 BOD 为 30 mg/L 以上
肾形虫	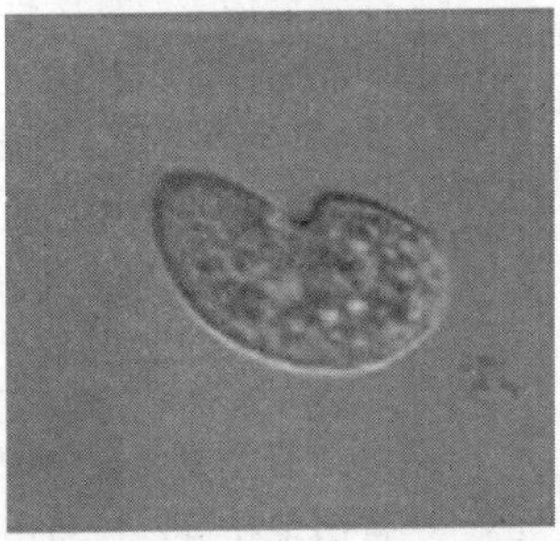	虫体呈肾形，前右缘都是半圆形且均匀曲折，但后端特别圆，在饥饿时后尾特别细，口处在体中央偏前的左缘中央，口前庭成了一个较浅的洼窝；在口全身纤毛细胞大小一致，但散布量较稀，在体内也有分散的食物泡	食物的来源中以细菌居多，喜好吃大肠杆菌、锯杆菌。最常发生在 BOD 负荷在 0.7 kg 以下的高负荷条件下，在系统正常运行状况下较为少见
表壳虫	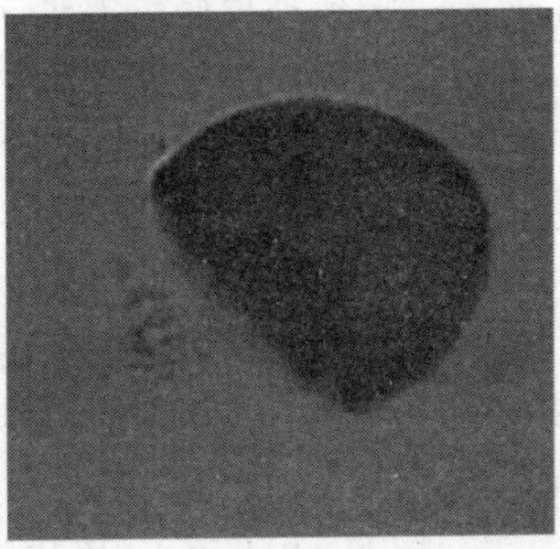	虫壳的背腹面均呈圆形，而似表盖；从侧边观察小腹较平坦，整座壳体均为半圆状；壳的宽度仅占其长度的二分之一，外壳颜色一般为棕色（也有黄色的），但偶尔也有无色或透亮的外壳，有指状伪足，由壳口延伸，数量不能多于 5 个或 6 个；其内质包括了许多的食泡和储藏粒	以鞭毛虫和藻类为最主要食物。寡污的水体环境是其生长最适合的环境，常常大规模地发生在活性污泥低 BOD 负荷，污泥停留时间过长的状况下，这也是有硝化反应发生的标志

续表

名称	形态	形态特点	指示意义
尾丝虫	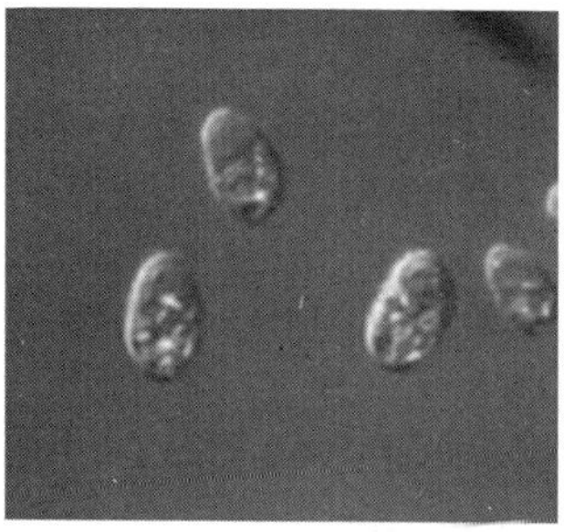	身体成细长的椭圆形，长与宽比大约为 2∶1，且通常前半部比后半部狭；前部较平窄而有少许沉陷，为身体的最狭处，后尾宽而较浑圆。外质表膜上带有纵长的横纹，为全身最大纤毛细胞行列，在尾端有一条很长的尾毛	以细菌为主要食物源，有很大的生态耐性，在自然界中属中污性类型；在传统的活性污泥法中，经常出现在 DO 低和高负荷的状况下，而一般处理污水时 BOD 值也较高
膜袋虫	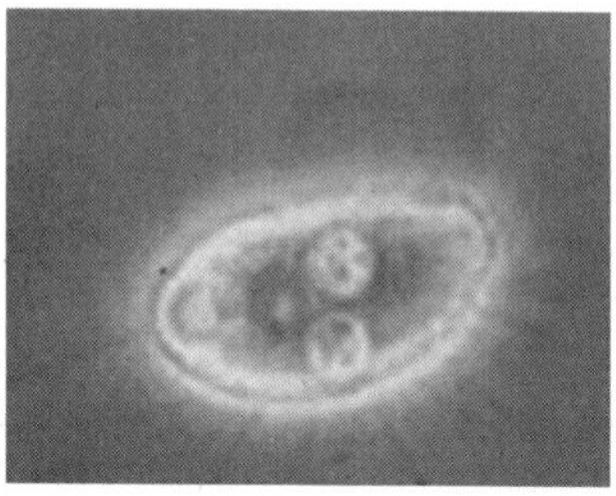	虫体长 25~30 μm，虫体为长椭圆形，在扁平的头顶部无长毛，但在虫体附近有稍长的短纤毛。和尾丝虫有所不同，在口围处有超过体长二分之一的显著的波动膜，在捕食后扩大为长纤毛。行为模式上与尾丝虫有所不同，膜袋虫的特点是在静止、跳跃反复交替	负荷较高时，易于观测到。虽然出现的条件也和尾丝虫相同，但发生概率却远较尾丝虫高
豆形虫	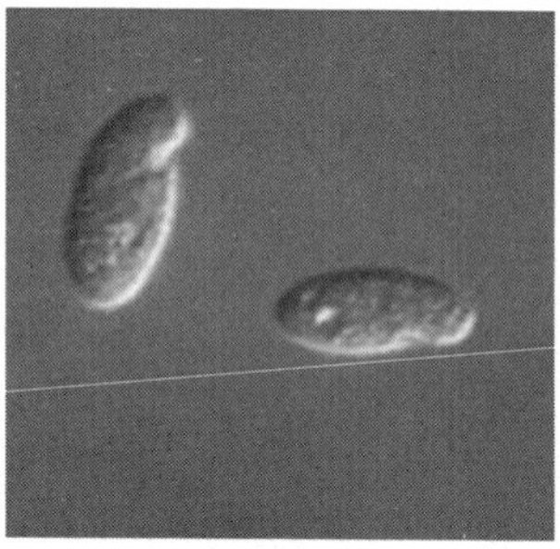	豆形虫体呈细长卵圆形或近似长方形的豆形，后半段通常较前部更宽，前端的腹盘扭转并在腹面前部三分之一处略有一塌陷，而后端则浑圆；散布于周身的纤毛较为密而平均；内质部较为通透	以细菌为主食，并且兼食微小鞭毛虫；常出现在高污性水域中，而寡污性土壤的水域中则少有出现；在传统活性污泥法中，通常在高 BOD 负荷和低 DO 的状态下存在，与此同时还可以观测到波豆虫、滴虫等
扭头虫	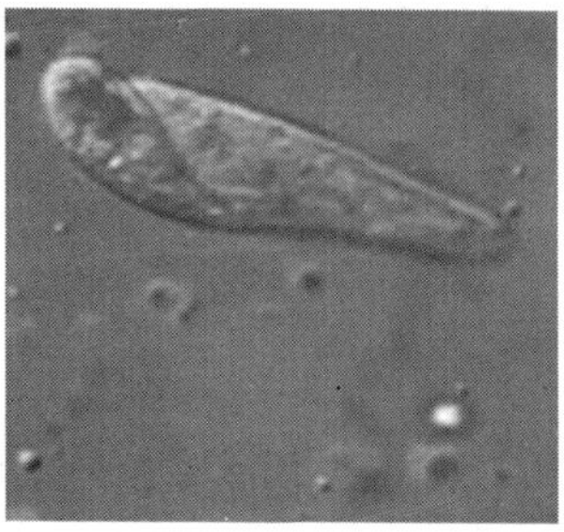	虫体呈纺锤状，中间腹面较隆起，口缘自身体前部后方展开，以对角线方向向腹面翻转；周身的纤毛细胞数量稀少，顺序宽且明确，通常只有 1 个伸缩泡位于末端	以细菌为主要食物源，经常出现在可以检验出微量溶解氧的活性污泥，而对于活性污泥系统而言，如有扭头虫数量优势的状况下则处理过程后水体也大都污浊，BOD 较高
丝状菌	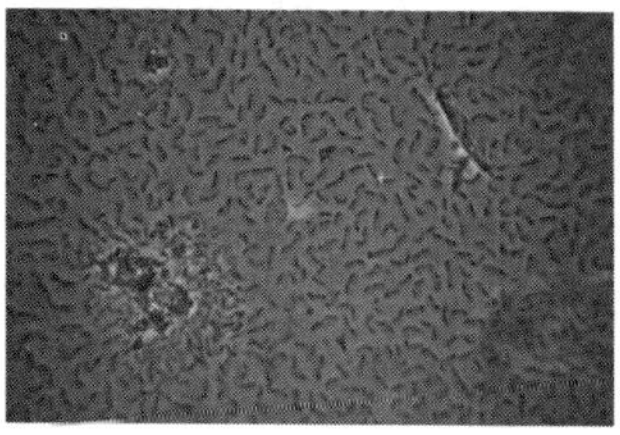	常以细丝形式存在，故将这一类型的细菌分类为丝状菌，但穿插在菌胶团之中	大量繁殖的可能理由：曝气池 DO 含量低，有机负荷低，不适当的养分物（N、P 不够），硫化物高，低 pH

表 5-12　中间性活性污泥类原生动物

名称	形态	形态特点	指示意义
漫游虫	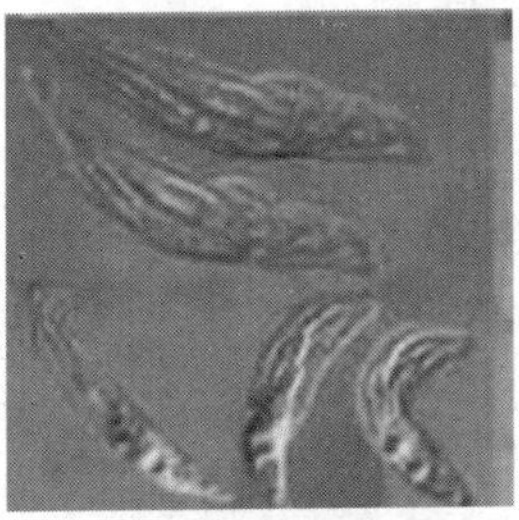	虫体细长的片状结构，如柳叶刀形，最宽部在体中央，并由中间往前后两端瘦削；颈部非常长，在长度的三分之一到二分之一左右前部向着腹面弯转，胞口在颈部的腹面，纤手部位于躯体单侧，其内质非常透明	是一类食肉性的小纤毛虫，以鞭毛虫和其他小型纤毛虫为食；在自然界中最适合在中污性或多污性水体环境，在活性污泥中经常出现在活性污泥系统的修复阶段
卑怯管叶虫	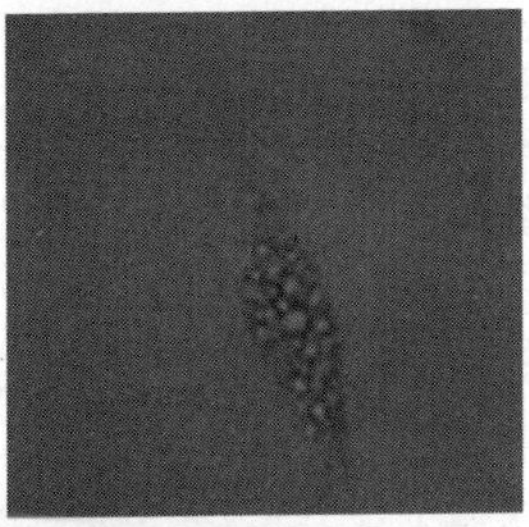	虫体纵长，长度约为宽度的四倍，为矛头形或形似针叶片，全身高度较平坦，柔软而易变，常做滑翔型的运动；全身三分之一的前端明显而细削，构成了一个颈部。末端少许为瘦削的钝圆；纤毛遍布于全体，内质含很多储藏颗粒体	以细菌为主要食物，也掠食较小的原生动物；其在传统活性污泥法中所发生的环境状况也相当普遍，大多发生于传统活性污泥的非最佳状况时期，是诊断活性污泥由差向好或是转向恶化趋势的最主要依据
裂口虫	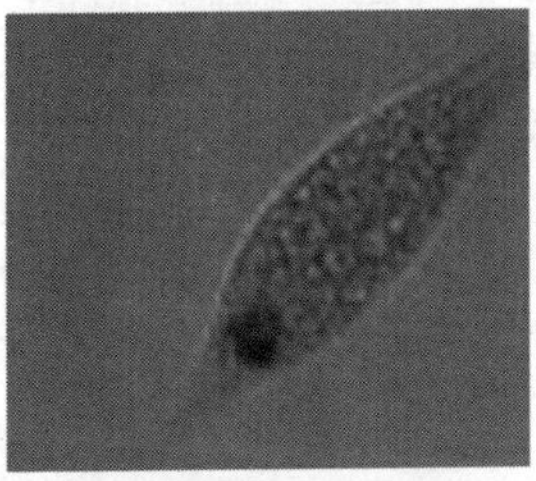	虫体侧扁成烧瓶形，先端有一微向侧弯的细长颈，胞口在颈的腹缘，呈裂隙状；身上纤毛散布匀称，沿裂隙形的胞口部有较细长的纤毛；身体较清澈，体内伸缩泡分布不规律	固着类纤毛虫作为主要食源的食肉性原生动物；也经常出现在水体 BOD 值比较低的时候，是判别水体是否良好的重要指标生物。也会消耗对水体有澄清促进作用的固着类纤毛虫
斜管虫	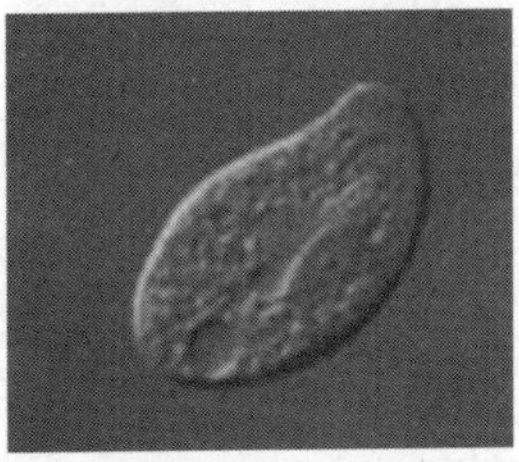	虫体较透明，为不规则卵形，后半段较前半部要宽大；后部会有突出，少许向左扭曲成一条不十分明显的尖角；胞口圆形，在腹板的最前部，取食时胞口有少许伸到体外；舒卷泡很大，不规则地散布于虫体附近	以藻类和细菌为食，对环境适应能力很强，一般发生于传统的活性污泥法中由恶化到逐渐康复阶段
沟内管虫	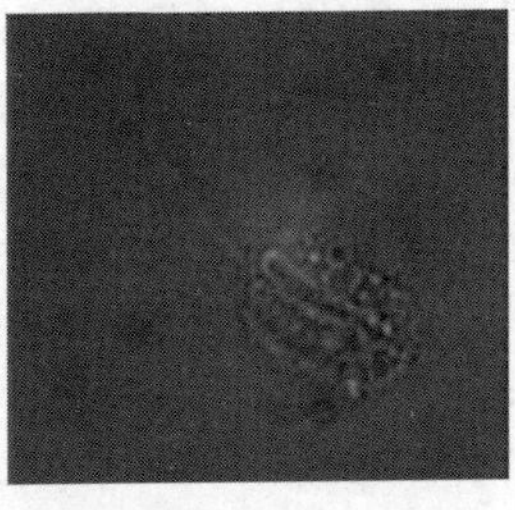	虫体为宽的长椭圆形，身体前部扁平或少许沉陷，后端为浑圆，背部腹板较扁平，表膜也很坚硬；具七八条纵长的沟槽；胞口在前端沉陷时，有管状的胞咽，两条纤细的鞭毛在接近胞口时延伸，一支总是在前面划动，另一支拖到了后边，很多具有滑翔功能	有可能是通过植株的腐生性养分来生存的，但是不是能吞噬微生物还未下定论；它的出现表明环境有机质含量低，沟内管虫已接近活性污泥类原生动物

续表

名称	形态	形态特点	指示意义
粗袋鞭虫	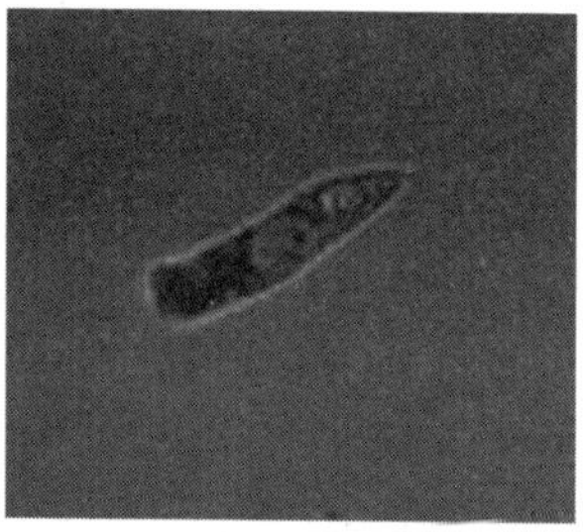	虫体在静止时形态变化很大，但行动时总是纵长，后端则较为宽大而成截断形或浑圆；体自后尾渐细削，一条粗大鞭毛自身体前部伸展，与其本体差不多等长，在行动时笔直地指向身体前方，当另一条细而短的鞭毛伸出后即向后扭曲，附着于其本体的表膜上，不易发现	摄食来源相当广，摄食细菌、藻体、原生动物等；在以 BOD 负荷较低、DO 含量高处理水质时出现，接近于传统的活性污泥类原生动物
袋鞭虫	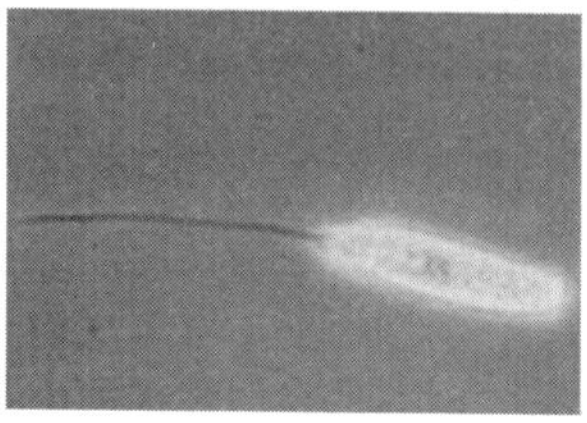	虫体长 20~70 μm，袋鞭虫属植物性鞭毛虫属。虫体呈纵向长、底边短的等边三角形，在头顶粗鞭毛的基部近旁有咽头。伸出鞭毛，鞭毛的尖端颤动着游泳。等边三角形的虫体柔软，时而变圆，时而收缩，容易变形。识别袋鞭虫需较长的时间仔细观察，直到虫体恢复到原来的等边三角，并能够自由游动后才能确定	常出现在温度较低，且 DO 含量较高时，而负荷低或污泥停留时间长状态下，才可观测到
吸管虫	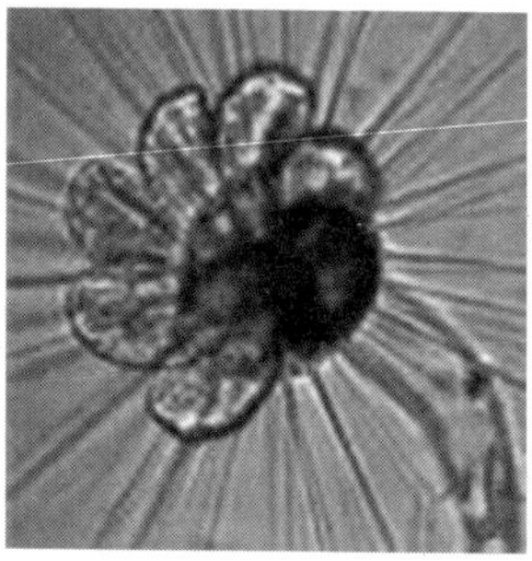	属原生动物中的吸管虫属动物，有体、柄，其体一般呈圆形和三角形，柄的形状带有一定刚性，可以单独生长，属于附着型原生动物	污水处理的不良阶段最容易发现，同时出水质量不良，比如，在污水培养中期，当污水出现老化或分解或污泥膨胀等会发生
尖毛虫	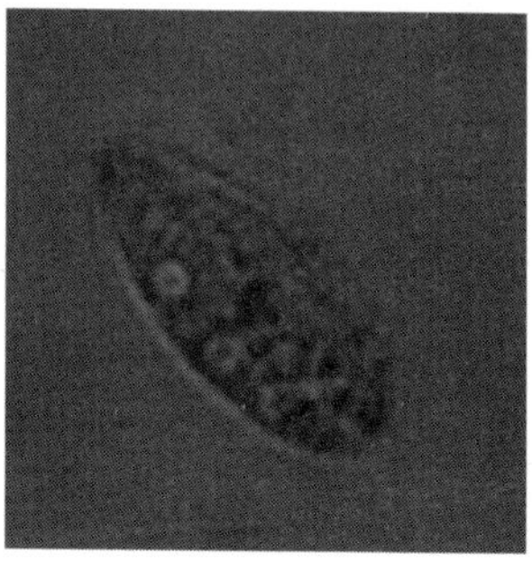	虫体呈细长的卵形，但相当柔韧且易于变动，体长大约为体宽的 2.5 倍，身体前段三分之一相当细狭，并从此部向后渐渐隆起，腹面扁平背面也或多或少隆起；口缘部很大，前触角 8 根，5 根在最前方，另 3 根倾斜排列成行；腹部触毛 5 根，臀触毛 5 根；内质有少许食泡	以绿藻和小鞭毛虫等为食；环境耐性较强，对寡污性或中污性水体都能容忍；通常较少发现，和游仆虫相比，尖毛虫常发现在处理水 BOD 较高的时间，为中间性活性污泥类原生动物

表 5-13　活性污泥类原生动物

名称	形态	形态特点	指示意义
钟虫	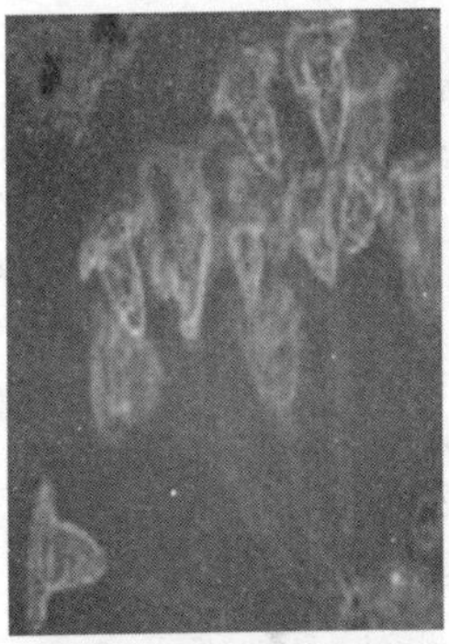	虫的前端口围边缘比其本身的宽大，而后尾则沿着柄部逐步细削，有纤毛的前口围盘长度也与后口围内缘相匹配。内质部包括许多卵圆形的小食泡，通常带有一点黄色。柄部粗短适中，但也比较细长	在一块丛生，以细菌作食料，但有时也兼食微型藻类，并大量出现在水处理环境好的地方，处理水 BOD 一般在 15 mg/L 以内
累枝虫	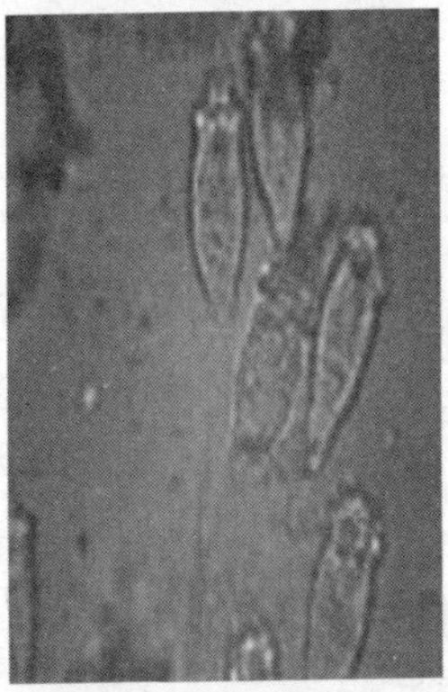	身体为修长的近似圆筒形，其柄并不收缩，体宽仅在体长的二分之一至三分之一之间，头端口围比较大，具有纤毛的口围盘通常低于口中围，并明显地凸起于口中围边缘之间，内质为乳白色，内含一些食泡，其中的舒卷泡比较大，位于身体先端，柄粗中等，表面比较光滑	以细菌为主要饮食原料，尤其喜欢摄食大肠杆菌、假单胞杆菌等；在生态处理体系中，出现于生物膜的比出现在传统活性污泥法的更多，一般来说，当累枝虫出现后，水质 BOD 较低
楯纤虫	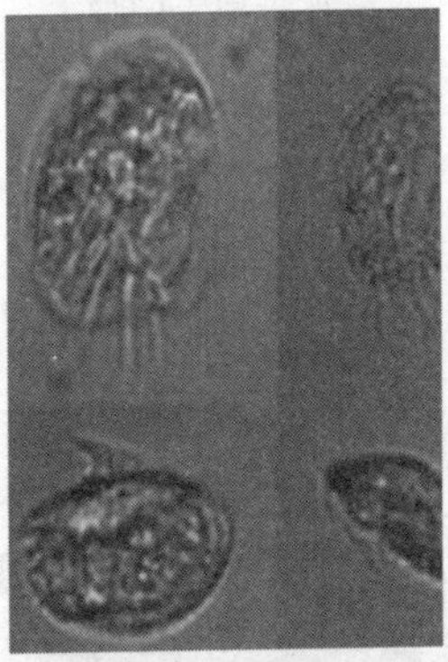	虫体型较小，头甲呈三边的长圆柱形，身体前部最狭窄，后端最宽大而扁平，中间少许钝圆，向后部突出，前触毛 4 根，斜列成一排，腹触毛 3 根，列在身体前半部，臀触毛 5 根，均非常长且细小，斜着布置于身体尾部	以细菌为食，且对化学物质非常敏感，因此可用作生物毒性物质评价的重要指标。是将水质处理好的指示生物，当大量产生时，处理后出水 BOD 多在 15 mg/L 以内。在 2 000 个 /mL 以上时，就会影响污水的沉降效果
板壳虫	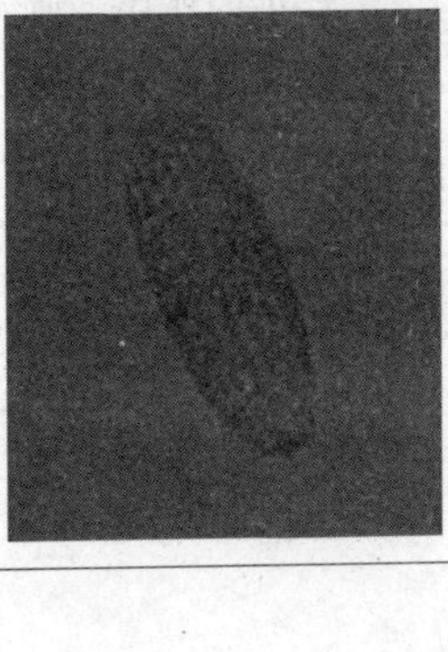	虫体为长圆筒状榴弹形，中部少许隆起，体长与体宽的比值大约为 2∶1。常为深棕褐色；由外质组成的板壳约有 15 到 20 行，板壳上由横沟分为 6 段，每段组成了特定类型和位置的窗格。纤毛均匀地散布于全身	能捕获藻类、小鞭毛虫及细小的纤毛虫等，能吸食一些已死去的轮虫。经常出现于环境 BOD 负荷较低，DO 含量高，处理水 BOD 较低的地方

续表

名称	形态	形态特点	指示意义
棘尾虫	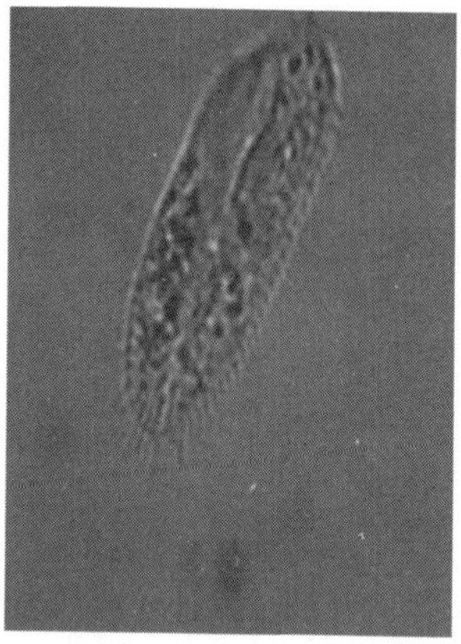	一般为细体长椭圆形，躯体两边差不多平行，在口缘处呈四陷，有 8 根前触毛，5 根腹触毛和 5 根臀触毛，臀触毛中的 2 根很强烈地伸出在体外，身子很强直，而后边 3 根尾触毛长而坚硬不动，背部也有极短的刚毛，身上有吸进的藻类生物	以藻类、鞭毛虫为主要饮食源，但有时也食轮虫，在活性污泥中不常见，出现的时候水质 BOD 较低
游仆虫	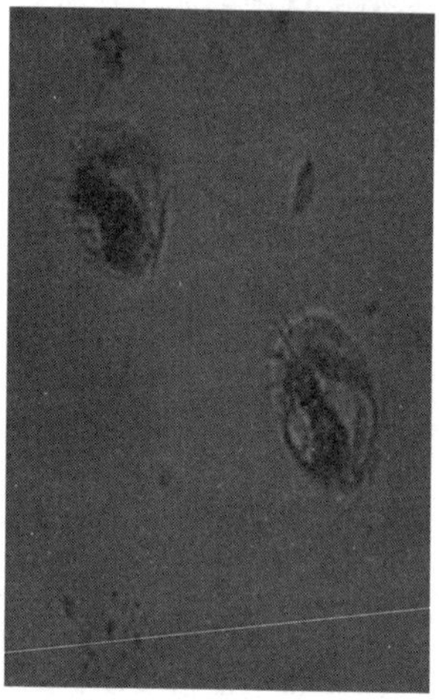	虫体坚实，为宽大的长卵形，向背部会有凸出，腹板平坦，身体后半部较前半部狭一些，尾部浑圆，口缘区较宽且厚，头触毛共 7 根，臀触毛 5 根，尾部触毛共 4 根，舒卷泡置于身体后半段位置，大核为很长的条带形一般	以鞭毛虫和纤毛虫为重要食料，有时候也会吞食微型藻类。经常出现在较低 BOD 负荷时候，此时，所处理的出水 BOD 通常在 10 mg/L 左右，属于活性污泥类原生动物
独缩虫	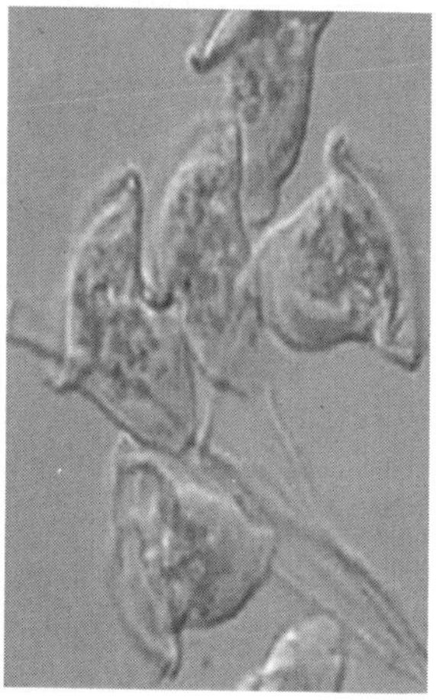	虫形态上与钟虫很类似，但区别在于它们都已构成群体。且由于分支的柄肌丝轴鞘并非互相联系而是相互间断的，所以每一支只能单独伸缩。自然本体呈较细长的钟式，上段最宽大，一般长与宽比约为 2∶1；虫体首柄或多或少向下弯曲后转而倒悬	以细菌为主要食料，在生活污水的生态处理中较常见，对污水也有一定清除促进的作用。独缩虫优势养殖时处理水质较好，出水透明、清澈

续表

名称	形态	形态特点	指示意义
集盖虫	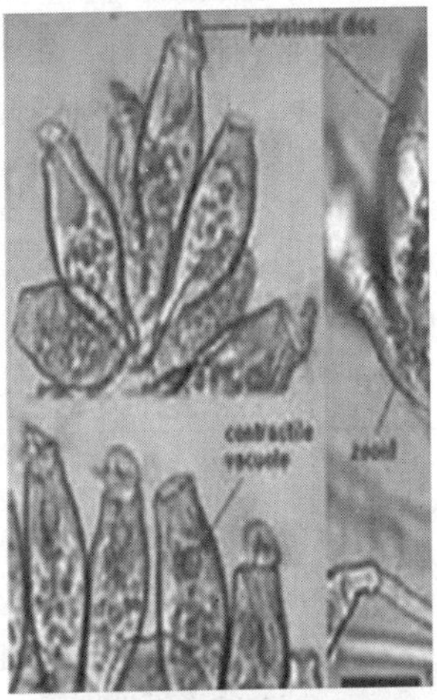	虫口围边缘较扁平，但不会膨胀成缘唇。且一般口围的外缘还成为锯齿状，本身则接近梨形或卵圆形。中央突出隆起而较宽大。外质的表层较平滑，有层纹的出现，内质为乳白色，具有少许的食泡，柄部小而柔软，由叉状分枝为不规则的叉状	以摄食菌为主要食物源，尤其爱食链球菌、假单胞杆菌、枯草杆菌等，日常 以 0.2~0.4 kg BOD/kg MLSS/ 天的速度负荷生长，在环境条件良好时出现
摩门虫	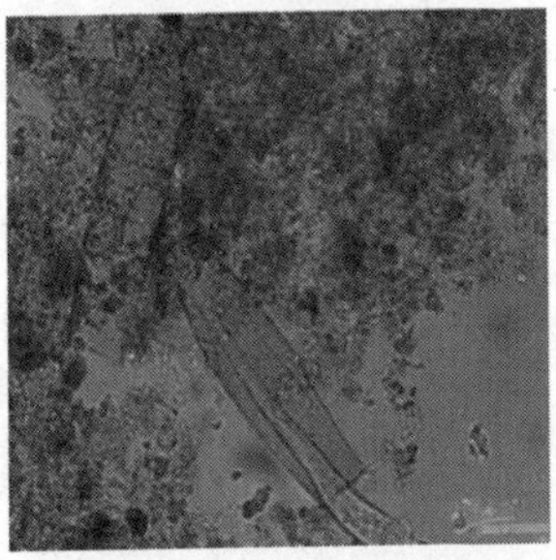	虫体长 200~450 μm，细长的虫体之下有短的尾柄，它外面有透明的表壳。用表壳和尾柄黏附于絮体上。在收缩期间，虫体缩入表壳中	摩门虫的产生条件在过了最有利阶段，趋于分解或低负荷状态，处理后水中的悬浮物浓度（SS）稍上升时期
沟滴虫	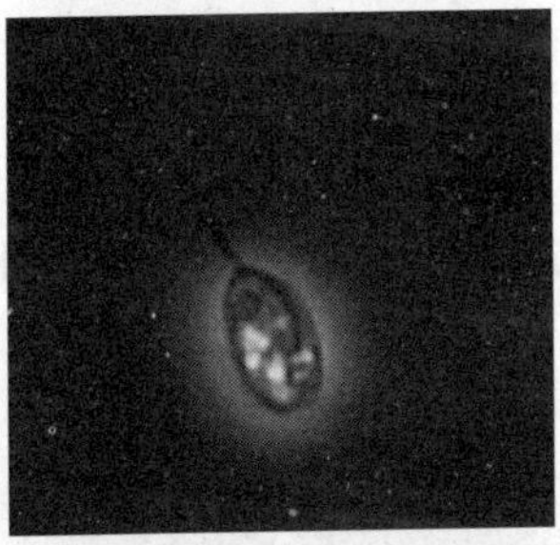	虫体长 22~25 μm，为扁的长椭圆形，虫体中间有胞咽。位于头顶部的胞咽周围的鞭毛，沿鞭毛倾斜着，在尖端处小幅度摇动以游泳。虫体在改变运动方式之后，会将鞭毛的活动方向一下由基部转移到前进方向	大多在污泥解体发生的时候可见。耐受DO不足的能力很强，一旦发生了，即使DO不足时仍可观察到
内管虫	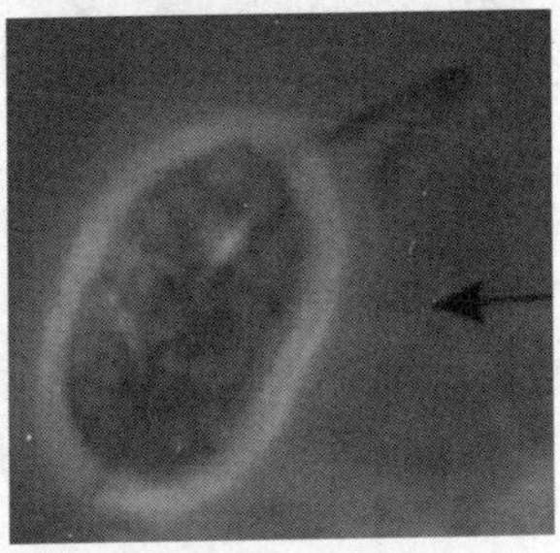	虫体长 30~50 μm，属植物性鞭毛虫属。虫体通常为长椭圆形，鞭毛从基部近旁到虫体尾部为止，和虫体同样长短。有两条鞭毛，当中一条可以延长到虫体尾部	处理水良好时，对溶解氧有一定的耐受能力，一般出现在污泥从良好期到解体前后

后生动物如表 5-14 所示。

表 5-14 后生动物

名称	形态	形态特点	指示意义
轮虫	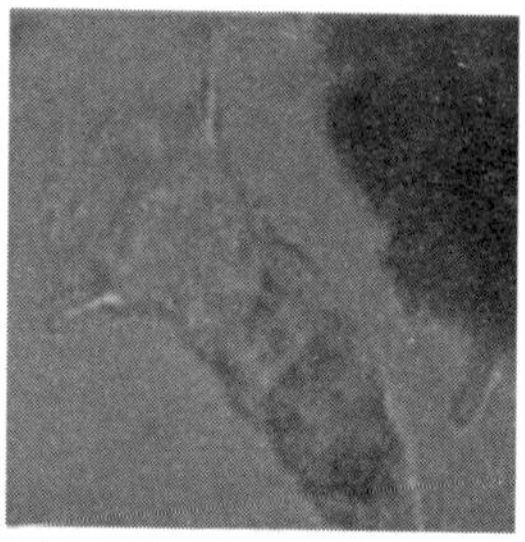	废躯体呈细长形，有头、躯干和尾。头部上有一种由1~2圈纤毛所构成的、能旋转的小轮盘，因形状像轮子故称轮虫。一般的轮虫以原核微生物及微型藻类、原生动物和有机碎屑等为食	轮在pH酸碱度中性、偏碱、偏强酸的环境中都能生活，但最喜在pH=6.8以下生长，轮虫具有很强的DO指示能力，是对寡污的污水处理效率最好的指示生物
寡毛虫	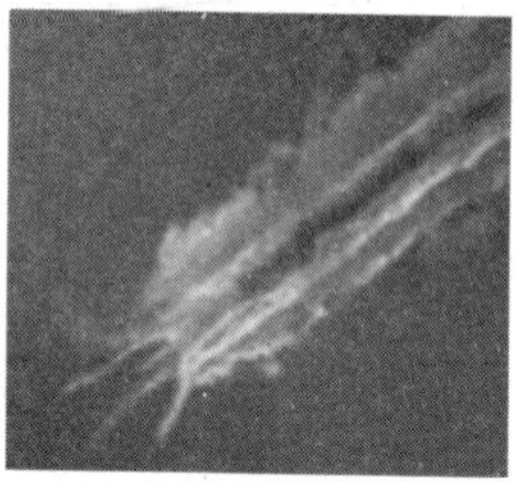	比轮虫和线虫更高等，体细长而分节，各节两侧均长有细刚毛，依赖刚毛匍匐运动。杂食性，一般以污水中的有机碎屑和细菌等为食	包括颤蚓和水丝蚓等，通常在水体缺氧时就会大量生长，为污水中净化程度较差的指示生物
线虫	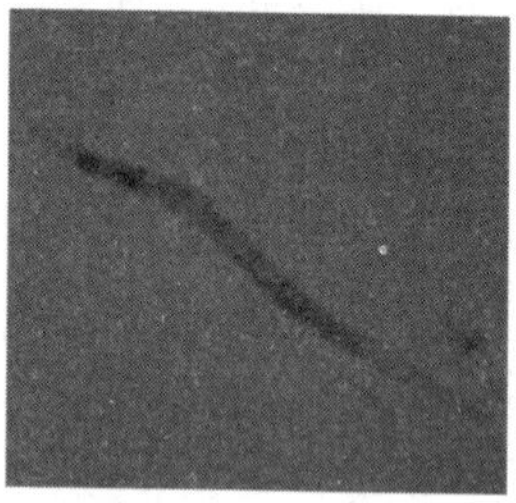	体较细小，身体上可见食物的微粒，身体呈细长条形，周身均不具纤毛细胞，并依靠在虫体两端的纵肌交替收缩，做蛇形的弯曲运动	有好氧与兼性厌氧型，而兼性厌氧型在缺氧时也会大量生长，线虫是污水净化程度较差的重要指示生物
桡足虫	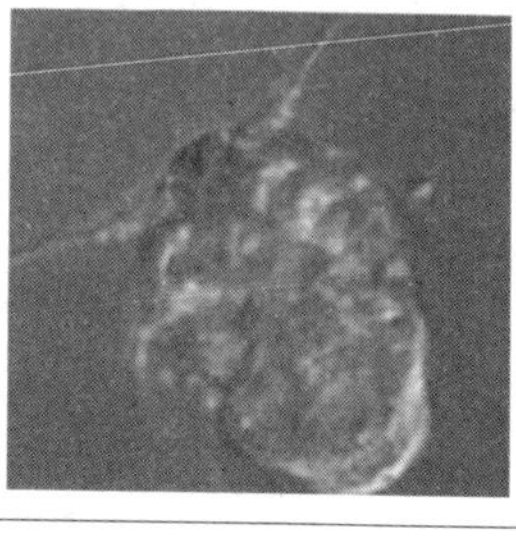	浮游性甲壳动物，躯体主要由头和胸构成，触角很发达	以肉食性居多，是水域自净性良好的重要指示生物
水蚤	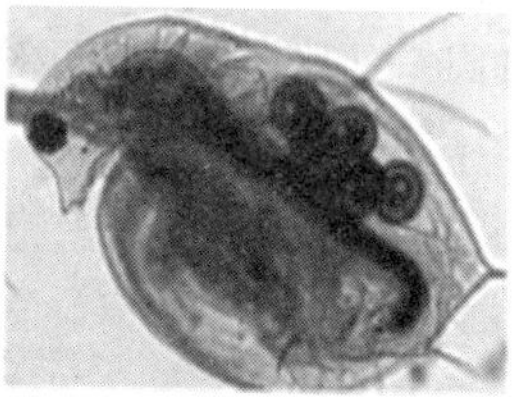	个体通常少于3毫米，有甲壳包裹身体，头较大，有复眼一对。水蚤的形状能随时节而变化，夏天头颅伸长，冬天头颅较小，以春秋居中，总量也较少，但游动速率很快。通常存在于含有营养物质较高的生物处理终沉池中，以细胞、藻体、原生动物和有机腐物等为食	水蚤的存在也表示生物处理效果比较好：当出水发现了很多水蚤时，其身体血红素较少，表明DO比较高，当水蚤的身体色泽很红时，也表示出水体中几乎没有DO

续表

名称	形态	形态特点	指示意义
红虫	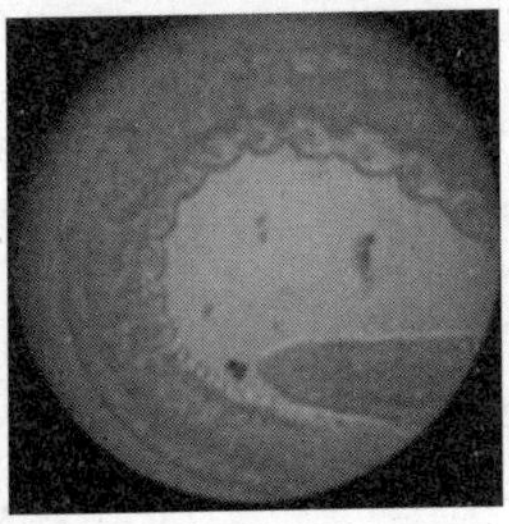	摇蚊科幼体，为淡红色，成虫时为红色，体长 2~25 mm，具环节。节上的刚毛捕食细菌、原生动物和污泥块	将食物消化成腐殖质，同时分泌一种黏液，将污泥凝聚包裹全身在里面

5.2.4　生物相与运行

一、活性污泥结构

活性污泥絮体的数量、形态、密实度、构成絮体的菌胶团细菌和丝状菌的数量以及发育状况能较好地表现城市污水处理厂管理现状。但需注意的是，在研究絮体颗粒时，形态差异、数值存在差异；实际絮体颗粒受曝气和搅拌所引起的剪切性干扰较大。

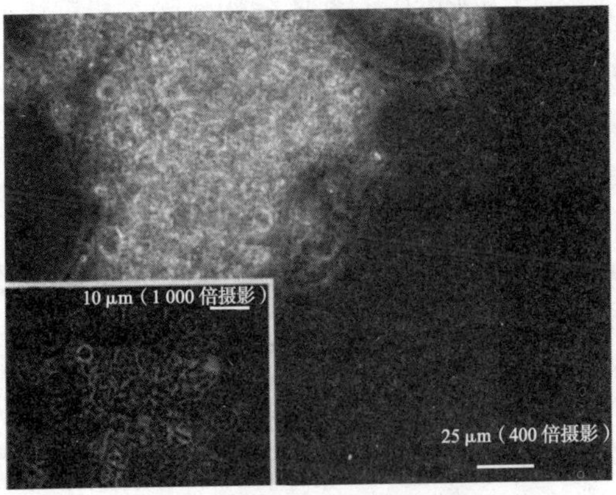

图 5-7　新生态污泥菌胶团

观察到图 5-7 所述菌胶团，说明有机物不断产生，细胞达到显著生长条件。

良好的絮体（图 5-8），通常具有高压密性，颜色呈深褐色在絮体表面和絮体中间看没有针尖的小絮体。

新生态中污泥的菌胶团及各类微生物形态仍清晰可见，但解体后密度压实为恶化的絮体（图 5-9），说明细菌结构已破坏。

二、通过生物相判断运行

当活性污泥的污泥絮粒大、边界清晰、构造牢固且呈现半封闭状态时，具备较好的吸附与沉淀特性；絮粒中以菌胶团细胞为骨骼，并穿插生长若干丝状菌，但丝状菌数量种类仍远远不及菌胶团细胞，且未见游离于细胞。这些都是运行在常规的污水处理装置中的高活性污泥生物相，表明污泥沉淀和凝固特性比较好，并在二沉池中可以迅速和完全地进行污泥分离，处置后出水的效果良好。当已经出现了这些生物相结构

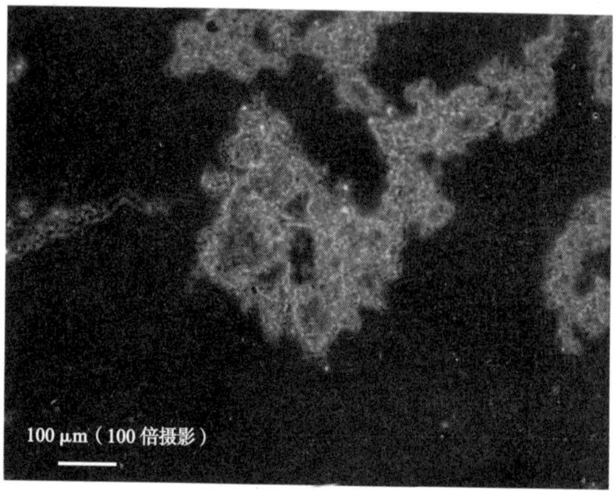

图 5-8　良好的絮体

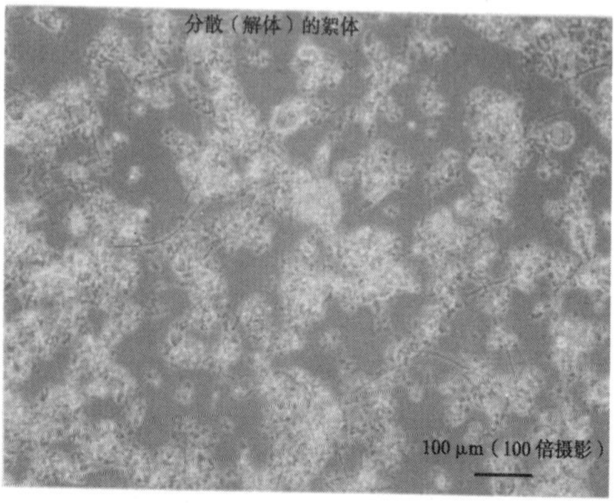

图 5-9　解体的絮体

时，就应当强化操作管理，并继续维持这些工作条件。

当污泥产生的絮体结构疏松、絮粒减小时，可以观察到豆形虫属、肾形虫属、草履虫属、波豆虫属和滴虫属等游泳性纤毛虫及变形虫类等迅速上升的生物相，当存在这些生物相时，污泥沉淀不良，从而导致污泥分离。形成的重要原因是污泥温度太低，菌胶团细菌体外的多葡萄糖基质会被微生物用作营养物用来维持微生物需求，因此导致絮体结构疏松，絮粒减小。当同时观测到大批的游离菌的共生相时，一般是由于污泥压力不足，因为这时污泥内的养分比较充足，从而使得游离菌发育较好，并且絮凝的菌胶团细菌逐渐解絮成为单个游离菌，从而扩大了同周围环境接触的比表面积，也同样使污泥组织更疏松，絮粒数量减少。另外，由于污泥絮粒的解絮或变小易被微小生命吞食，从而导致微小生命的食物更丰富，并不断生长。污泥压力过低时，可通过减小污泥回流量、投加养分、减小泥龄等措施，增加污泥的压力运动；而污泥压力过高时，则可通过减小入水流量、减慢排泥速度的方法减小污泥压力运动。

在培菌初期，水体有机质含量较多，污泥尚未成型，这时就可观测到大批的游离细菌和鞭毛虫，继而发现掠食性较强的游泳类纤毛虫；由于培菌的开展，水体生物含量进一步减少，游离微生物和鞭毛虫数量也进一步下降，游泳的纤毛虫数量随着摄食量减少也进一步下降，最后产生了固着型纤毛虫，标志着污泥的基本成型。

当活性污泥中累枝虫、楯纤虫、裂口虫和钟虫等的总量呈大幅上升态势时，说明出水水质显然转好；当污泥结构疏松、污泥性能变差时，常常可以看到游水类纤毛虫大批增多，出水更加浑浊；处理效果不好时，变形虫和鞭毛虫类等原生动物的总量也会迅速上升。

当出现硫细菌（图 5-10）、扭头虫属、螺旋体（图 5-11）等，则说明 DO 量不足，因此必须向曝气池中增加供氧量，以增加 DO 含量；当 DO 含量大于 5 mg/L 时，产生了大量的各种肉足类和轮虫等，这时要降低曝气量。

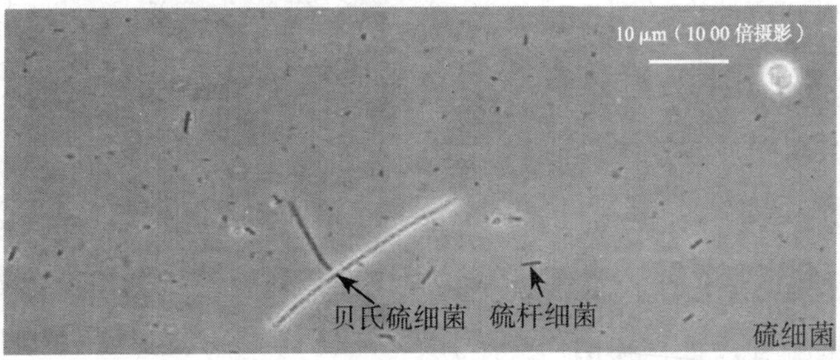

图 5-10　硫细菌

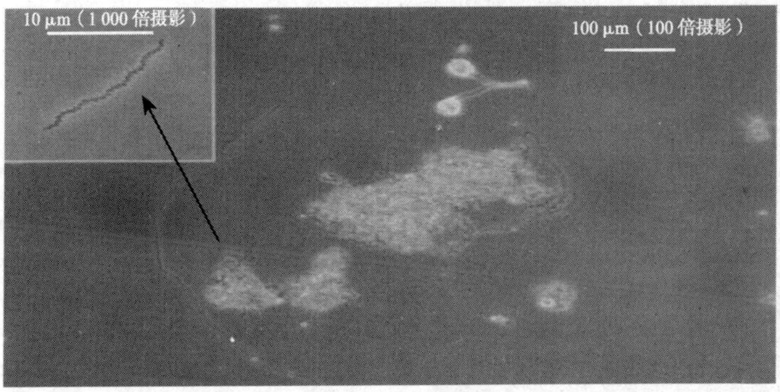

图 5-11　螺旋体

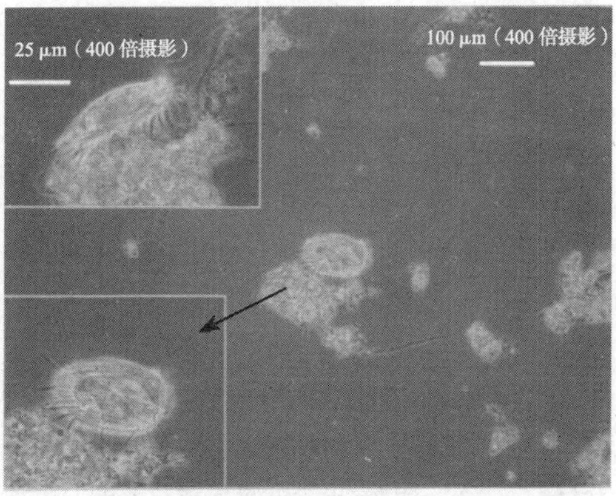

图 5-12　游仆虫

等水体污染物含量高和 BOD 负荷较低时，虫体主要有旋口虫属、游仆虫属（图 5-12）、轮虫属、表壳虫属等，象征着硝化工程开始。发现这种生物相时，就应该适时增加 BOD 的负荷运行。

当传统活性污泥法发生了恶性的状态之后，又经过改变的环境条件，出现了漫游虫属、管叶虫属、斜叶虫属等新种类时，就说明了传统的活性污泥法已由恶性状态回归到了正常阶段。

对轮虫属动物来说，从污泥的分解过程出发到有一定量残余絮体存在之后，就有线形动物门的存在了，与活性污泥的老化有关，其表现一般为活性污泥法老化的起始阶段，当活性污泥老化加速之后，则看不到其占优势的情况。

当污水时间过长，曝气过度后，在处理腐败污泥等有机质多或贫油多的污泥过程中，便可观测到放线菌（图 5-13）的存在，并可能导致曝气池内发泡。

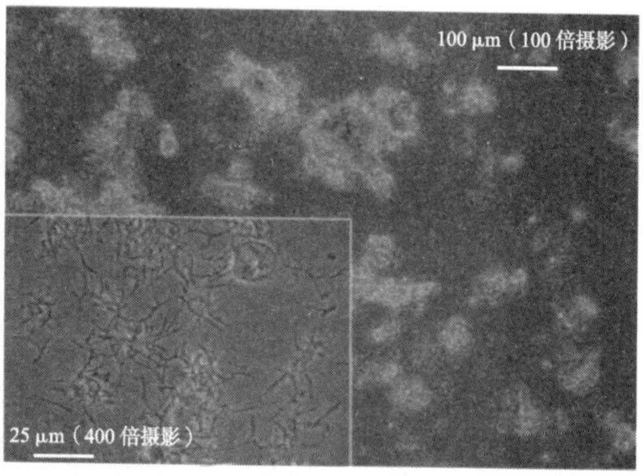

图 5-13　放线菌

三、当进水水质发生重大变化时，原后生动物的表现

通常运行过程污泥负荷、DO、泥龄这些运行参数会影响到活性污泥中原后生动物的优势种属，此外，当有毒物质进入污水处理系统，对生物处理单元影响较大，原后生动物数量都急剧下降。具体表现见表 5-15。

表 5-15　原后生动物表现

运行状态	原生动物表现	后生动物表现
低污泥负荷	会出现表壳虫，原生动物中附着型生物略有减少	轮虫比正常时数量有所增加
高负荷运行	非活性污泥类原生动物大量涌现，原生动物中附着型生物明显减少，原生动物中爬行类生物数量也明显减少。表壳虫类低负荷运行时的原生动物消失	没有后生动物出现
低溶氧运行	豆形虫、扭头虫等优势出现，原生动物中附着型生物比正常时的有所减少，原生动物中爬行类的生物数量显著减少	以猪吻轮虫多见
高溶氧运行	非活性污泥类原生动物出现，原生动物中爬行类和附着类的生物数量略有减少	以鞍甲轮虫多见
有毒物质进入	微型动物数量明显减少，其中楯纤虫最早消失，原生动物中附着型生物消失较为滞后	后生动物不耐受有毒物质，消失较快，躯体水解需一定时间
短污泥龄运行	非活性污泥类原生动物出现，原生动物中附着型生物较正常时明显减少，原生动物中爬行类动物数量显著减少。表壳虫类低负荷运行时的原生动物消失	偶见后生动物
长污泥龄运行	表壳虫数量较多，原生动物中附着型生物较正常时略有减少	轮虫数量较正常时明显增加

四、污泥膨胀

污泥膨胀发生率高，一旦发生很难控制，会使剩余污泥含水量增加，上清液体积少，传统的活性污泥颜色产生异变。对 SVI 值干扰较大的丝状菌有 21N 型球衣菌、微丝菌、发硫菌、1701 型和 0961 型等；而在饮料工业废水中，产生固液混合物并分解失败的有 21N 型球衣菌和 0041 型等。当 DO 浓度低时，可观察到丝状菌从絮体表面伸出。21N 型丝状菌是造成污泥膨胀的代表性微生物，在降低 DO 含量时发生。（以上所述部分菌如图 5-14~5-18 所示）

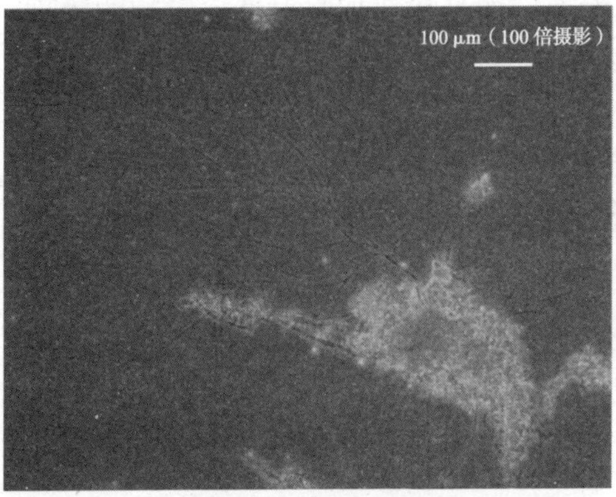

图 5-14　球衣菌属

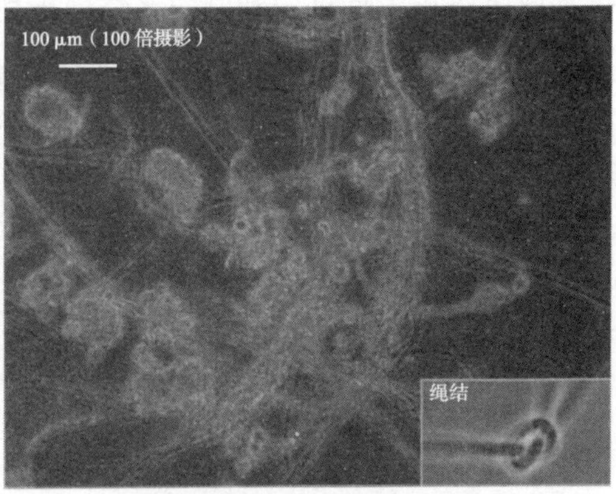

图 5-15　21N 型丝状菌

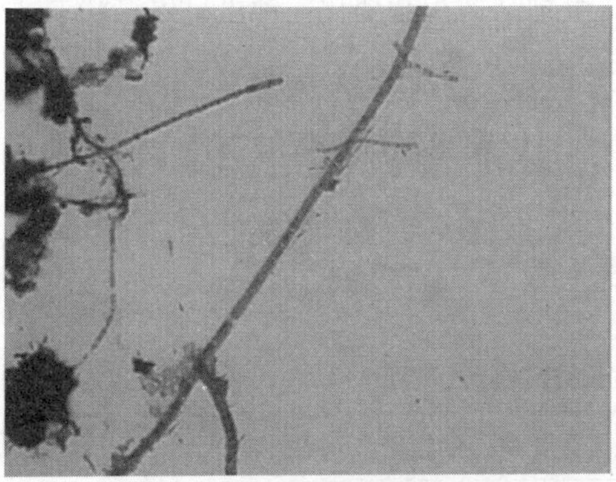

图 5-16　发硫菌

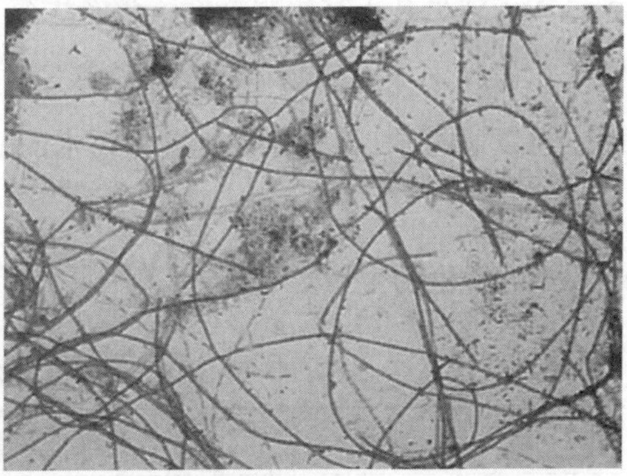

图 5-17　微丝菌

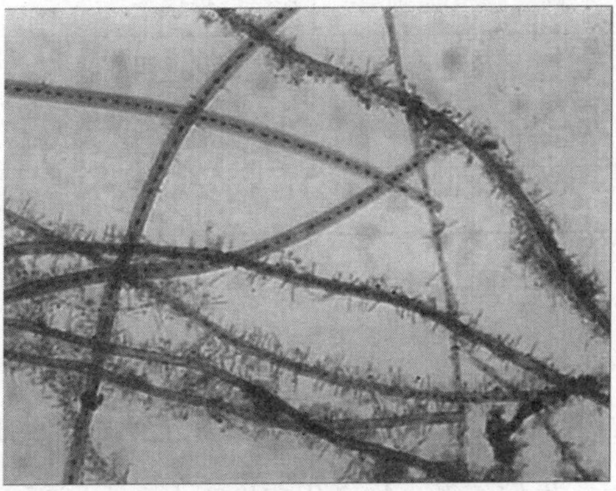

图 5-18　Eikelboom0041 型

活性污泥体系的处理作用和体系中细菌的种群数量代谢等有着密切联系。在操作管理上，给微生物创造一种良好的生存环境，培养细菌的正常功能，并利用生物相来引导操作，还可以在早期识别缺陷，并作为主要操作参数调控。当然，对生物的判断系统的正常运行只是主要依据之一，还必须根据其他的影响评价因素综合研究，切不可据此进行单方面确定和制定系统运行技术参数，而且还要加强对外界影响的管理，多观测和积累，切实保障系统的安全平稳运转。

5.3 污泥接种、培养、驯化基本知识

pH、溶解氧、培养方法和运行控制指标等因素影响微生物培养、接种及处理过程。

5.3.1 pH

在污水处理中，污泥的 pH 具有一个适宜的变化范围（pH=6~8）。在低 pH 下，细菌已无法满足其正常生活条件，在该状态下，生物结构相会变化：钟虫呈停滞状态或消失，菌胶团溶解成核散膜状，游离菌、豆形虫和草履虫数量增加，COD 去除率降低。可以通过 pH 试纸定性地掌握污水的酸碱性，以便更准确掌握城市污水站的进水条件。

适合微生物生长繁殖的 pH 范围见表 5-16。

表 5-16 适合微生物生长繁殖的 pH 范围

pH	为适宜于生长繁殖的细菌和污泥性能
2	大部分霉菌，对污泥的沉淀特性不良
3~5	霉菌及细菌，污泥呈白褐色
7	污泥呈黄棕色，沉淀性和透明率差
8~10	污泥通常为黄褐色，但通透性差
9~11	污泥呈现粉红色，通透性较差，细菌繁殖少

5.3.2 溶解氧

在废水的好氧过程中，细菌主要以好氧菌群为主，利用鼓风设备供应给曝气生物滤池中足够的溶解性氧，供好氧微生物净化有机废水和内源呼吸作用。但一旦溶解氧

不够，好氧微生物群因为没有充足的氧气，通常的繁殖规律受到了干扰，以致遭受毁灭，在这个状况下，曝气池中的生物相会急剧恶化乃至破坏，流出质量明显降低；一旦 DO 值较高，微生物浓度也会相应地降低，好氧微生物群在溶解氧足够的状况下，一旦有机废水不足，好氧微生物就会进行自身的氧化反应，会导致细菌自身消耗而使细菌的数量下降，流出质量也明显降低。在生物处理池中，溶解氧应该维持在 3.0~4.0 mg/L 以下为宜，并采用溶解氧速测仪确定。可以依据溶解氧测量控制曝气持续时间。

5.3.3 活性污泥的培养与驯化

活性污泥法是一个使用较多的生活废水及好氧生物处置技术，是指使用了富含大量需氧性细菌的活性污泥。在强力通气的条件下处理城市污水的生物学技术。它不但用来处理城市日常生活污水，而且在纺纱印花、炼油、石化、造纸结焦等多种工业废水中，均达到了较好的净化效果。

一、活性污泥的形成

活性污泥的形成是细菌在污水中代谢和发生增殖的产物，其形成过程可分为以下阶段。

①与某些带有荚膜或黏液层的明胶质的细胞相互聚集形成群，简称为菌胶团。菌胶团在显微镜下通常表现为半透明，具有整齐边界，其间包括一些旋光度很高的小点（菌体）。菌胶团的形状也是多种多样的，如球状、指状、分枝状、蘑菇形等。里面的细胞全体是细胞，分为能产生菌胶团的细胞和菌胶团吸收的无法产生菌胶团的细胞。菌胶团的主要功能是：通过吸收富集生物和废水，提高细胞和废水的接触时间，从而促进废水的微生物学处理和提纯；促进了活性污泥微粒的产生；避免了微型动物对细菌的吞食，从而保护水中细菌生物；为原生动物、微型后生动物等创造了附着部位和栖息地。

②菌胶团有很好的吸收功能，因此可以大量吸收污水中的废物，形成细菌、有机质等微细粒子，这是活性污泥正常产生的重要依据。

③利用污泥微粒产生絮状或羽毛状，传统活性污泥法的机理大概有两个：一是利用产生纤毛的微生物的纤毛，把污泥微粒连接起来而产生尺寸很大的另一种活性污泥的絮体，所以称桥联结构；二是由于污泥微粒中的有机物与无机物之间存在着很多的可分解的基团，所以具有一定的电荷，使得微粒中可以经过静电作用而产生很大的活

性污泥粒子。

二、活性污泥的培养与驯化方法类型

活性污泥系统投入前，需要先培育驯化出一定总量的活性污泥。培育是指不改变细菌的群体特征，使其总量继续增加，并满足一定的污染物浓度。而驯化过程则是对细菌群体特征加以淘汰和引导，不适合水体和环境要求的细菌被淘汰，但适当的细菌仍能够生存下来，并诱发出一定的酶体系。所以驯化过程就是改造细菌的群体特征，使之更适合于新的水体和环境要求的步骤。用于培育和驯养的细菌种源就称为细菌。而培育与驯养又是分不开的，如果培育流程中所投加的污染物对细菌有驯养效果，驯化过程中细菌的总量就会增加。所以培育和驯化又是互补的统一。按照培育与驯化的时间顺序，可以把培育和驯化方法分成异步法和同步法。按照污水的进入方法，它又可以分成连续式和间歇式。

三、菌种来源

对中小型活性污泥体系来说，可一次性投加足量的菌种，然后直接步入运行阶段，或经过极短时间驯化后再进入运行阶段，这样就可大大缩短运行周期。对较大型的活性污泥系统，需要通过培育和驯化得到相应规模的活性污泥。

细菌来源的活性污泥菌种，通常为同一水体中或不同水质污水处理体系中的活性污泥、厌氧消化废水、城市污水、脱水污泥、化粪池污泥、河道底泥等可生化性极强的工业生产污水和动物粪便水类。

四、接种

首先将生物处理池中进满自来水，限制 pH 在 7.5 以下，溶解氧限制在 3.0~4.0 mg/L，将水温控制在 20 ℃为宜，并投入注射污水（按照池容量限制注射污水投入量）15 kg/L 以下，随后投入养分源（基本养分药物使用为：面粉、白糖、尿素和磷酸二氢钾），并适时加入少量的大粪。之后再连续曝气 24~48 h。

①限制 pH 在 7.5 以下，溶解氧限制在 3.0~4.0 mg/L，水温控制在 20 ℃以下为适宜，暂停曝气（不大于 2 h），继续投入污泥约 10 kg/ 池，开始投入一些污水（约 20 m^3），启动曝气，投入足够量的粪水（每日开展质量检查，在曝气池用烧杯取污水检查，水样品保证一定量的污泥浓度，具有新泥腥味，静止沉淀约 15~30 min，再观测底泥色泽，黄棕色为常态，底泥色泽发黑说明曝气不够，增大曝气量，底泥色泽发白说明曝气过量，暂停曝气，待溶解氧恢复正常状况再开始曝气），持续曝气约 2~3 d，每日都要保证相应的进水量（大约为 50~100 m^3/d，逐渐增加进水量），检查填料的挂膜情况。

②增大污泥的进水量，并持续曝气，以观测水体状况（同驯化步骤①镜检操作）持续曝气 3~5 d，每日需要维持足够的进水量（约 100~300 m^3/d，逐渐增大），同时观测填充物挂膜情况，如在填充物表面出现了巨大的棕褐红菌层，并镜检有大规模的细菌活动等，此时曝气池 COD 去除率、SS 去除率均有显著改变，且在该情况下持续数天时，出流较清，表明微生物开始驯化。

③当污水进量达到设定的限值，并运行条件处于正常、系统化状态，且出水水质达到设定要求时，标志着好氧微生物驯化培育的完成。

五、培养与驯化步骤

培养与驯化没有统一的方法，视具体情况而定。

1. 间歇式培育或驯化法

当同一菌种来源于不同水质的处理体系时，应先人工驯化后再培育（异步法）。

①将驯化或传统生物活性污泥法的接种用量，按曝气池总有效体积的 5%~10% 计。在接种后加一些较小的污泥闷曝几日时间（约 3 d），使溶解性氧升至 1.0 mg/L 以下，污泥恢复活力。污泥复苏后投加低含量城市污水（应加入适量粪便水或城市污水调节营养比），进水体积和浓度（COD ≤ 500 mg/L）视情况而定。对可生化性较好的污泥，可加满曝气池，浓度也可以较高。对可生化性差的污泥，入量和浓度均要降低，入水后曝气在 20 h 以下，然后低温静置沉淀至 1~1.5 h，再排去上清水。将同一浓度废水按每天换水循环运行一次，共运行 3~7 d，并经过镜检和测定，如果微生物数量增多，或污染物含量上升，应提高第一级含量（级差 COD ≤ 100 mg/L），然后按照第一级的办法操作。此后每 3~7 d 再提高第一级含量，直至重新加入该废水为止。

驯化初期，由于污泥的组织比较疏松，游离微生物较多，容易产生鞭毛虫和游动速度快的纤毛虫，污泥就具有了一定的沉降特性。随着驯化的完成，原生动物从低等向高等发展。到驯化后期微生物以高游动速度型纤毛虫为主，也存在着少量耐污型纤毛虫如累枝虫等，活性泥沉淀效果也较好，泥水界限分明，上层较清，驯化结束。

②将培养的污泥驯化后，连续进行原水曝气培养。进行时流速一般较小，利用镜检的出水水质来调节培养速度，并逐渐增加进水流量。在培养过程中，菌胶团结构致密，原生动物中以钟虫居多，但也有轮虫存在，直到最后全部成为大粒径的活性污泥絮团，构造密实，沉降特性较好，沉降比达 30% 以上，SVI 降到 100 mg/L 以下，由于钟虫类的大量产生，轮虫数量增加，混合液悬浮固体含量为 2 000~3 000 mg/L，各技术指标均满足设计条件后，完成了培养，并进入正常的工作时期。在培养环境中，DO

一般掌握在 2~3 mg/L。选择了粪便水或城市污水中可生化性较好的污泥作为菌种，但待处理的污泥质量又与菌种污水并不相同时，就需要培养驯化出符合要求的活性污泥。此时培育在前，驯化在后。用 COD=400 ~ 600 mg/L 的菌种水作为新菌培液，经粗滤后投入曝气池中曝气数日，待池内有模糊不清的细胞干絮或污泥时暂停曝气。然后静置沉淀 1~1.5 h，再排去该池容积中 50%~70% 的上清水，并更换为新菌培液，继续曝气。这样周期，每日换水一次，后期为每日换水两次。镜检微生物相，以监测处理的效率，直至 COD 去除率不低于 80%，污泥沉降比不低于 30%，SVI 达一百左右，即 MLSS=2 000~3 000 mg/L，产生性能优异的活性污泥为止，即可进入驯化阶段。驯化的方式亦同上述。在间歇式培养或人工驯化时，为避免污泥出现厌氧状况，两次曝气的时间间隔宜低于 2 h。

2. 连续式培育驯化法

在选择相似水体的污泥或相似水体的粪便水等污泥作为菌种时，可省去驯化过程，而干脆用连续式入水曝气养成法培育活性污泥。连续培养或人工驯化时，需要进行污水回流。

①选择质量相同的污泥作菌种，污泥的总用量约为曝气池有效体积的 5%~10%，并注满水再闷曝数日，将溶解氧维持在 1 mg/L 以下，使污泥重新恢复活力。然后用低流速方式进入的污水，大约每 3~7 d 提高一次流速等级，直到超过设定流速，开始后的时间约为 1 d，直到超过设定的停留时间。但究竟如何增加流速，应视生物相的改变和处理过程而定，如细菌数量增加，生物量增加，或出水水质变好时，应增加流速，否则，降低流速并暂停进入。随着进水流量的增加，溶解氧含量也应逐步增加。当进水流量超过设计流速，且废水含量和性能以及处理质量均达标后，总溶解氧含量可保持在 2~3 mg/L。此时已进行培养，即可进入正常操作。

②选择质量相同的水作为菌种（粪便水等），并将菌种污水注满曝气池，然后闷曝几日。待产生模糊不清的污泥絮体后，再进行较低流速的待处理城市污水，此时间大约 1 d 后再依据生物相和污染物含量的不同以及出流水质，调整进行时间，直到顺利进行。

选择与环境条件不同的污水作为菌种使用时，为减少培育驯化费用，还可以选择连续的同步操作。在进行时选择 COD 为 400~600 mg/L 的粪便污水等可生化性较好的污染物作为主体，并添加少许待处理工业废水作为培养液，以小流程持续进行，培育与驯化工作同步完成。进行镜检和监测，以保证质量。起步初期时间约 1 d，其后逐渐减小至设定值。在一般条件下，逐渐增加工业废水的比例和进水流量，直到满足设定数量和规定的污水性质和含量，进行培育驯化，开始正常工作。在污水的培育驯化过程中，不管采取哪种技术，均为细菌的繁殖提供优越的环境。

六、活性污泥性能监测

在培菌的过程中，尤其在每次增加水量前后，要做好COD、SS和pH测试。COD、SS的测试结果应是逐步下降，pH值保持在6~8之间，在运行过程中，调节好负荷量，避免活性污泥的老化，并适时清除残留。培菌成熟时化学需氧量将小于100 mg/L，悬浮物浓度小于70 mg/L，pH=6~8，溶解氧（DO）保持在3.0~4.0 mg/L左右。当菌培育成熟后系统启动满负荷运转，并24 h派人观测系统的运转状况和出流水质状况，如果系统持续，运转10 d以上没有出现异常状况，且出流水质保持稳定，则表示污水处理站调试工作顺利完成。

①通过化学指标或在显微镜下检查，活性污泥不见或极少见到游离在水中的细菌，见到的都是一团团结构致密的污泥块；运行不好的活性污泥，则丝状菌较多；鞭毛虫和游泳纤毛虫都只是在含有大量游离细菌时才存在；而固着型虫体（固着型纤毛虫，如钟虫）则经常出现在有机质低，BOD值在5~10 mg/L之间的污水中；轮虫则在水体非常稳定、DO充分时存在，根据随时了解到原生动物品种变化和数量的增长变化情况，可以以此为依据，初步判断净化程度，并通过原生动物个体结构、生长发育等情况的变化趋势，可以分析是哪方面的问题，并及时进行处理。

②SV（污泥沉降比）是指将从曝气池内取出的混合液放在量筒内静置30 min，所沉积污泥体积与该混合物的总体积之比，一般用百分数表示；该指数可以相对地反映活性污泥含量和物质的凝固、沉降特性，用于计算污泥的总体积和早期膨胀。最好2~4 h检测一次。

③MLSS（污泥浓度）是表示活性污泥微生物量的相对指标，其单位为mg/L。通常MLSS为1 500~2 000 mg/L。

④SVI（污泥指数）是指曝气池混合液经过30 min静沉，1 g干污泥所占据的体积，单位是mL/g。该指标可以较好地评估污泥的凝聚特性和沉淀性能，其数值如果过低，则表明泥粒细小、密实且无机成分较多；过高则表示活性污泥沉淀特性较差，且即将或已经产生膨胀迹象。城市污水处理，活性污泥的SVI值通常介于50~50 mL/g之间。

必须指出的是，工业生产废水中活性物质的SVI值有些较低和偏高，但属于一般；

高浓度活性污泥体系中的 MLSS 数值一般较高，但即便污泥沉降特性不好，SVI 值也不是很高。

5.3.4 消化污泥的培养和驯化

厌氧消化系统试运行的重要条件是具备厌氧条件下的活性污泥，即消化污泥。厌氧活性污泥的培养，当所需的产甲烷菌与产酸菌处于动态平衡状态后，天然的有机质就会被厌氧消化分解，转变为甲烷吸附气体，即厌氧甲烷。

一、污泥的厌氧消化培养

1. 接种培养法

通常情形下，对于所接种的污泥并没有特别的规定，只是由于接种污泥的种类不同，会改变污泥的沉降特性，除了首选污水处理厂的消化污泥外，可以直接在废弃坑池取腐化的有机底泥，或是牛粪、生物质重油、酒糟或初沉池的底泥替代。

接种的培育方法，是在厌氧培养容器内加入容量约为总体积的 10%~30% 厌氧状态种泥，通常为 10~20 kgMLVSS/m^3 左右的接种量较为适宜。接种污泥一般为含固率约为 3%~5% 的湿污泥，再加新鲜污水于反应器内，然后通入蒸汽加热器，升温速率一般保持在 1 ℃/h，直至达到可消化利用的温度。若污水是酸性，则可通过人工加碱调节 pH。保持正常消化作用温度，并保持较长时间（3~5 d）后，污泥随即成熟。再投配新污水并进入正常操作。本法更适合于中小型消化池，对于大型消化池来说，要使升温速率为 1 ℃/h，所需要的热量也很大，锅炉很难达到供应量。

2. 逐级培养法

逐级养成，指向厌氧消化池中逐渐投入生污泥，并使生污泥自行慢慢地转变为厌氧状态活性污泥的过程，该方法要使活性污泥经过一次从好氧向厌氧转化的过程，加之厌氧态细菌的繁殖速度较好氧细菌低得多，所以养成过程非常缓慢，通常要历经 10 个月左右，方能生产甲烷菌的养成。

二、菌种来源

接种污泥常来源于正在工作的厌氧处理设施（特别是污水处理）的消化污泥设备，使用在污水处理厂中经机械洗涤、处理的干污泥。在厌氧条件下，消化作用下污泥资源严重短缺的地区，可用污水处理厂经机械脱水后的干污泥，池中腐化的有机底泥，如粪、牛粪、生物质、酒糟等初沉池底泥替代。在大中型的污水处理厂如果同时启动所要的量过大，应单独培育。

三、培养与驯化步骤

1. 接种污泥

接种污泥，向容器内投入体积约为总体积的 10%~30% 厌氧菌种废水，接种污泥通常为含固量约为 3%~5% 的湿泥，然后再投新鲜城市污水至设置液面，最后通入水蒸气加热，上升速率约为 1 ℃/h，直至到达理想消解环境温度。可将污泥厌氧消化吸收分为中温（通常 30~36 ℃）厌氧消化吸收和高热（通常 50~55 ℃）厌氧状态消化吸收。科学研究已经证实，在物质厌氧态消化作用中，当气温出现 ±3 ℃的变化时，就会抑制物质溶解的速率；当气温出现 ±5 ℃变化时，则会骤然停止产气，从而使有机质产生大量堆积而破坏厌氧态消化过程。若污水呈酸性，则可通过人工加碱（如石灰石），调节 pH 为 6.5~7.5。保持消化水温，保持一段时间（3~5 d）后，污泥即成熟。最后投配大量污水后进入正常运转。但此法更适合于中小型消化池，因为对于大中型消化池来说，使升温速率高达 1 ℃/h，所消耗能量过大，致使锅炉供应效率过低。

2. 逐步培养法

可采用上述所说逐级培养法，也可采用升温的方法促进污水成熟；把每天生成的新鲜污水投放消化作用池，待水池里的污水总量为规定总量时，通入蒸汽，升温速率限制在 1 ℃/h。当池中水温上升至设定水温时，可降低蒸汽量，维持水温恒定，并逐天投加相应量的新污泥，直到超过设定温度液面时停止加泥，整个成长过程中始终维持恒温，成熟的持续时间为大约 30~40 d。当污泥完全熟透后，可重新投配新污泥并进入正常操作。

驯化的具体办法是先保证系统的正常运行，然后通过严格控制技术参数，将厌氧池的 DO 限制在 0.1 mg/L 以内，外回流比 50%~100%，内回流比 200%~300%，同时，每天清除日产泥量 40% 左右残余污泥。在此过程中，每天检查出水水质参数，直至出水各项技术指标满足工程设计要求。

四、培养菌注意事项

对厌氧状态消化系统的处理方法是传统活性污泥方法，虽然不存在生物毒性问题，但由于厌氧状态消化系统生长速率缓慢，为加速培育的完成，除进行接种活性污泥之外，还需进行厌氧消化系统污泥的成熟判断。

厌氧消化污泥培育，初期生污泥投放量与接种污泥的量和培育时机直接相关，在早期可按设计污泥量的 30%~50% 投加，当培育 60 d 后，可逐步提高投泥量。当从检测结果中看出消化功能不正常时，就应适当降低投泥量。

利用厌氧态消化系统处理工业污水的活性污泥，由于一般活性污泥法的碳、氮、磷的养分都是平衡的，完全可以满足厌氧态微生物的繁殖要求，所以，也就是在厌氧态消化的污泥培养的初期，也不要求像处理一般工业污水一样添加养分。

利用污水处理厂厌氧消化系统，由于形成沼气比较快，因此沼气产量也很多。为了避免发生爆炸事故，投泥时，首先要利用较不活泼的气体（氮气）把输气管道系统的气体置换出去，之后再投泥；当形成沼气时，再慢慢地将氮气置换出去。

参考文献

［1］殷士学．环境微生物学［M］．北京：机械工业出版社，2006：9.
［2］李建政，任南琪．环境工程微生物学［M］．北京：化学工业出版社，2004：9.
［3］乐毅全，王士芬．环境微生物学［M］．北京：化学工业出版社，2005：3.
［4］沈萍．微生物学［M］．北京：高等教育出版社，2000.
［5］贺延龄，陈爱侠．环境微生物学［M］．北京：中国轻工业出版社，2001.
［6］周德庆．微生物学教程［M］．北京：高等教育出版社，2002.
［7］郑集，陈钧辉．普通生物化学［M］．北京：高等教育出版社，2000.
［8］R.M. 特怀曼．高级分子生物学要义［M］．陈淳，徐沁等译．北京：科学出版社，2000.
［9］M.T. 马迪根等著．微生物生物学［M］．杨文博等译．北京：科学出版社，2000.
［10］杨柳燕．环境微生物技术［M］．北京：科学出版社，2003.
［11］王建龙等．现代环境微生物技术［M］．北京：清华大学出版社，2001.
［12］马文漪，杨柳燕．环境微生物工程［M］．南京：南京大学出版社，2001.
［13］陈欢林．环境生物技术与工程［M］．北京：化学工业出版社，2003.
［14］任南琪，马放．污染控制微生物学［M］．哈尔滨：哈尔滨工业大学出版社，2002.
［15］王国惠．环境工程微生物学［M］．北京：化学工业出版社，2015.

思考题

1. 真核微生物与原核微生物之间的区别是什么？

2. 根据掌握的知识，判断形态学特征在以下哪类微生物中的分类鉴定时显得更加重要。(　　)

A. 病毒　　B. 细菌　　C. 酵母菌　　D. 霉菌

3. 现在自动化程度最高、功能最多的微生物专用检测仪是(　　)。

A. 气相色谱仪　　B. 高压液相色谱仪

C. 自动微生物检测仪　　D. 激光拉曼光谱仪

4. 通过运动和营养的方式能把纤毛虫类分成哪三种？它们在活性污泥法中如何起作用？

5. 曝气池中采用高的 MLSS 是否可以提高效益？为什么？

6. 简述污泥泥龄在污水处理系统工程设计与运营管理中的重要意义。

7. 活性污泥法处理污水的过程最类似于下面哪种微生物培养方式？(　　)

A. 恒浊连续培养　　B. 恒化连续培养

C. 恒浊分批培养　　D. 恒化分批培养

8. 什么是活性污泥？

9. 活性污泥的培养目的是什么？

练习题

1. (判断对错)“大肠埃希氏菌”是“大肠杆菌”的学名。(　　)

2. (判断对错) G+C 含量的比较主要用于分类中的逐级否定。(　　)

3. (判断对错) 菌株是微生物分类和研究工作中最基础的操作实体。(　　)

4. (判断对错) 亚种名为三元式组合，即由科名、属名加词和亚种名加词构成。(　　)

5. 根据镜检数据，说明污泥的性质。沉降比测定后，污泥完全上浮，3 h 后污泥才下沉到量筒底部。下图是接触氧化池的废水，在沉降池池面漂浮了一层浮泥，测定 SV_{30} 时污泥层漂浮于表面。取出的水样上漂有很多像脂肪粒的土黄色污泥粒，进行镜检。

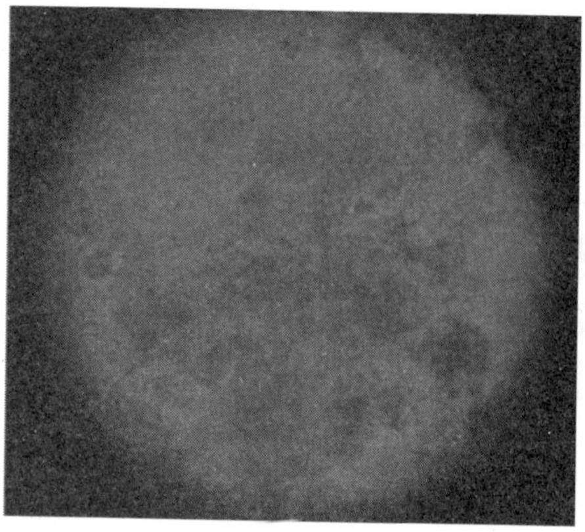

图 1

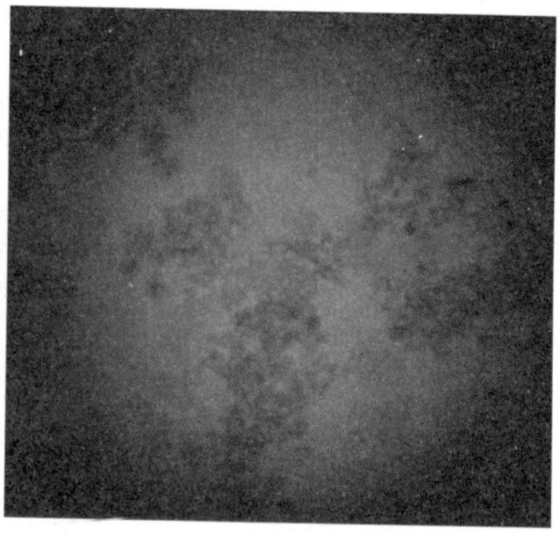

图 2

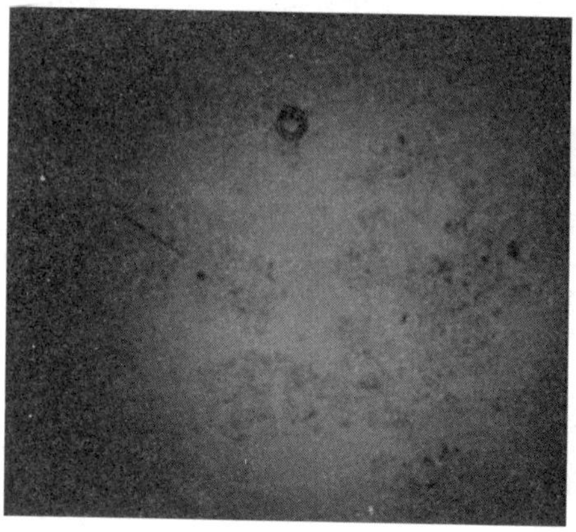

图 3

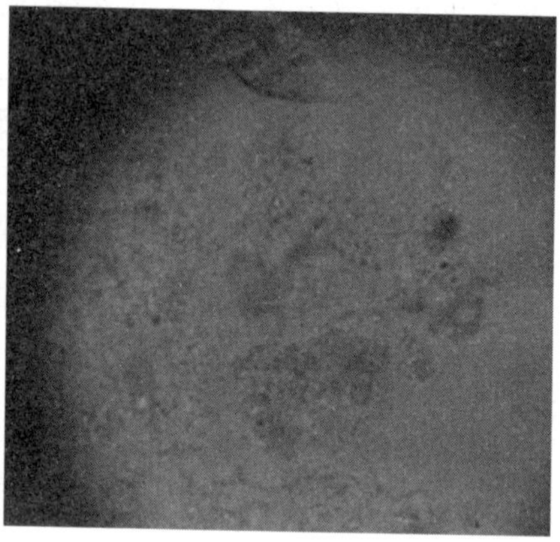

图 4

6. 根据镜检过程虫体形态判断其种类。变形虫（2~3 只）体型很小。污泥量下降，SV_{30} 为 25%，取样的同时看到二沉池的浮泥，黄色，块很大，打散后马上就沉了下去。以上描述，可以判断出曝气池存在什么问题?

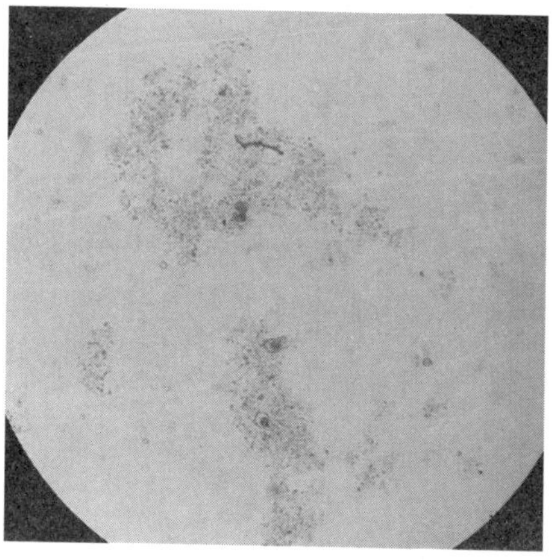

图 1

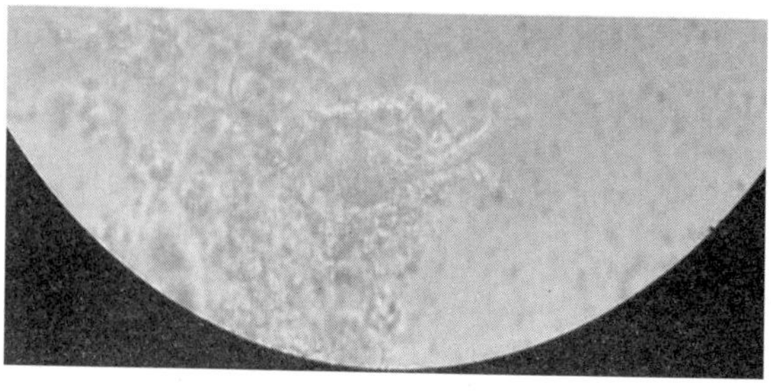

图 2

7. 根据镜检污泥，首先分析一下菌胶团状况，然后分析原后生动物，总体地评估污泥情况。这是含80%的印染污水，取生化沉积污泥镜检，取样时目测状况尚可，但是取了生化混合液镜检后，菌胶团块十分细碎，原后生动物数量少，镜检取泥采样要求是什么？图示虫体类型及指示意义是什么？

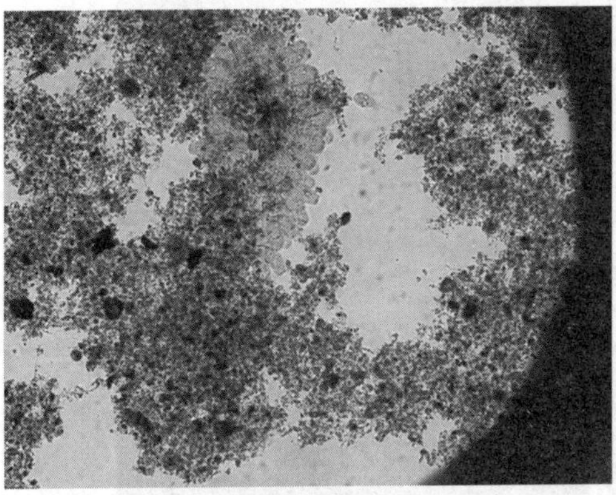

图 1

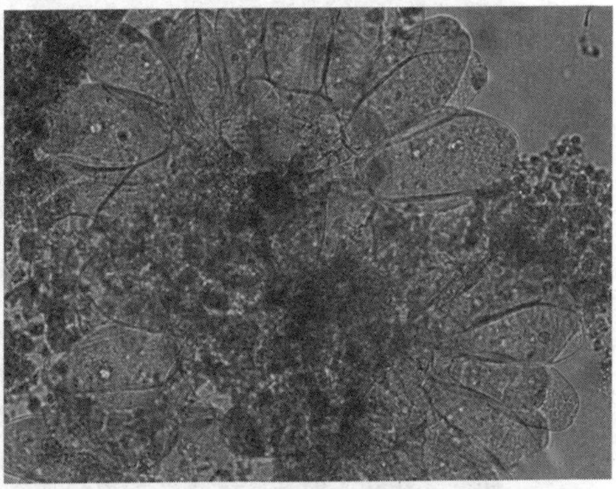

图 2

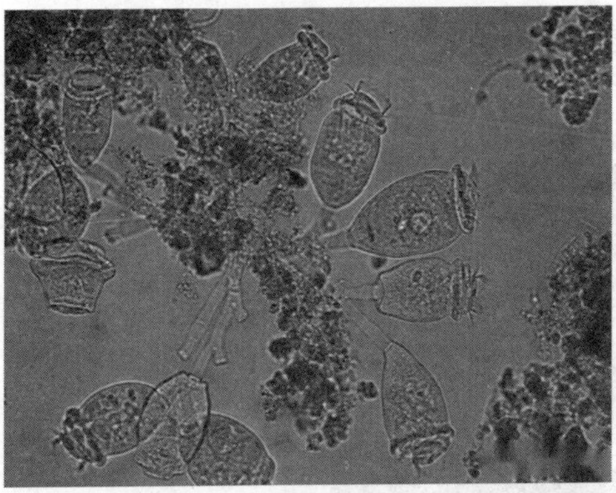

图 3

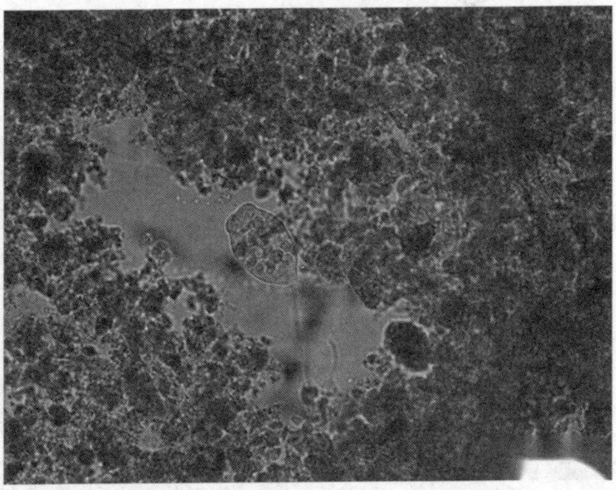

图 4

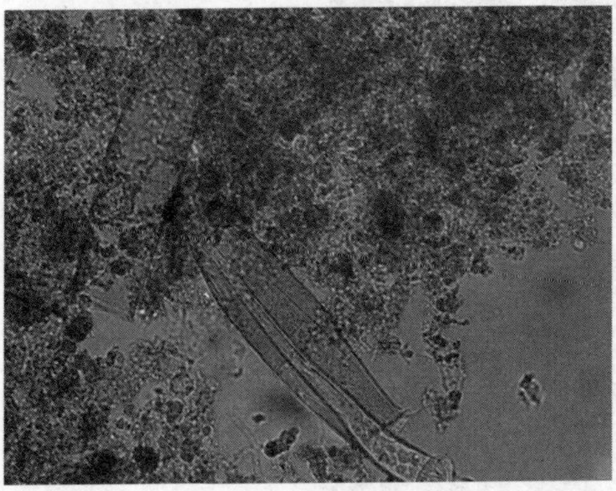

图 5

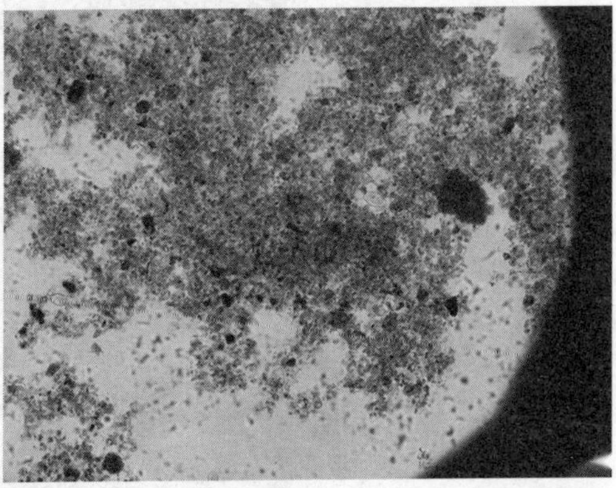

图 6

8. 在图1中虫体会来回舒卷，虫身如钟虫样，可急速内缩，然后逐渐伸展，形状好像在一条管道里，头上有很多触角，而头部周围也有碎屑在打转。图2虫身比较圆，而周身边缘有纤毛，头稍小，尾大，尾上有两条刺状的结构物，根据微生物镜检谱图可判断是什么微型生物？

图 1

图 2

9. 做污泥培育时，当加入甲醇培养液后，镜检到的微型生物如图所示，请问为什么？

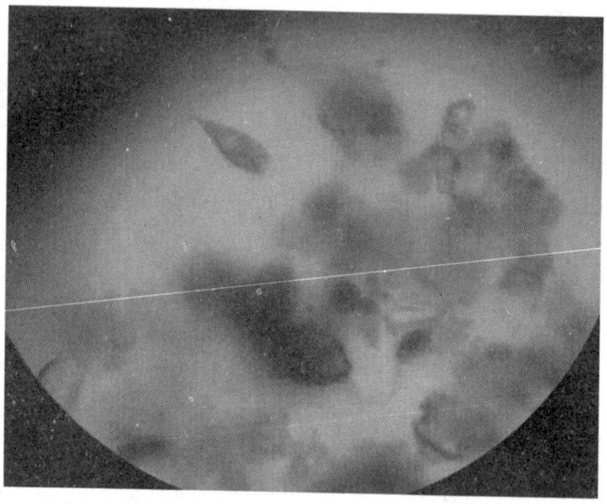

10. 以下镜检时发现两种新虫，请问是什么？

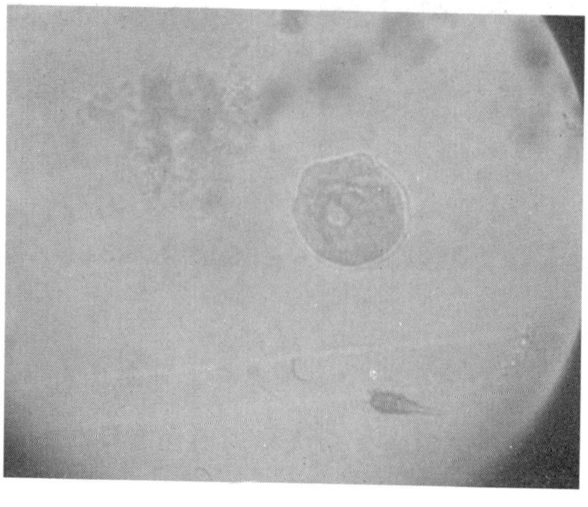

11. 请问中间的微生物是什么虫？

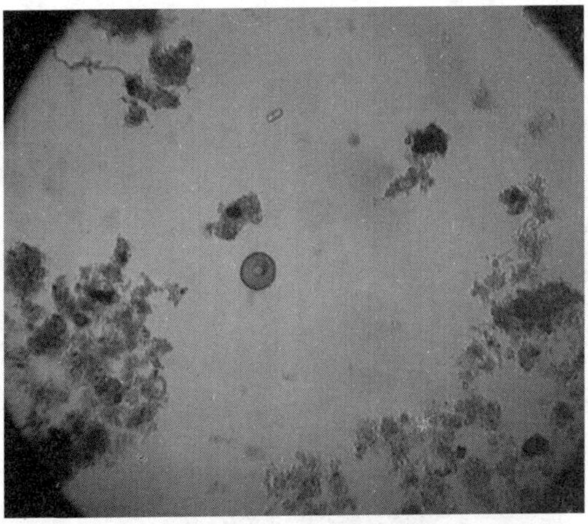

12. 下面图 1 和图 2 为活性污泥的镜检图，现在污泥中丝状菌较多，如何改善污泥？所处理的印染工业废水，剩余污泥含量约为 2 500~3 000 mg/L，SV_{30}=100%，溶解性氧约 2~4 mg/L。

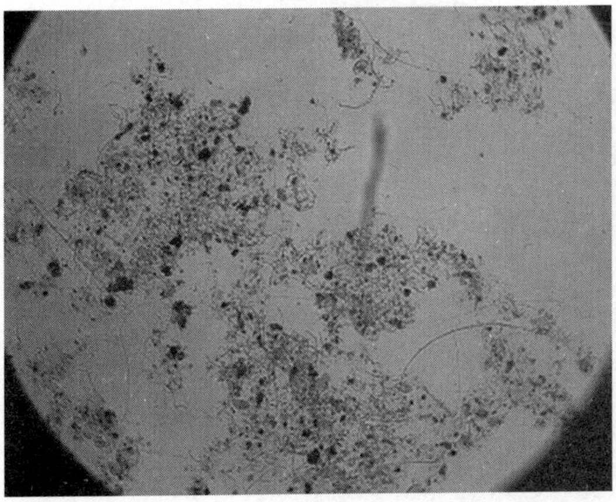

图 1

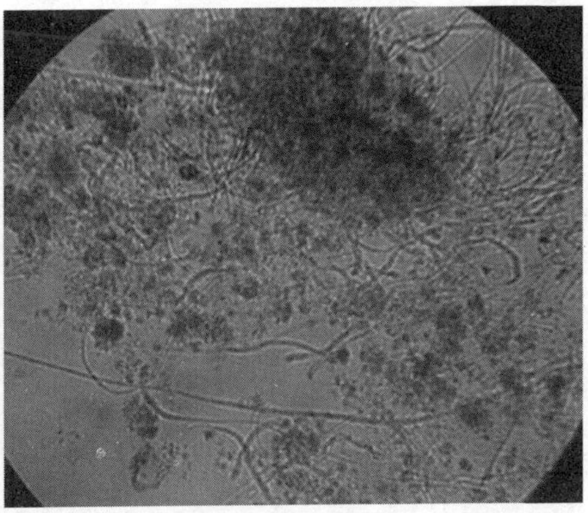

图 2

13. 造纸污水，因为生物需氧量高，增加了曝气，观察到二沉池上全是浮泥，活性污泥发白，SV 为 98%。近期钟虫和纤毛虫数量大幅下降，但也出现过极少数的轮虫，其中非活性污泥微生物数量最多，形态特征：虫体看上去比较柔软，头似葫芦，行动速度极快，尾部有两根鞭毛，仅凭外观较难做出虫体种类判断，如何处理？

14. 下面是镜检微生物的图片，如果这种细菌真的存在，可以说明对生物培养有什么益处？在400倍观测下，图中体型较大的虫体，有长鞭毛助其游动，而视线中也有许多小黑点在跑动。

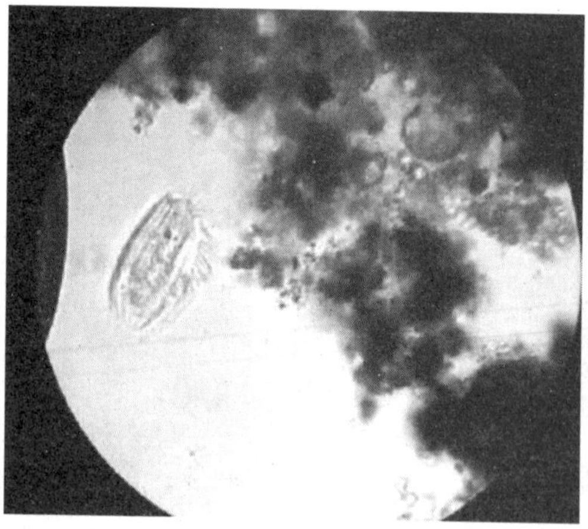

图 1

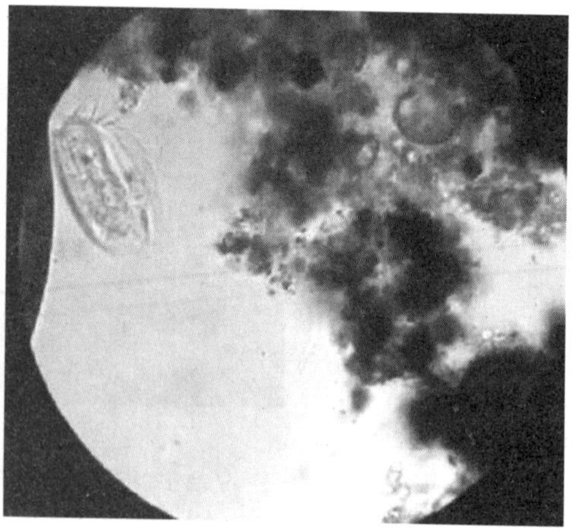

图 2

15. 如何控制丝状菌污泥膨胀？

16.（判断对错）原生动物中大量存在的纤毛虫可以分为三类，通过它们在活性污泥中的构成比例和数量，可以判断活性污泥的净化能力以及污水的净化程度。其中活性污泥性纤毛虫类是在活性污泥成熟后才出现的。（　　）

17.（判断对错）活性污泥培养初期，曝气池中出现白色泡沫是正常现象。（　　）

第二篇

化学生物分析基本操作

第六章　常用器皿的洗涤与存放

6.1　实验室分析用水的制备与质量要求

6.1.1　纯水的制备

纯水是分析工作必不可少的条件之一。因此，在开展分析监测之前，首先要制备出符合分析要求的纯水。纯水的制备是将原水中可溶性和非可溶性杂质全部除去的水处理方法。制备纯水的方法很多，通常采用蒸馏法（distillation）、离子交换法（ion exchange）和电渗析法（electrodialysis）。

一、蒸馏法制备实验室用水

蒸馏水（distilled water，DI-water）是利用水与水中杂质的沸点不同，用蒸馏法制得的纯水。将天然水置于蒸馏器（distiller）中加热，产生的蒸汽经冷凝后，即可得到蒸馏水。用于制备蒸馏水的蒸馏器式样很多，现在多采用内加热式蒸馏器代替用电炉、煤气或煤炉等加热的外加热式蒸馏器。实验室用的蒸馏器通常是用玻璃或金属制造的。

蒸馏水中颗粒物（particulate matter）、有机物（organic matter）、电解质（electrolyte）以及溶解气体（dissolved gas）等杂质要少得多，比较纯净，但仍含有极少量金属离子（metal ion）以及二氧化碳（carbon dioxide）等杂质，主要原因：二氧化碳及某些低沸点易挥发物随水蒸气进入蒸馏水；冷凝管、蒸馏器、容器本身的成分被微量地带入蒸馏水中。

化学分析用水，通常是经过一次蒸馏而得，称为一次（级）蒸馏水。有些分析要求用经两次（或三次）蒸馏而得的两次（或三次）蒸馏水。第二次蒸馏除了采用双重蒸馏器外，还可以使用石英亚沸蒸馏器。一般的蒸馏由于沸腾（boiling）过程中产生的水泡发生破裂，会使一些杂质微粒被带入蒸馏水中。亚沸蒸馏的特点是在液面上方进行加热，使液体不沸腾进行蒸馏，消除了水泡破裂带来的污染，带出的杂质大大降低。

对于高纯物分析，必须用高纯水。在重蒸馏之前，加入一些适当的试剂如碱性高锰酸钾，可以抑制某些杂质的挥发，减慢蒸馏速率，弃去头尾蒸出的水，以及采用特殊材料如石英、银、铂、聚四氟乙烯等制作的蒸馏器皿，可制得高纯水。高纯水不能储存在玻璃容器中，而应储存在有机玻璃、聚乙烯材料或石英容器中，容器需保持加塞状态。易挥发试剂不要存放在附近，以防被蒸馏水吸收造成污染。[1]

二、离子交换法制备实验室用水

自来水或普通蒸馏水通过离子交换树脂（ion exchange resin）柱后可以得到去离子水或称离子交换水。制备时，使自来水或普通蒸馏水依次通过阳离子树脂（cationic resin）、阴离子树脂（anionic resin）和阴阳离子混合树脂（cation-anion resin）。离子交换法对水中的非电解质（non-electrolyte）及胶体（colloid）没有去除作用，可以将去离子水经过吸附柱吸附有机物，得到高纯水。此法的优点是操作与设备均不复杂，出水量大，成本低。在大量用水的场合有替代蒸馏法制备纯水的趋势。离子交换法能去除原水中绝大部分盐、碱和游离酸，但不能完全除去有机物和非电解质。因此，要获得既无电解质又无微生物等杂质的纯水，还需将离子交换水进行蒸馏。

1. 离子交换树脂及交换原理

离子交换树脂是一种高分子化合物，通常为半透明或不透明的浅黄、黄或棕色球状物。它不溶于水、酸、碱及盐，对有机溶剂、氧化剂、还原剂等化学试剂也具有一定的稳定性，对热也较稳定。离子交换树脂具有交换容量高、机械强度好、膨胀性小、可以长期使用等优点。在离子交换树脂网状结构的骨架上，有许多可以与溶液中离子起交换作用的活性基团。根据活性基团的不同，分阳离子交换树脂和阴离子交换树脂两类。在阳离子交换树脂中又有强酸性阳离子交换树脂（如聚苯乙烯磺酸型树脂）和弱酸性阳离子交换树脂（如丙烯酸型树脂）。阴离子交换树脂也分为强碱性阴离子交换树脂（如聚苯乙烯季铵盐树脂）和弱碱性阴离子交换树脂（如聚苯乙烯仲胺型树脂）。

当水流过装有离子交换树脂的交换器时，水中的杂质阳离子被交换于离子交换树脂上，树脂上可以交换的阳离子 H^+ 被置换到水中，并和水中的阴离子组成无机酸。

2. 离子交换装置

交换柱常用玻璃、有机玻璃或聚乙烯管材制成，近、出水管和阀门最好也用聚乙烯，也可用橡皮管加上弹簧夹。简单的交换柱可用酸式滴定管装入交换树脂制成，在滴定管下部塞上玻璃棉，均匀地装入一定高度的树脂就构成了一个简单的离子交换柱。通常树脂层高度与柱内径之比至少要大于 5∶1。

自来水通过阳离子交换柱（简称阳柱）除去阳离子，再通过阴离子交换柱（以下简称阴柱）除去阴离子，流出的水即可作化验用水。但水质不太好，pH 常大于 7。为了提高水质，再串联一个阳、阴离子交换树脂混合的"混合柱"，就得到较好的化验用水。

离子交换制备化验用水的流程，分为单床、复床（阳柱、阴柱）、混合床等几种。若选用阳柱加阴柱的复床，再串联混合床的系统，制备的纯水就能很好地满足各种化验工作对水质的要求。[2-3]

3. 新树脂的处理

首先，将潮湿的新树脂在空气中晾干（在烘箱中烘干树脂会使树脂交换基团部分遭到破坏，应该避免）。必要时进行筛分，除去由于剧烈机械运动损坏了的（50 目以上）粉状树脂，以避免堵塞交换柱。用 95% 乙醇浸泡 4 h 并不断搅拌，用水漂洗至无乙醇气味后，再漂洗 1~2 次，然后进行以下处理：

①强酸性阳离子交换树脂，先用 5%~10% 盐酸浸泡 1 d，并不时搅拌，用倾泻法以蒸馏水洗涤树脂至洗液不呈色，然后将树脂带水一起装入柱中（注意：不要使树脂层中含有气泡）。再继续用 5%~10% 盐酸淋洗，使流出液中检不出 Fe^{3+}，再以蒸馏水或去离子水洗到流出液的 pH 为 6.6~7.0。

②强碱性阴离子交换树脂，先用水浸泡 1 d，将树脂带水一起装入柱中（注意：不要使树脂层中含有气泡）。用 5% 盐酸溶液淋洗，直至流出液检不出 Fe^{3+}，然后用水洗到中性，再用 4%~6% 氢氧化钠溶液淋洗，至流出液中检不出 Cl^-，最后用蒸馏水洗至 pH 约为 7 即可使用。

4. 注意事项

①使用自来水制备去离子水时，应先将原水充分曝气，待其中余氯除尽再流入树脂床，自然曝气所需时间视环境温度而异，一般夏季约需 1 d，冬季常需 3 d 以上，加热并加强搅拌或充气可提高效率。

②原水硬度较高时则应进行必要的处理（蒸馏或电渗析等）以除去其中大量无机盐类，然后再进行交换处理，以延长交换柱的工作周期。

③使用复合床制备纯水时最好是连续生产。当复合床内的树脂经再生处理后重新使用或间歇工作再继续制水时，其最初出水的质量都较差，电阻率常低于 10^5 Ω · cm，因而须待出水电阻率符合要求时才能收集使用。对先出的质量低劣的交换水可重新入

床进行交换处理。

④用离子交换法制得的纯水一旦接触空气，其电阻率随即迅速下降，以玻璃容器储存时，其电阻率亦将随储存时间的延长而继续降低。

⑤去离子水中金属离子杂质含量极低，适于配制痕量金属分析用的试液。

⑥去离子水中常含有微量树脂浸出物和树脂崩解微粒（部分微粒可用孔径 0.2 ~0.45 μm 的滤膜滤除），不宜用于配制有机物质分析的试液和 TOC、COD 的试液。

三、电渗析法制备实验室用水

在电渗析器的阳板和阴板之间交替平行放置若干张阴离子交换膜和阳离子交换膜，膜间保持一定间距形成隔室，在通直流电后水中离子做定向迁移，阳离子移向负极，阴离子移向正极，阳离子只能透过阳离子交换膜，阴离子只能透过阴离子交换膜。在电渗析过程中能除去水中电解质杂质，但对弱电解质去除效率低。电渗法常用于海水淡化，不适用于单独制取化验纯水。与离子交换法联用，可制得较好的化验用纯水。电渗析法的特点是设备可以自动化，节省人力；仅消耗电能，不消耗酸碱；不产生废液等。

6.1.2 特殊要求的实验用水制备

一、不含氯的水（chlorine free water）

加入亚硫酸钠等还原剂，将自来水中的余氯还原为氯离子，以 N- 二乙基对苯二胺（DPD）检查不显色。继续用附有缓冲球的全玻蒸馏器进行蒸馏制取无氯水。[4]

二、不含氨的水（non-ammonia water）

向水中加入硫酸至其 pH 小于 2，使水中各种形态的氨或胺最终都变成不挥发的盐类，用全玻蒸馏器进行蒸馏，即可制得无氨纯水（注意避免实验室空气中含氨而重新污染，应在无氨气的实验室中进行蒸馏）。也可以在长 500 mm、半径 30 mm 的交换柱中，用 2 份强碱性（strong alkaline）阴离子交换树脂及 1 份强酸性（strong acidic）阳离子交换树脂依次进行填充，将水以 3~5 mL/min 的速度通过交换柱制得无氨水。

三、无二氧化碳水（carbon dioxide-free water）

①煮沸法：将蒸馏水或去离子水煮沸至少 10 min（水多时），或使水量蒸发 10% 以上（水少时），立即将烧瓶用装有钠石灰（soda lime）管的胶塞塞紧并冷却至室温即可。

②曝气法：将惰性气体或纯氮通入蒸馏水或去离子水至饱和即可。

注意：制得的无二氧化碳水应储存于一个用附有碱石灰管的橡皮塞盖严的瓶中。

四、不含铅（重金属）的水［lead（heavy metal）free water］

用氢型强酸性阳离子交换树脂柱处理原水，即可获得不含铅（重金属）的纯水。同时，储水器应预先进行无铅处理，用 6 mol/L 硝酸溶液浸泡过夜后以无铅水洗净。

五、不含砷的水（arsenic free water）

一般蒸馏水或去离子水多能达到基本无砷的要求。应注意避免使用软质玻璃（钠钙玻璃）制成的蒸馏器、树脂管和储水瓶。同时，进行痕量砷的分析时，须使用石英蒸馏器和聚乙烯的离子交换树脂柱管和储水瓶。

六、不含酚的水（phenolic free water）

向水中加入氢氧化钠至 pH 大于 11，使水中酚生成不挥发的酚钠后，用全玻蒸馏器蒸馏制得（蒸馏之前，可同时加入少量高锰酸钾溶液使水呈紫红色）。

七、不含有机物的水（organic matter-free water）

加少量高锰酸钾的碱性溶液于水中，使其呈红紫色，再以全玻蒸馏器进行蒸馏即得。在整个蒸馏过程中，应始终保持水呈红紫色，否则应随时补加高锰酸钾。

八、不含氧的水（anaerobic water）

准备一根导管，一端与盛有焦性没食子酸（pyrogallic acid）碱性溶液（100 g/L）的洗瓶连接，另一端与装有玻璃导管的胶塞连接，烧瓶中加水煮沸 1 h，立即塞紧胶塞并冷却至室温。

6.1.3 实验室纯水的质量要求

一、外观与等级

实验室纯水应为无色透明的液体，其中不得有肉眼可辨的颜色及杂质。根据国家标准《分析实验室用水规格及试验方法》（GB/T 6682—2008）的规定，实验室分析用水分为三个等级，应在独立的制水间制备。

1. 一级水

不含有溶解杂质或胶态质有机物。它可用二级水经进一步处理制得。例如可将二级水经过再蒸馏、离子交换混合床、0.2 μm 滤膜过滤等方法处理，或用石英蒸馏装置进一步蒸馏制得。一级水不可提前制取，只能现用现制。

一级水用于制备标准水样或超痕量物质的分析，如高效液相色谱（high performance liquid chromatography，简称 HPLC）用水。

2. 二级水

常含有微量的无机、有机或胶态杂质。可用蒸馏、电渗析或离子交换法制得的水进行再蒸馏的方法制备。可以储存在专用的聚乙烯器皿中。

二级水一般用于无机痕量分析（trace analysis），如原子吸收光谱分析用水。

3. 三级水

适用于常规化学实验。可用蒸馏、电渗析或离子交换等方法制备。可以储存在专用的聚乙烯或玻璃器皿中。

实验室纯水的原料应当是饮用水或比较干净的水，如有污染或空白达不到要求，必须进行纯化处理。

二、质量指标

纯水的纯度指标中主要控制无机离子、还原性物质、尘埃粒子的含量，便可满足水质分析的要求。实验室用水应符合表 6-1 的规定。

表 6-1　实验室纯水的质量指标

指标名称	一级水	二级水	三级水
pH 范围（25℃）	—	—	5.0~7.5
电导率（25℃，μS/cm）	≤ 0.1	≤ 1.0	≤ 5.0
可氧化物的限度试验	—	符合	符合
吸光度（254 nm，1 cm 光程）	≤ 0.001	≤ 0.01	—
二氧化硅（mg/L）	≤ 0.02	≤ 0.05	—

三、影响纯水质量的因素

影响纯水质量的因素包括空气、容器和管路。

在实验室中制取纯水，不难达到纯度指标。一经放置，特别是接触空气，其电导率会迅速下降。例如用钼酸铵法测磷及纳氏试剂法测氨，无论用蒸馏水或离子交换水，只要新制取的纯水都适用。一旦放置，空白值便显著增高，主要来自空气和容器的污染。

玻璃容器盛装纯水可溶出某些金属及硅酸盐，有机物较少。聚乙烯容器所溶出的无机物较少，但有机物比玻璃容器略多。

纯水导出管。在瓶内部分可用玻璃管，瓶外导管可用聚乙烯管，在最下端接一段乳胶管，以使配用弹簧夹。

6.1.4 实验室纯水的质量检验

用于质量检验的各级水样不得少于 2 L。水样应注满清洁、密闭的聚乙烯容器。取样时应避免沾污。各项实验必须在洁净的环境中进行，并应采取适当措施避免沾污。没有注明其他要求时，均使用分析纯试剂和相应纯度的水。

一、pH 测定

用 pH 计测定。按仪器说明书的规定，用 pH 为 5.0~8.0 的标准缓冲溶液校正 pH 计。所选用的标准缓冲溶液，其 pH 应与被测溶液相接近。一般去离子水的 pH 在 6.5~7.5 之间。

二、电导率的测定

用具有温度补偿功能的电导仪测定。如果所用电导仪不具备温度补偿功能，可于测定温度 t 的电导率后，根据下式计算 25 ℃的电导率。

$$K_{25}=a\,(K_t-K_p)+0.054\,8$$

式中，K_{25}——25 ℃的纯水电导率（μS/cm）；

K_t——t 时测得的纯水电导率（μS/cm）；

K_p——t 时的理论纯水电导率（μS/cm）；

a——t 时的换算系数；

0.054 8——25 ℃的理论纯水电导率（μS/cm），见表 6-2。

表 6-2　电导率的换算系数（a）和理论纯水电导率（K_p）

t/℃	a	K_p/（μS/cm）	t/℃	a	K_p/（μS/cm）
0	1.873	0.011 1	20	1.111	0.041 4
5	1.625	0.016 0	25	1.000	0.054 8
10	1.413	0.022 4	30	0.903	0.071 0
15	1.250	0.030 8	35	0.822	0.090 8

三、可氧化物检验

1. 试剂和溶液

配制溶液用水：二级水。

硫酸（GB 625—77）：约 98 g/L 溶液。

高锰酸钾（GB 643—77）溶液：c（1/5 $KMnO_4$）=0.01 mol/L，新鲜配制。称取高

锰酸钾 0.32 g，溶于约 1 L 水中，煮沸 1 ~2 h，静置过夜。用 4 号砂芯玻璃漏斗抽滤，用刚煮沸冷却后的水稀释至 1 L，储于棕色瓶中。

2. 操作

取 1 000 mL 二级水（100 mL 三级水）注入烧杯中，加入 10.0 mL 硫酸溶液和 1.0 mL 高锰酸钾溶液，盖上表面皿，煮沸 5 min，与置于另一相同容器中不加试剂的等体积水样作比较，溶液所呈淡红色不得完全褪尽。

四、吸光度测定

将水样分别注入 1 cm 和 2 cm 的石英比色皿中，在紫外分光光度计上，于 254 nm 处用 1 cm 比色皿中水为参比，测定 1 cm 比色皿中水的吸光度，按表 6-1 所列各相应级别纯水的质量指标进行判断。

五、二氧化硅测定

按 GB 6682—2008“2.5 二氧化硅的测定”操作，可定量检验水中二氧化硅。通常只作定性检查。

取纯水 10 mL 注入试管中，加 15 滴 1% 钼酸铵溶液和 8 滴草酸硫酸混合液（4% 草酸和 4 mol/L 硫酸，按 1+3 混合），摇匀。放置 10 min，加 5 滴 1% 硫酸亚铁铵溶液（新配），摇匀。如溶液呈蓝色，表示有可溶性硅。

6.2 常用玻璃器皿的洗涤、存放

6.2.1 常用玻璃器皿的种类

实验室常用的玻璃器皿（glassware）种类繁多，按用途来看，可分为三类：容器（container）类、量器（measuring vessel）类和其他仪器类。

容器类用于盛装各类溶液，如烧杯（beaker）、试剂瓶（reagent bottle）和锥形瓶（conical flask）等。

量器类用于量取溶液的体积，如滴定管（burette）、量筒（measuring cylinder）、吸量管（pipette）和容量瓶（volumetric flask）等。量器类玻璃器皿应按照相应的检定规程进行检定后方可使用。

其他仪器类包括表面皿（watch glass）、冷凝管（condenser pipe）、分液漏斗（separatory funnel）和标准磨口组合仪器等。

实验室常用玻璃器皿及使用如表 6-3 所示。

表 6-3 实验室常用玻璃器皿及使用

名称	分类及特点	主要用途	使用注意事项
试剂瓶	试剂瓶分为细口瓶、广口瓶、下口瓶，不能加热	广口瓶存放固体试剂，细口瓶存放液体试剂；下口瓶多用于存放蒸馏水，便于取用	不宜在瓶内配制溶液，尤其是配制过程放出大量热量的溶液； 带玻璃瓶塞不可存放碱液，碱液应使用橡皮塞子
锥形瓶	分为具塞和普通型，可以加热	多用于容量分析滴定	放在电炉上加热时必须垫石棉网（asbestosed wire gauze）
碘量瓶（iodine flask）	可以加热	碘量法分析的专用器皿，也可用于有挥发性物质生成的分析	同锥形瓶
烧杯	分为低形、高形、夹套、染色烧杯等，可以加热	配制各类试剂溶液、溶解固体样品等	加热时要求同锥形瓶一致，注意不要烧干
称量瓶（weighing bottle）	称量瓶的规格以外径（cm）× 高（cm）表示，分为矮形和高形，不可加热	矮形多用于干燥或烘干；高形用于盛装需要称量的试剂，减量法使用较多	盖子和瓶体要原配，不得混用
滴瓶（dropping bottle）	分为无色和棕色	盛装滴加的各类试剂，多用于指示剂	滴瓶上的滴管与滴瓶配套使用
量筒、量杯（measuring cup）	主要用玻璃，少数用透明塑料制造，不可加热	粗略量取一定量的液体	不能用于配制溶液
滴定管	规格以 25、50、100 mL 居多，分为酸式、碱式和酸碱通用滴定管，不可加热	用于容量分析滴定操作，棕色滴定管可用于见光易分解的溶液	活塞不能混用； 使用前应做好试漏； 不能长期存放用于滴定的溶液
微量滴定管（microburette）	规格以 1、2、3、4、5、10 mL 居多	用于微量或半微量容量分析滴定	同滴定管
自动滴定管（automatic burette）	分为无色和棕色	可根据需要连续放出不同体积的溶液	除了同滴定管要求一致外，要注意配件的配套性
移液管（pipette）	从精度上可分为 A 级和 B 级，不可加热	精准地移取一定体积的液体	应定期做检定或校准

续表

名称	分类及特点	主要用途	使用注意事项
刻度吸管（graduated pipette）	从精度上可分为 A 级和 B 级，不可加热	精准地移取各种不同体积的液体	同移液管
比色管（colorimetric tube）	一般有两种，具塞和不具塞。通常把具塞的叫作纳氏比色管	多用于分光光度法的比色分析（colorimetric analysis）	不能直接加热； 磨口塞不能混用
试管（test tube）	规格以外径（mm）× 长度（mm）表示，分为普通试管、具支试管、离心试管等多种，可以加热	用于定性检测	可以直火加热，注意防止骤冷骤热
表面皿	可以加热	用作盖子，盖住其他器皿，也可以用来做一些蒸发液体的工作	如加热需垫上石棉网，要注意按仪器的口径选择表面皿
漏斗（funnel）	按口径的大小和径的长短，可分成不同的型号，有普通漏斗、热水漏斗、高压漏斗、长颈漏斗等	过滤（filtration）	不可加热
分液漏斗	分为滴液、球形、梨形和筒形，不可加热	用于分离两种互不相溶的液体；也可组成气体发生装置	使用前应检查是否漏水； 调节旋塞和磨口塞不能混用
抽滤瓶（filter flask）	—	抽滤时承接滤液	不可加热
干燥器（dryer）	常见的有真空和非真空	维持物质的干燥	底部的干燥剂不能放得过多； 不能放太热的物品
冷凝管	分为直形、球形、蛇形、空气冷凝管	利用热交换将气体冷却凝结成液体，可装配成冷凝装置或回流装置	冷却水应从低端进入，高端流出
标准磨口组合仪器	—	有机分析中物质的制备及分离	洗涤时，不应使用去污粉等固体摩擦粉； 组装时，应将高度和角度调整适当后再安装； 带活塞和塞子的磨口仪器，活塞、塞子不能混用

6.2.2 玻璃器皿的洗涤

一、选择适用的洗涤溶液

进行玻璃仪器的洗涤时，应结合实验的具体要求、残留污物的性质以及沾污程度，科学合理地选用洗涤溶液。实验室常用以下几种洗涤溶液。

1. 酸性洗液

可以去除玻璃器皿表面附着的碱性物质残渍及大多数无机物污垢，常用于实验室新购置玻璃器皿的处理，将其浸泡于2%的盐酸溶液中24 h，去除玻璃器皿中的游离碱后用自来水冲洗干净。2%的盐酸溶液配制方法：量取浓盐酸45 mL，加水稀释至1 000 mL。

2. 碱性洗液

称取10 g氢氧化钠，加入90 mL蒸馏水，混合均匀，配制成10%的氢氧化钠水溶液。将玻璃器皿放在碱性洗液中煮沸，可以有效去除油污等有机物污垢，但为了不腐蚀玻璃，煮的时间不能过长。

3. 合成洗涤剂

常见的实验室洗涤溶液，可用来洗涤油脂类污垢。主要由表面活性剂（surface active agent）和其他辅助剂配制而成，去污效果良好，常用的有液体、粉状或膏状。

4. 铬酸洗涤溶液

称量20 g重铬酸钾，并将其溶于40 mL水中，缓慢加入360 mL浓硫酸，配制成铬酸洗涤溶液（chromic acid lotion）。它的强酸性和强氧化性，使它具有极强的去污作用，适用于有无机物污垢或器壁有少量油污残留的玻璃器皿的洗涤。将沾污器皿用铬酸洗涤液浸泡一段时间后，洗涤效果会更好。需要注意的是，此洗涤液能重复利用，洗涤结束后，用过的洗涤液不可随意倾倒，要回收到指定容器内。并且要密闭保存，以防止吸水后失效，当其颜色变绿时即为失效。

5. 碱性 $KMnO_4$ 溶液

30 g/L的高锰酸钾溶液和1 mol/L的氢氧化钠溶液等体积混合，即可配制成碱性 $KMnO_4$ 溶液。该洗液可以用于洗涤油污和其他有机污垢。使用时将其倒入玻璃器皿，浸泡一段时间后倒出即可，但会在污垢处生成褐色 MnO_2（manganese oxide）痕迹，可以用浓盐酸、草酸洗涤溶液或亚硫酸钠（sodium sulfite）等还原剂清除。

6. 有机溶剂

乙醚（diethyl ether）、乙醇（ethanol）、丙酮（acetone）、石油醚（petroleum ether）和汽油（gasoline）等，可用于油污或可溶于其的有机污垢的洗涤。但由于有机溶剂的可燃性和毒性，使用时应特别注意安全。

7. 特殊情况用洗涤液

有的污物使用常见洗涤液不能有效去除，可以结合污垢的特性，采用特殊的洗涤溶液进行处理。如，硝酸 - 氢氟酸（nitric acid-hydrofluoric acid）洗涤液可用于洗涤玻璃、石英器皿表面的金属离子；Na_2S（sodium sulfide）可用于处理硫黄污垢；氨水或 $Na_2S_2O_3$（sodium thiosulfate）可用于处理 AgCl（silver chloride）污垢；王水（aqua regia）可用于溶解硫化物污垢；可用乙醇 - 浓硝酸溶液来处理一般方法难以洗涤的有机沾污。

二、洗涤方法

根据操作手法的不同，玻璃器皿的洗涤方法主要有以下三种。

1. 振荡洗涤（冲洗法）

利用水的机械振荡把可溶性污垢溶解后去除。

具体方法为加注少量水在玻璃器皿中，用力振荡数次后倒出，并且反复多次洗涤。

2. 毛刷刷洗

当难以冲洗掉的污垢附着在玻璃器皿内壁时，可使用毛刷刷洗。

具体方法为先将玻璃器皿内壁用水润湿，再用毛刷蘸取适量合成洗涤剂等进行刷洗。为了不损坏玻璃器皿，刷洗时不可以用力太猛，并且要选用尺寸合适的毛刷。

3. 浸泡洗涤

对冲洗法和毛刷刷洗都不能去除的污垢，可以使用洗涤溶液与污垢发生反应，进而转化成可溶性物质后去除。

具体方法为先倒掉玻璃器皿中的水，再将适量洗涤液倒入，使玻璃器皿内壁全部润湿后浸泡一段时间，洗涤完毕后将洗液收集到洗液回收瓶中。

三、洗涤操作

1. 非计量玻璃器皿的洗涤

常用的非计量玻璃器皿主要有烧杯、锥形瓶和试剂瓶等，如有油污等污垢时，可使用洗涤剂刷洗后，再依次使用自来水及蒸馏水冲洗干净。最后倒置在室内瓶架上晾干或放置于烘箱内烘干。

2. **计量玻璃器皿的洗涤**

（1）容量瓶

干净的容量瓶可直接用自来水冲洗，再用蒸馏水冲洗 2~3 次即可。不可以使用硬毛刷进行刷洗。污染较严重的，可倒入一定量的铬酸洗涤溶液洗涤。洗涤时应盖上塞子，慢慢转动，使洗液布满内壁，放置几分钟，倒出铬酸洗液，依次用自来水和纯水洗净。洗净后装入溶液，弯月面应不变形。

（2）滴定管

干净的滴定管，先用自来水冲洗滴定管的内部和外部，再用合成洗涤剂泡洗。如果仍然不易洗净，可考虑使用铬酸洗涤溶液洗涤。洗涤时将酸式滴定管内部的水尽量放干净，旋转关闭活塞，倒入不超过滴定管 1/3 体积的洗液，双手端住滴定管，转动滴定管直至洗液布满全部内壁，然后将滴定管立起，打开旋塞将洗液从下口放回原瓶中。

污染较严重的滴定管，可在洗液充满滴定管的情况下浸泡 10 分钟以上。浸泡完毕后，先将洗液从下口放回原瓶，再依次用自来水和蒸馏水淋洗 3~4 次。碱式滴定管与酸式滴定管洗涤方法类似，注意应将乳胶管摘下后再用铬酸洗涤溶液洗涤。

（3）移液管和吸量管

干净的移液管和吸量管可用自来水和蒸馏水依次淋洗。当内壁挂水珠时，先用自来水冲洗，擦干外壁的水，然后用铬酸洗涤溶液洗涤。用左手握住洗耳球（aurilave），右手拇指和中指捏住移液管或吸量管标线以上的管壁，将下口伸入洗液瓶中。用左手将洗耳球中的空气排出，尖嘴部分对准管口，吸取洗液至移液管或吸量管标线以上。然后，将洗液放回存放洗液的原瓶中。用自来水冲洗干净残留在内壁的洗液，再吸取蒸馏水润洗 3~4 次，或者用洗瓶从管口淋洗干净。

3. **特殊玻璃器皿的洗涤**

（1）砂芯玻璃滤器

可用热的盐酸或铬酸洗涤溶液清洗，一边抽滤一边清洗效果更好，然后用蒸馏水洗干净。对于使用过的砂芯玻璃滤器，要根据产生的沉淀，选用合适的洗涤剂将沉淀溶解，再用蒸馏水清洗，烘干保存在无尘柜或有盖容器内。

（2）比色皿（cuvette）

需要注意玻璃比色皿和石英比色皿洗涤方法不完全相同。洗涤玻璃比色皿要注意避免选用热酸、碱、重铬酸钾（potassium dichromate）等洗涤液。根据污染情况，可以用冷的阴离子表面活性剂、冷酸、乙醇等有机溶剂清洗。有机物污染可用盐酸 - 乙醇溶液洗涤。

（3）成套的组合器皿

将成套的器皿组合，用水蒸气蒸馏，洗涤组合中的各个部位。

（4）测定微量元素用的玻璃器皿

用硝酸溶液（10%）浸泡 8 h，然后用自来水和蒸馏水冲净。注意在洗涤的过程中不能引入含有待测元素的洗涤剂，如测磷的玻璃器皿所用的洗涤剂不能含磷酸盐。

6.2.3 玻璃器皿的干燥和存放

一、玻璃器皿的干燥

1. 晾干

洗干净的玻璃器皿，可在无尘处倒置控掉水分，自然干燥。

2. 烘干

控去水分后，将玻璃器皿放在温度为 105~120 ℃的烘箱中烘 1 h 左右。量器类最好不要放在烘箱内烘干，以免引起容积的变化。

3. 热（冷）风吹干

对于一些急需干燥又不能烘干的玻璃器皿，将少量乙醇、丙酮倒进器皿中，然后倒出溶剂，再用吹风机（hair dryer）冷风吹干，然后吹热风，使器皿完全干燥。

二、玻璃器皿的存放

1. 移液管

洗净后，放置在移液管架子上，长期不使用应放置于专用收纳盒中。

2. 滴定管

洗净后装满蒸馏水，在滴定管上口盖小烧杯或倒立夹于滴定管架上。

3. 比色皿

在干净的瓷盘中垫上滤纸，晾干放置于专用的比色皿盒中。

4. 带磨口塞的仪器

容量瓶或具塞比色管应把塞子和管口用橡皮筋或小线绳拴好，以免打破塞子或弄混。长期保存的器皿要在磨口和塞子间垫一张纸片，以免粘住。

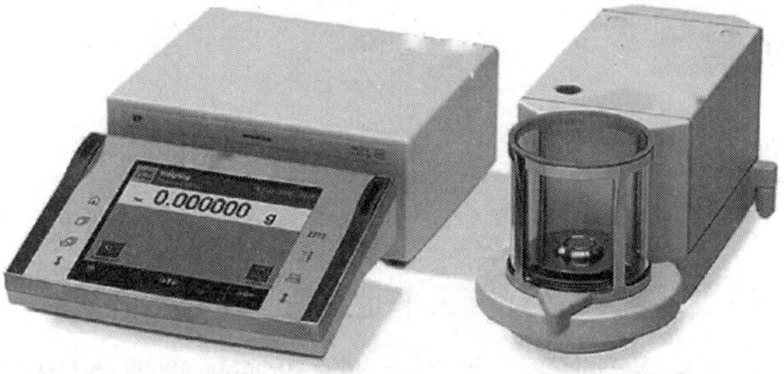

图 8-2　超微量电子天平

2. 微量电子天平

称重范围通常为 3~50 g，其分度值小于最大称量的 10^{-5}，如图 8-3 所示。

3. 半微量电子天平

称量范围通常在 20~100 g，其分度值小于最大称量的 10^{-5}，如图 8-4 所示。

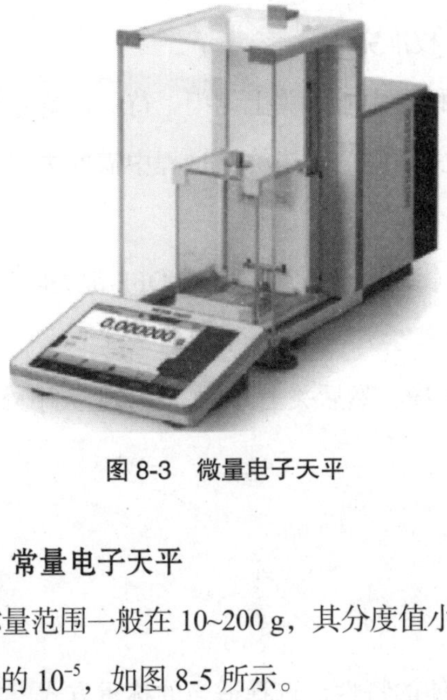

图 8-3　微量电子天平

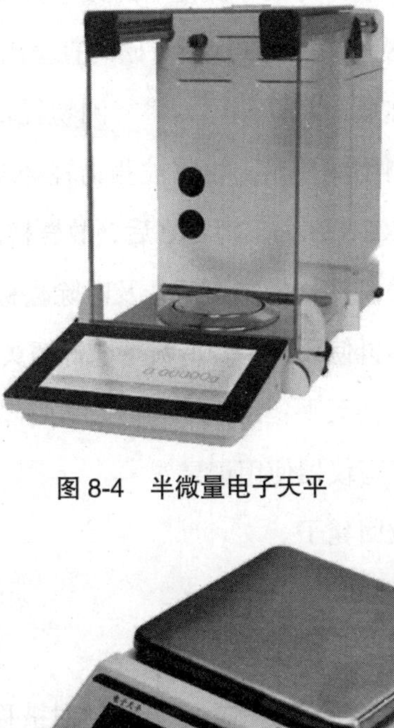

图 8-4　半微量电子天平

4. 常量电子天平

称量范围一般在 10~200 g，其分度值小于最大称量的 10^{-5}，如图 8-5 所示。

5. 分析天平

常量天平、半微量天平、微量天平和超微量天平的统称。

图 8-5　常量电子天平

6. 精密电子天平

准确度等级为高准确度级的电子天平的总称。JJG 1036—2022《电子天平检定规程》规定，天平准确度等级分为特种准确度级、高准确度级、中准确度级和普通准确度级。

8.1.3 操作流程

操作流程具体如下：

①拉出凳子。

②称前检查：取下天平外罩，检查天平是否处于休止状态。

③调水平：检查天平是否水平，如不水平，改变地脚螺栓位置，将水平仪的空气泡置于圆环中心。

④清扫天平：确认天平盘的清洁情况，如有灰尘，可使用软毛刷清扫天平。

⑤启动：打开电源，然后点开按键 ON/OFF，直至全屏自检。

⑥预热：当初次接入电源或短暂停电之后，最少应该预热 30 min。为了获得最合理的实验结果，天平将保持在待机状态。

⑦校准：对第一次使用的天平校准，按下校准按钮 CAL，天平将指示对所需的校准砝码称重，然后摆上所有砝码直至出现 g，校准完成。

⑧称量：打开侧门，将待测物轻轻放在秤盘中心，关上侧门，待示值稳定后，记录下待测物的质量，再将被测物轻轻取出，关闭侧门；当称量过程中需要去皮，按去皮键 TARE，在去皮清零之后，放置样品进行称量。

⑨关机：称量结束后，及时除去称量瓶（纸），关上侧门，按 OFF 键关闭显示器。若当天不再使用天平，应拔下电源插头。

⑩清扫天平：用天平刷将天平内部清扫干净，然后关上天平门，套上天平外罩。

⑪填写仪器使用记录。

⑫放回凳子。

8.1.4 称量方法

利用电子天平称重，可以针对被称重物体的特性，选择适当的称重方式。常用的称重方式主要有直接称量法和减量称量法。不管用何种称量方式，在称重中都不要用手直接触及天平或取放所称物，应戴好洁净的棉质手套，用纸条包住或用镊子取放，在称重的同时一定要关天平门。

1. 直接称量法

直接称量法适合于直接称量清洁晾干过的容器、较小块体的金属材料，或者其他较不易潮解或升华的固态试样，或者较难吸湿、在室内空气中化学稳定性好的粉末状材料。

例如，可选择分度值为 0.1 mg 的电子天平称重清洁干燥的器具，当开机预热后，屏幕显示产品质量为 0.000 0 g，接着将被称物放在称重盘上，进行称重，显示器的读数即为被称物的实际质量。如果要称取粉末状试样，可先用粗天平称量适当的试样，随后准备一洁净晾干的器具，首先用电子天平称量器具的质量，接着按除皮键，随后取下器具（此时显示器屏应呈现器具质量的负值，小心切勿按除皮键）导入已粗称量的试样，接着放在秤盘上，显示器的读数即显示试样的质量。[3]

2. **减量称量法**

本法特别适合称重易吸湿、易氧化，并易与 CO_2 进行化学反应的物料。用本法称量的试样，应盛放在称量瓶内。称量瓶通常是带有磨口玻璃塞的容器，在使用之前必须清洗或烘烤，在干燥器内冷却至常温。且不能放在不干净的地方，以避免称量瓶表面沾污。

使用此法称重时，需要先取适量的试验样本（应比所需称取的试样量稍多些）放入称量瓶中，封好瓶盖。用棉质手套或洁净的小纸片折叠的纸条套住原称量瓶后，将称量瓶置于称重盘，称取该称量瓶与试样的质量，然后用手按除皮键，除皮清零后，仍用纸条套住该称量瓶，并将其取出，手戴着棉质手套或用一张洁净的小纸片包住瓶盖柄，在接收容器（如锥形瓶、烧杯）上揭开瓶盖，并缓缓地倾斜称量瓶体。用瓶盖轻敲原瓶口处，使计量的试样缓缓地落到原玻璃容器中，如图 8-6 所示。直到倒出的试样质量接近所规定的质量时，再边敲打边缓缓地竖起称量瓶，使已黏附在原来瓶口部的试样落到原称重瓶中，之后再盖好瓶盖。把称量瓶置于秤盘中，显示屏显示为负值，其数值即为倾倒出试样的质量。如果一次倾出的试样量不够所需量，可再次倾倒样品，直到移出的样品质量满足要求后，再记录天平读数，但添加样品次数不得超过 3 次，否则应重称。按上述方法连续递减，可称取多份试样。

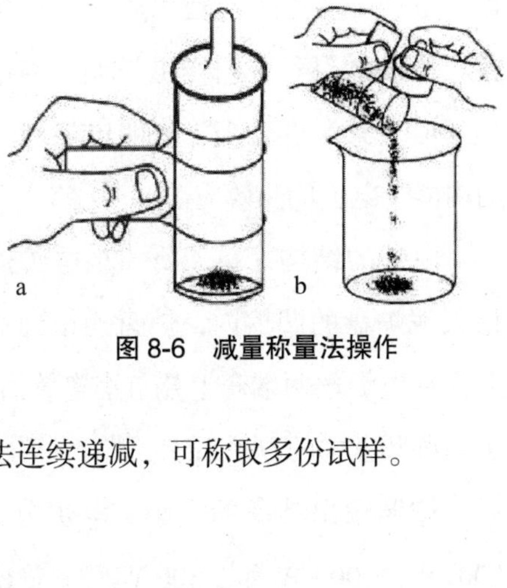

图 8-6　减量称量法操作

8.1.5　维护与保养

把天平放在坚固的工作台上避免震动、气流和阳光曝晒。

使用前将水平仪气泡调至中间。

电子天平须根据说明书的规定预热。

称量易挥发和有腐蚀性的物质时，应当将其盛放于密封的容器内，以防锈蚀和损伤电子天平。

定期自校或定期外校，以保持其最佳状况。

如果电子天平发生故障要进行检修，必须停止称量过程，不可带“病”工作。

操作天平切勿过载使用以防损伤。

如果长期不用，应暂时收藏。

操作天平时，佩戴舒适合体的棉质手套，避免使用乳胶手套、塑料手套等。

8.2 电热设备的使用

化验员在化验和操作时，通常要求采用发热、恒温、搅动、离心、抽真空系统和冷藏等用电装置。现在就化验检查室用的电热设备，从原理、构造、使用等方面作简单的介绍，重点在于合理使用和维护养护。

8.2.1 电炉、电热板和电加热套

1. **电炉**（electric furnace）

电炉（图 8-7）是化验室中最常见的加热装置。电炉是由电阻丝通电后直接产生热能的装置。这段电阻丝常叫作电炉丝。当电流经过电炉丝时，其温度升高，表明电能转变为电炉丝的内能（电流的热效应）。

图 8-7 电炉

电炉的结构简单，将一根电炉丝直接嵌入耐火泥炉盘的凹槽内，炉盘连接到一块铁盘座上，在电炉丝两端套上几节小瓷管后，再连接在瓷连接柱上与供电线相连接，便形成了一种圆盘式的电炉系统。[4]

按照输出功率的大小，电炉分为不同的类型，如 220 V 的分为 500 W、600 W、800 W、1 000 W 和 1 500 W 等。输出功率大小一般要依据电炉丝的阻值不同而定，同一材料相同直径的电炉丝，粗的发热量大，而细的发热量小。

如对于 1 000 W 的电炉，据电功率公式，可算出：

$$I=\frac{P}{U}=\frac{1\ 000}{220}\ \mathrm{A}=4.54\ \mathrm{A}$$

$$R=\frac{U}{I}=\frac{220}{4.54}\ \mathrm{A}=48.4\ \Omega$$

另有一种能调节发热量的电炉，常称为“万用电炉”。其形状如图 8-8 所示。炉盘在最上端，在炉盘下装有单刀式的多位开关，在开关上又设置了若干个接触点，每两个闭合点间又设置了一个附加电阻，附加电阻通常是由几节瓷管所套制，以防止因它们相互接触而与电炉壳体直接接触，从而造成漏电或损坏等。利用滑动金属片的旋转，可以改变与炉丝连接的附加电阻的大小，从而调整通过炉丝的电流，实现直接控制电炉发热量的目的。

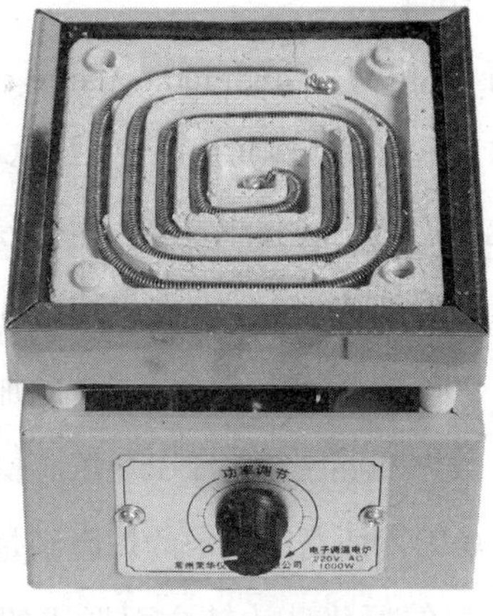

图 8-8　万用电炉

2. 电热板（electric heating plate）和电加热套（electric heating jacket）

电热板（图 8-9）是一种封闭的电炉，一般造型呈矩形，可控制升温，板上可以同时加热多个物体，并且不产生明火。

图 8-9　电热板

电加热器套（图 8-10）一般用于对加温的圆底烧瓶进行蒸馏，外壳一般做成半球形，包括电热丝、绝缘材质和保温材质等，并按照烧瓶的各种规格选择适当的电加热器套，在应用时为了控制温度，通常会接通自耦调节器。

3. 使用注意事项

电源电压必须与电热板、电加热器套、电炉本体等所要求的压力一致。

当加热容器为玻璃材质或各种金属时，在电炉上都要垫上石棉网，防止因受热不均引起玻璃制品破碎，或金属容器碰到电炉丝造成短路等。

连续工作时间不能太长，以防降低设备使用寿命。

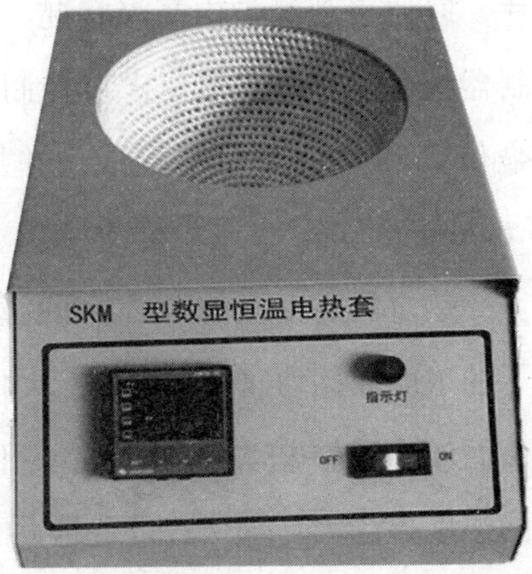

图 8-10　电加热套

电炉凹槽保持清洁，按时清理杂物（清理时务必切断电源），以确保炉丝导电正常。电炉的电加热套要避免水分溅落而造成漏电，从而降低设备使用寿命。

8.2.2 高温电炉

1. 结构

高温电炉（high-temperature electric furnace）（图 8-11）又称为马弗炉，它广泛应用于重量分析时的沉淀灼烧、灰分测定等。热力丝结构的高温电炉的最高温度达 950 ℃。在极短时间内，也能够使用至 1 000 ℃。硅碳棒的马弗炉的加热部分就是硅碳棒，最大的温度约为 1 350 ℃。操作温度一般都在 1 300 ℃。而高温电炉的炉膛则是用耐高温、无胀缩碎裂的氧化硅块结合而形成的。一般的炉膛内外之间都有空槽，可以直接将炉丝串入空槽内，在整个炉膛的四周也都有炉丝。

图 8-11 高温电炉

硅碳棒型马弗炉（图 8-12）中硅碳棒放置于炉膛出口的两侧。在炉膛出口的最外面覆盖着防火砖、防火黏土、石棉板等，并塞得严，以尽量减少热能的流失。最外部包上带角铁的骨架和铁皮，而炉门则是用防火砖做成，并在其中开了一条小孔，里面镶嵌着一块透光的云母片，以便于观测炉内高温状况。目前使用温度控制器控制炉内的温度。温度控制器一般是由一块毫伏表和一个继电器构成，并接入一组热电偶（thermocouple）实现温度的控制。

图 8-12 硅碳棒式马弗炉

热电偶是由两种不同金属材料的导线连成的闭合电路。因为各种金属材料中的电子的浓度和移动速率都不同，从而引起电子的扩散，就会在闭合回路中构成输出电流，从而产生温差电动势。把一个毫伏表接在热电偶两端，用以测量电动势，两端点之间的温度差越大，毫伏数也就越大。毫伏表上的刻度是根据所配用的热电偶的特点划成对应的温度值，从而能够直观读取温度数据。

热电偶装在耐高温的瓷管中，从高温炉的后部小孔伸进炉膛内。炉温不同，热电偶产生的电势不同，电势的大小直接用温度的数值在控制器表头上显示出来。当指示温度的指针慢慢上升至与事先调好的控制温度指针相遇时，继电器立即切断电路，停止加热。当温度下降，上下两指针分开时，继电器又使电路重新接通，电炉继续加热。如此反复进行就可达到自动控制温度的目的。通常在升温之前，将控温指针拨到预定温度的位置，从到达预定温度时起，计算灼烧时间。

电阻丝型马弗炉一般为镍铬 - 钴铝热电偶，而铁硅碳棒型马弗炉则一般采用铂 - 铂铑热电偶。

2. 使用注意事项

安放于坚固的水泥台上，将热电偶棒从高温电炉后面的小孔直接伸入炉膛中，将热电偶的特制引线直接与温度控制器连接。同时一定要小心，正、负极绝对不要接反，不然很容易造成温度指针反向的损坏。

选择容量适当的插头和熔断器，并接好地线，防止触电。炉前地上应铺一厚胶皮布，使用时更加安全。

在灼烧结束后，应先拉下闸刀断开电源，不应立即开启炉门，以防炉膛出口骤然受冷破裂。通常可先开一个小缝，使之降温快些，最后再用长柄坩埚钳取被烧物品。

正常工作时，必须加强照看，以避免因自控失效而烧断电炉丝。晚间无人时，切勿使用。

炉膛内保持清洁，附近不得存放易燃易爆品。

不用时要断开电源，关好炉门，防止受潮。[5]

8.2.3 电热恒温干燥箱

电热恒温干燥箱（electrothermal constant-temperature drying oven）（图 8-13）又称为烘箱或风干箱，是指一个可以通过电热丝隔层加热使物料干燥的设备。一般应用于要求温度范围为 5~300 ℃（有的为 200 ℃）的干燥、热加工和恒温烘焙的加工工艺，恒温灵敏度适用范围为 ±1 ℃。

图 8-13 电热恒温干燥箱

1. **结构**

一般由箱体、电热系统和自动恒温控制器等三个部分组成。

（1）箱体

干燥箱外包装用的铁皮箱，箱壁通常分为四层：第一层是喷有涂料的铁皮；第二层是玻璃棉和石棉材料，具有隔热和保温的作用；第三层是涂铅的铁皮；而第四层也是最内层，是用铁皮构成的空气对流墙，冷热气体对流使得干燥箱内温度均匀。内层所构成的容器称为工作室，里面包括两块网状搁板，可放置样品，箱顶部（箱后上部）还有排气阀，以便于将热气体排出。箱门则多是两道，里门为玻璃门，用于观察；外门则为金属隔热门。在箱后的下部还设有进气孔，有利于干燥气体的流入，使水蒸气快速地逸出。在箱子的侧面装有鼓风装置，功能为促进工作室冷热气体对流。

（2）电热系统

通常情况下，干燥箱的电热部分都是外露的电炉丝，电炉丝可以装在瓷盘中或者缠绕在瓷管上面，固定在底板（箱底）的夹层中。较大的干燥箱电热丝一般为两大组，其中一组为辅助电热丝，可以直接与电源系统连接，而不受温度控制管理，尤其适合于在短时间内加热，以及在 120 ℃以上的恒温下辅助加温。恒温电热丝是另一组，恒温电热丝与温度控制器相连，由温度控制器调节温度。辅助电热丝在正常运行时，恒温电热丝控制系统也必定在运行。两个加热装置连在同一个旋钮上。

（3）自动恒温控制器

一般包括电接点水银温度计式、差动棒式等。目前的电热鼓风干燥箱一般具有数码显示屏、电脑控温、不锈钢内胆等，均匀度为 ±2.5 ℃、波动性为 ±0.5 ℃、功率为 2 ~3 kW、工作温度为 200~300 ℃。有多种类型和尺寸。

电接点水银温度计式温度控制器（导电表）的灵敏度较高，约为 ±0.1 ℃，但接点电流小，约为 30 mA，所以它不能用来直接控制电热丝电路，而只能同一个温度控制电路相配合，作为该电路的一个控制元件。当使用时，需把导电表插入工作室内，把导电表的两根引出线接在控制电路继电器的两根接线柱上。借助手动磁钢的旋转，带动软铁和细丝杆旋转，这样就改变了扁形螺母（也称指示铁）的上下位置，同时也改变了金属丝的高度，亦即调节了水银和金属丝接触的温度。当箱内温度上升到所需温度时，调节金属丝刚好和水银接触，通过控制电路继电器的作用将电热丝电源切断，箱内停止加热，当箱内温度下降后，水银下降与金属丝断开，继电器重新把电热丝电源接通。如此反复，从而达到控温目的。

2. 使用注意事项

定期清除箱内残余物，确保干燥箱洁净。

定期检查电路，保证连接良好。

取拿物品时，要关闭烘箱电源，使用器皿钳拿取物品，防止烫伤、触电。

干燥箱外部应当有效接地，以确保使用安全。

干燥箱应放在具有良好通风的房间内，在其附近不得存放易燃易爆危险物品（如有机溶剂、高压气瓶等）、强酸和腐蚀性的物质。

干燥箱内无防爆设施，故严禁用其干燥易燃易爆物品。

干燥箱的东西摆放不宜过挤，留出一定的空间，方便热空气循环流动。

干燥箱内外保持清洁，长时间不用应套好塑料防尘盖，并放在干燥的室内。

使用时不得超过额定温度（250 ℃），以防损伤发热部件。

当一切准备就绪后，方可将试品放入烘箱内，然后连接并开启电源，红色指示灯亮表示箱内已加热。当温度达到所控温度时，红灯熄灭绿灯亮，开始恒温，为防止温度控制失灵，还必须经常照看。

8.2.4 电热恒温水浴锅

电热恒温水浴锅（electric-heated thermostatic water bath）（图 8-14）常作蒸发和恒温加热用，有一孔、两孔、四孔、六孔和八孔等各种型号，功率分别为 300 W、500 W、1 000 W、1 500 W 及 2 000 W，每孔的最大直径均为 120 mm，孔上有四个圈一个罩。

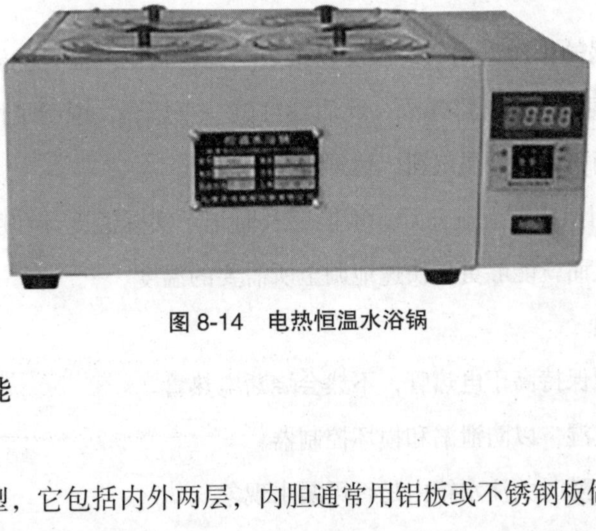

图 8-14 电热恒温水浴锅

1. 构造和性能

（1）构造

通常是水槽型，它包括内外两层，内胆通常用铝板或不锈钢板做成，胆的下部还装有管状电加热器模块和托架。电热管通常是铜管，管内有电炉丝，电炉丝被绝缘材质所覆盖，用引线串联温度控制器。

壳体采用薄钢材，石棉等绝缘材料填充在壳体与内胆中间。水浴锅右边的电器柜内安装了水温继电器的全部组件，而感温管插于内胆上。电器柜上还设有开关、说明指示灯和调温球形把手等。阀门一般位于水浴锅的左下方侧，在水浴锅的上方也有一小孔，可插入温度计。水箱内有测温原件，可通过面板上控温调节旋钮调节设定温度，可调范围为室温到 100 ℃。

（2）性能

常采取电热加温的方法，电源电压通常为 220 V，恒温范围为 37~100℃（需高出室温 3 ℃），且水温变化范围仅为 ±1 ℃。将温度调整为 20~100 ℃的温度变化时刻，所需持续时间约在 50 min。而由于电炉丝的热力丝为 Φ 0.4 mm，因此实际工作时的电流密度较普通电炉为小，可延长电炉丝寿命。

2. 使用方法和注意事项

（1）使用方法

关闭防水阀门，将洗浴锅内加入清水（尽量用纯水）至合适的水深，通常不大于洗浴锅容积的 2/3。

电源插头连接到插座，并埋设地线。

顺时针调节温度旋钮至合适的位置。

开供电开关接上供电，如果红灯亮，则说明炉丝已经通电，发热；如红灯不亮，就要反复调整调温旋钮，如红灯依旧不亮，就必须检查控制箱，以确认是不是有短路电压。

当恒温水浴锅的炉丝升温时，温度以指数增高，直至离需要的温度有 2 ℃时，就逆时针转动调温旋钮，使红灯熄灭，此后红灯就一直熄亮，说明了恒温控制器已发挥作用。这时，再稍稍调整调温旋钮，达到预定的温度。

经过较长时间使用调温旋钮后，就能够及时记下实际温度计和度盘上旋钮部位之间的指数联系，从而就能够更加快速地调至所需要的温度。

（2）注意事项

切记水位必须保持高于电热管，不然会烧断电热管。

控制箱不要受湿，以防泄漏和损坏控制器。

在使用时，应随时关注水箱内是否用漏水现象。[6]

8.3 分光光度仪的使用

8.3.1 721 型可见分光光度计

721 型可见分光光度计使用较小体积的晶体管型稳压电源，取代了比较笨重的磁饱和稳压器；在电光转换元件中，使用真空电光管取代了传统的光电池。此外，还利用了真空电光管的电子放大电路对微小光电流放大，驱动指针型微安计，用于取代原来体积很大并且易于损坏的灵敏型光电检流仪。体积小，造型美观大方，使用简单。[4][6][7] 图 8-15 为 721 型可见分光光度计的外观示意图。具体的操作步骤如下：

图 8-15 721 型可见分光光度计

①先检测并保证各控制按钮在起始部位，以确保与电源接通。接上电源，开启样品室的暗盒盖，调节电表指针指到“0”位。机器先加热，约 20 min 后，再选定波长和放大灵敏度挡，用调“0”电位器调节电表的 T=0%。

②盖上样品室盖，推试样架拉手，将参比液池置于光程中，并调整为 100% 的光透射比调节器，使电表指针指示为 T=100%。

③再次打开样品室的盖子，进行调零。调好后，盖上盖子，调透射比为 100%，直到仪器读数稳定。

④盖好样品室盖，推试样架拉手，把样品液池放入光程内，读样品的吸收光度值。读数后，应立即开启样品室盖。

⑤测量结束后，将所有吸收池取出，清洗，倒放在滤纸上，晾干。同时将仪器各旋钮调回到初始位置，将所有电源开关都放在“关”，并拔下所有的电源插头。

⑥放大器各挡灵敏度，分别为“3” ×20 倍、“2” ×10 倍、“1” ×1 倍，敏感度顺序减小。使用不同的敏感度挡的主要理由在于，不同的单色光波段产生不同的光能力。使用方法：当能使参比溶液调至 T=100% 时，尽量使用敏感度较低的挡位来增加传感器的高温安全性。在更改了敏感度挡后，应该重新调“0”和“100”。

8.3.2 722 型可见分光光度计

722 型可见分光光度计用于在近紫外和可见光光谱区域内对样品物质进行定性和定量分析。图 8-16 为 722 型分光亮度计的外观示意图。具体的操作步骤如下：

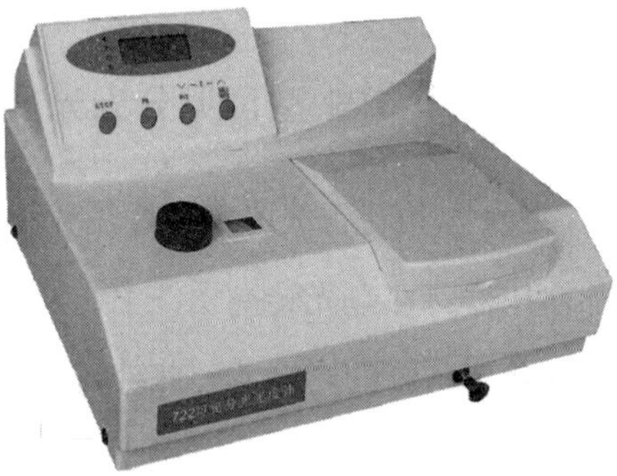

图 8-16 722 型可见分光光度计

①检验设备电源连接，且接地条件良好，将设备的灵敏度钮放在“1”（扩大倍数最小），选择开关放在“*T*”。

②插上开关电源，启动开关，仪表指示灯点亮。调整波长手轮至所要波段，并调整 T=100% 钮至显示的透射比在 T=70%~100% 区间。预热大约 15 min，待电脑的数值平稳后方可运行。

③开启样品室盖，调整旋钮（T=0%），将数据显示为“00.0”。

④先盖上样品室盖子，之后推入参比池，进入光路。调节旋钮（T=100%），让数字为“100.0”。如数值表示达不到“100.0”，即可提高灵敏度的挡位，然后再调整 100% 和 0%。

⑤反复做“开样品室盖，调 T=0%；盖样品室盖，调 T=100%”，直到数字稳定。

⑥调节选择开关于“*A*”挡，转动吸光度调“零”按键，使数值表示为“0.000”后。推入试样池，此时的仪器上指示的数字为试样的吸光度。

⑦被测物质含量的直接读出方式：将标准溶液放入吸收池，将选择开关调至“*C*”，再进入标液池，按调节浓度钮，即使仪表指示了标准溶液的含量；最后，放入试剂池，此时仪器上出现的数字表示试剂的含量。

⑧数据读取后，立刻打开样品室盖。

⑨试验完毕，将吸收池抽出，清洗干净。调整各旋钮回复原位，电源开关选择“关”，断开所有电源。

8.3.3 752 系列的紫外可见分光光度计

752 型紫外可见分光光度计的主要分光元件为光栅，它的主要特点是在全部的波段内色散程度比较平均，而且光谱带宽短小。不同波段范围选用了不同的光源，波长在 200~350 nm 范围内，主要光源均采用了氘灯；波长在 350~800 nm 范围内，光源则采用钨灯。图 8-17 为 752 型紫外可见分光光度计的外观图。

由于玻璃材料无法使紫外线穿过，所以波长在 200~350 nm 范围内，吸收池主要为石英材料。而波长在 350~800 nm 范围内，吸收池为玻璃材质。操作步骤如下：

图 8-17　752 型紫外可见分光光度计

①插上电源插头，开启电源开关。

②把灵敏度倍数的位置调至“1”挡，同时测量选择开关置于“T”挡。

③将氘灯、钨灯的转换开关放在钨灯上，预热 20 min。

④调整波长手轮至测量波长。选定所要的光源灯，然后点亮，预热约 3~5 min。

⑤先打开样品室盖，再调整“0”旋钮，使数值显示为“00.0”。

⑥盖上样品室盖，然后推入参比溶液，接着按调节“100”旋钮，使数据表示为“100.0”。假如指数显达不了“100.0”，将调高一挡灵敏度，再调“0”和“100”。

⑦推入试样溶液，显示数值为样品的透射比。

⑧吸收光度 A 值的测量：进行吸光度的调整（详见⑩）。在⑤和⑥步骤后，当 T 是 100%，把选择开关放在“A”，此时数值表示应是“.000”。否则旋转“Abs.0”旋钮，使数值显示为“.000”。推入样品池，所表示出的即为 A 数值。

⑨溶剂含量 C 的测量：在步骤⑤和步骤⑥后，调节选择开关至“C”，放入标定浓度的样品，转动浓度旋钮，以数字表示标准溶液的含量。推入试样池，此时数值表示出试样的含量。

⑩对吸光度精度的调整：根据 $A=\lg\frac{1}{T}$，当吸光度 A 为 0 时，透射比 T 为 100%；当吸光度 A 为 1 时，透射比 T 为 10%。设透射比 T 为 100%，吸收光度如果不等于零，则调整吸光度调“0”旋钮，用调整波长的方法使透射比 T 小于 10%（可同时调整 100% 旋钮），再旋转选择开关到“A”，数值显示表示“1.000”。若有明显误差，采用改锥调整吸收光度的斜度电位器。

⑪完成读数后，应打开样品室盖。

⑫测试结束后，去除吸收池，将各旋钮放在原位，关掉电源开关，再断开所有电源。

8.3.4 分光光度计的保养和维护

分光光度计与精密机械、光电技术和光学紧密联系，因此正确安装、使用与维护分光光度计对于维持设备的稳定性、提高样品测量的准确度意义重大。

1. 注意事项

根据需要选择不同厚度的比色皿，同一厚度的一套比色皿应检查使用。方法是使一套比色皿盛装同一有色溶液，测其透光率相对值，该值最大相差不应超过 0.5%。

拿取比色皿时，只能用手捏毛面，切不可用手捏透光面，以免污损而影响透光性能。比色皿外壁的水珠应先用吸水纸吸干，再用镜头纸轻轻擦拭，不可用硬纸或用力擦拭。

比色皿盛装溶液时，以装满 2/3 为宜，不可过满或过浅，以防拉动比色皿架时溅出或影响测定。

在分析工作中，根据有色溶液的浓度大小选用合适规格的比色皿，以使溶液吸光度控制在 0.2~0.8 范围内，以减小测量误差。

2. 分光光度计实验室

室温宜保持在 15~28 ℃。

相对湿度宜在 45%~65% 范围内。

耐震、防电磁干扰、防尘，分光光度计周围不要有过强磁场，也要防止碰到产生较高频度波动的电子装置，并避免强电场。

避免腐蚀性物质（SO_2、NO_2、酸雾等）腐蚀元件，通常需要与化学操作间隔离，如待测试的试剂介质中存在挥发性和腐蚀性，则必须对吸收池加盖。

3. 仪器保养和维护方法

不使用时，切勿打开光源灯。若钨灯的灯泡发黑、亮度下降较严重或亮度不稳定，要尽快换上新灯。替换时，应调节好灯丝间距。窗口和灯泡切勿用手直接触及，以避免沾上污垢，若不小心碰到，用无水乙醇溶液擦净。

仪表的重要组成部分——单色器装在密闭盒内，不宜打开。单色器件的干燥剂要经常更换，并防止色散原件受潮。仪器停用时，将数袋防水硅胶置于样品室的玻璃仪器罩中，以防灯室潮湿在反射镜上出现霉点。

应立即清洗已使用过的光吸收池，用擦镜纸或较柔的棉质品擦去水分，以防止其在光学传感窗上被擦伤。使用适当的溶液清洗生物试剂、胶体，还有那些在池窗表面形成膜的化学物质。如有色化学品污染吸收池，都应当使用 3 mol/L HCl 和等体积乙醇的混合液洗涤冲洗。

光电元件要防止强光曝晒及潮湿积灰。

仪器的工作电源在 200 V ± 10% 的范围内波动。电源电压波动性很大的，试验室中尽量设置稳压器（有过电压防护），以保证光灯和测试系统的工作稳定性。

8.4 显微镜的使用

显微镜是用于放大微小样品被人类肉眼看清的仪器。通过放大样品的形态，来研究样品的细部结构与特征。

据成像原理不同，显微镜大致可以分为三类：光学显微镜、带电粒子（电子或离子）显微镜和扫描探针显微镜。

光学显微镜利用可见光和透镜组工作，可看清红细胞（7 μm），放大倍数已达数千倍。电子显微镜或离子显微镜利用带电离子束形成图像，可看清小至十分之一纳米的物质，如单个原子（氢原子直径为 0.1 nm），放大倍数达数百万倍。扫描探针显微镜使用物理探针（极小且极细的针头）以接触或极靠近物体表面的方式扫描样品。通过描绘探针和样品间的各种作用力和相互作用方式来形成图像。此类仪器也能达到原子尺度分辨率（主要取决于探针的大小，通常在纳米的范围）。

常见的明视野显微镜、暗视野显微镜属于光学显微镜；而透射电镜、扫描电镜则属于电子显微镜。显微镜是人类认识物质微观世界的重要工具，是现代教学、科研工作中不可缺少的仪器之一。

8.4.1 光学显微镜

1. 成像原理

显微镜镜筒上下两端各有一个凸透镜，上端的凸透镜靠近眼睛，称为目镜；下端的凸透镜靠近待观察样品，称作物镜。目镜和物镜是显微镜的核心部分。来自待观察样品的光线分别经过物镜、目镜的两次放大后，样品的细部结构与特征就被清晰呈现出来了。光学显微镜简称光镜。光学显微镜成像原理如图 8-18 所示。

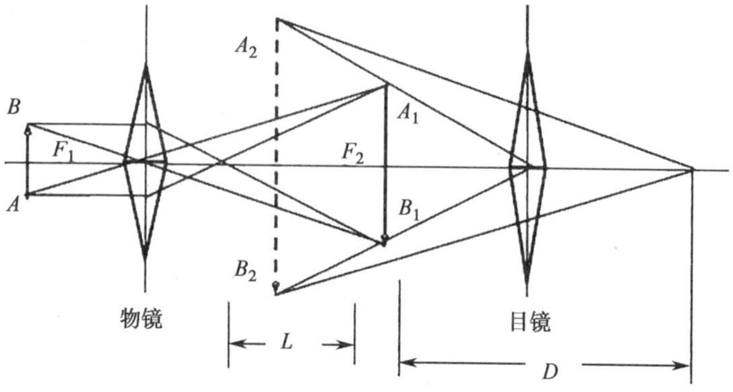

BA —待观察样品；A_1B_1 —物镜的放大实像；A_2B_2 —目镜的放大虚像；F_1 —物镜的焦距；F_2 —目镜的焦距；L —镜筒的长度（目镜左焦点与物镜右焦点之间的距离）；D —明视距离

图 8-18 显微镜放大光学原理

如图 8-18，物镜在左，目镜在右。待观察样品 BA 位于物镜左侧，介于物镜的 1 倍焦距和 2 倍焦距之间。样品 BA 经过物镜后，在物镜的 2 倍焦距以外处形成一个倒立、放大的实像 A_1B_1。A_1B_1 位于目镜左焦点或左焦点以内，经目镜放大为虚像 A_2B_2 后映入眼帘。可见，普通光学显微镜就是利用了凸透镜的成像原理，经过凸透镜两次放大成像。

总之，为了方便观察，样品 BA 离开物镜的距离不宜过大。同时，物镜的焦距必须小于目镜的焦距，而且物镜的右焦点与目镜的左焦点应重合。如此一来，A_1B_1 必位于物镜的 2 倍焦距以外，目镜的 1 倍焦距以内。A_2B_2 就是一个放大、倒立的虚像。

2. 构造

通常由机械部分、光学部分、照明部分组成，如图 8-19 所示。具体构造如下。

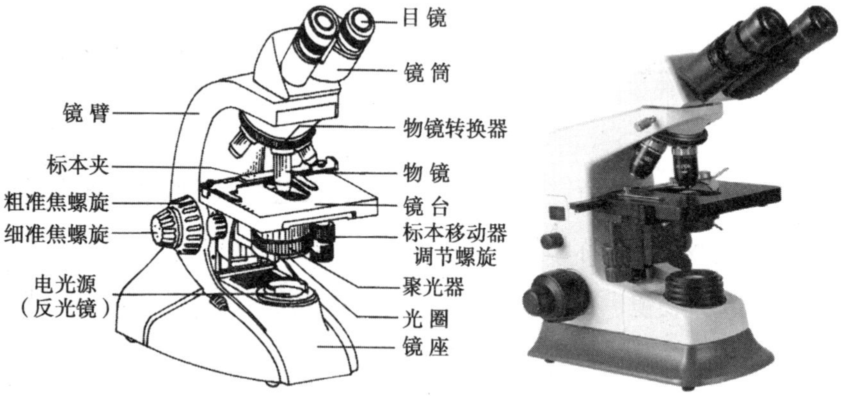

图 8-19 光学显微镜的构造

镜座：位于显微镜底面，是整个显微镜的基座，用于支持、稳定镜身。

镜柱：位于镜座上，是镜座与镜臂间的连接短柱，也起支持作用。

镜臂：安装在镜柱上方，呈弯弓形，用于把握镜身。

镜筒：安装在镜臂上端，是一个细长的圆筒，下端接物镜转换器，上端接目镜。

物镜转换器：又称物镜转换盘，安装在镜筒下端，呈圆盘状，能转动，均匀分布有3~4个圆孔，起安放和转换物镜镜头的作用。观察时，可根据需要切换物镜镜头。

载物台（镜台）：安装在镜臂下端，是一个方形平台，用于放置待观察样品的玻片标本。载物台中心有供光线通过的通光孔。在通光孔两侧，是一对弹簧压片夹，又称标本夹，用于安放、固定玻片标本。载物台下面有标本移动器调节旋钮，可调节标本移动器的平面位置。

准焦螺旋（调焦器）：安装在镜臂上端，有粗、细两个螺旋，用于调节镜筒或载物台的升降，改变焦距。粗准焦螺旋，可使镜筒或载物台以较大的幅度升降，用于粗调低倍镜，以发现物像。细准焦螺旋，可使镜筒或载物台以较小的幅度升降，用于高倍镜和油镜的聚焦，以使物像更清晰。

目镜：安装在镜筒上端，能将物镜放大的倒立实像进一步放大。[8] 每台显微镜通常配置2~3个不同放大倍数的目镜，常见5×、10×和15×的目镜。

物镜：安装在物镜转换器上，可将玻片标本第一次放大。常用物镜的放大倍数有10×、40×和100×等几种。一般将8×或10×的物镜称为低倍镜（而将5×以下的叫作放大镜）；将40×或45×的称为高倍镜；将90×或100×的称为油镜（这种镜头在使用时需浸在镜油中）。图8-20中，C线为盖玻片的上表面。10/0.25、40/0.65、100/1.25中，10、40、100表示镜头的放大倍数分别为10倍（10×）、40倍（40×）、100倍（100×）；0.25、0.65、1.25分别表示各镜头的数字孔径。10×物镜、40×物镜、100×物镜的工作距离（物镜最下端透镜表面与盖玻片上表面间的距离）分别为7.63 mm、

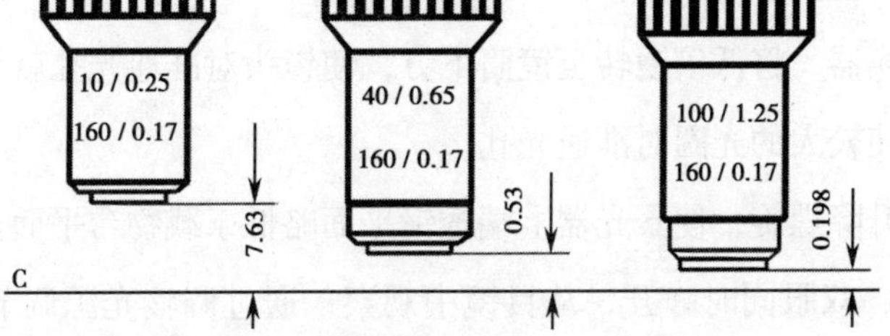

图 8-20 物镜的性能参数及工作距离

0.53 mm、0.198 mm。160/0.17 表示显微镜的镜筒长度（标本至目镜的距离）为 160 mm，盖玻片厚度为 0.17 mm。

聚光器：位于载物台的通光孔的下方，主要功能是将光线集中到所要观察的标本上。聚光器由 2~3 个透镜组合而成，其作用相当于一个凸透镜，可将光线汇集成束。在聚光器的左下方有一调节螺旋可使其上升或下降，从而调节光线的强弱，升高聚光器可使光线增强，反之则光线变弱。

光圈（彩虹阑或孔径光阑）：位于聚光器下端，是一种能控制进入聚光器的光束大小的可变光阑。它由十几张金属薄片组合排列而成，其外侧有一小柄，可使光圈的孔径开大或缩小，以获得大通光量或小通光量。在光圈的下方常装有滤光片框，可放置不同颜色的滤光片。

电光源：安装在镜座上，通电发光照明，光线强弱可通过旁边的光源调节器进行调节。而老式的光学显微镜没有配备电光源，只能依靠底部的反光镜反射外部光线作照明源使用。反光镜有两个面，一面为平面，另一面为凹面。平面镜可均匀地反射光线，反光能力弱。凹面镜既能反光也能聚光，反光能力强。

3. 使用步骤

（1）取镜与安放

观察室内应干燥而清洁，实验台台面应稳固、水平、清洁，避免阳光直射。显微镜应远离腐蚀性的试剂。先用湿毛巾擦拭双手，然后从显微镜箱或镜柜内取出显微镜。取出时，用右手紧握镜臂，左手托住镜座，保持镜身直立，避免用一只手提显微镜。放下时，须让镜座前端先接触台面，然后缓慢放平镜座，镜臂面向自己，镜筒朝向前方。显微镜宜位于操作者的左前方，距离实验台边缘 5~10 cm[8]，右侧放置记录等用具。

（2）对光

①转动粗准焦螺旋，使镜筒升高或载物台下降。

②安装物镜和目镜。

③旋动物镜转换器，将低倍镜转至镜筒下方，使镜头对准通光孔就位。

④打开光圈，使较大的光圈对准通光孔。

⑤旋转聚光器升降螺旋，使聚光器上端透镜平面略低于载物台平面。

⑥打开电光源，双眼同时睁开，从目镜中观察，通过调整光源调节器，使视野内光线均匀明亮。

（3）放置玻片标本

将待观察的样品制作成玻片标本放置在载物台上，有盖玻片的一面朝上。调节标本移动器旋钮，使样品对准通光孔，并用压片夹（或移光器）固定。

（4）低倍镜观察

低倍物镜的观察范围大，容易找到被观察的部位。在显微观察时应先用低倍物镜找到物像，再微调高倍镜、油镜进行精细观察。

①缓慢转动粗准焦螺旋，使镜筒缓慢下降或载物台缓慢上升，并从旁注视，当低倍物镜头距离玻片标本 0.5 cm 左右时停止。在这个过程中，应避免压碎盖玻片。

②左眼观察目镜，反方向转动粗准焦螺旋，使镜筒缓慢上升或载物台缓慢下降，直至从目镜中能看到物像。

③转动细准焦螺旋，并调节光线亮度，直至物像最清晰。如果待观察的部位不在视野中央，则调节标本移动器旋钮，前后左右缓慢移动玻片，找到待观察的部位。因视野中的物像是倒立像，故应向相反方向移动玻片。

④若使用双筒目镜，应先调节双筒目镜距离，合并双眼的视场后再观察。

（5）高倍镜观察

①在低倍镜下找到物像后，把要进一步放大的部位移到视野正中央。

②转动物镜转换器，使高倍物镜到位，正对通光孔。在这个过程中，应同时从旁注视玻片，勿使高倍镜与其接触。

③当换用高倍物镜后，视野内的亮度会变暗，此时可调节光源亮度、聚光器和光圈，使视野内恢复均匀明亮。

④转动细准焦螺旋，直至目镜中物像最清晰。

（6）油镜观察

当采用油浸物镜观察时，因油镜的物距很短，通常在 0.2 mm 以内[9]，需要缓慢调焦，避免压碎玻片、损坏物镜。主要步骤如下：

①在低倍物镜下找到物像，再切换高倍物镜逐渐放大，把要进一步放大的部位移到视野正中央。

②将聚光器上升到最高位置，把光圈开到最大，此时光亮达到最大。

③转动粗准焦螺旋，使镜筒距离载物台 2 cm 左右[9]，再转动物镜转换器，移开高倍镜，在玻片上的待观察部位处加一滴香柏油。然后转动物镜转换器，使油镜镜头就位。

④反方向转动粗准焦螺旋，使镜筒缓慢下降或载物台缓慢上升，并从旁注视，直至镜头几乎与香柏油接触为止。

⑤转动细准焦螺旋，直至目镜中物像清晰。

⑥油镜使用完毕，立即升高镜筒或降低载物台，旋开镜头。先用专用擦镜纸擦去镜头上和盖玻片上的香柏油，再将擦镜纸蘸少许二甲苯或者酒精和乙醚的混合液（3∶2）进一步清洁镜头。整个过程中，均向一个方向擦拭。注意，无盖玻片的标本不能擦拭，以免损坏标本。

（7）还原显微镜

所有显微观察完毕后，先升高镜筒或降低载物台，再将玻片从载物台上取下，应避免玻片碰击物镜镜头。再用干净的毛巾或纱布将显微镜镜身擦拭干净，把物镜旋至正前方，镜头呈“八”字形分列两旁与通光孔相对。再调节准焦螺旋将镜筒降至最低处或载物台升至最高处，将聚光器或反光镜竖直放置。将显微镜套上防尘罩，放回镜箱或镜柜中。

4. 使用光学显微镜的注意事项

必须熟练掌握显微镜使用规程，严格按照使用规程操作。

必须轻拿轻放显微镜。

必须用专门的擦镜纸擦拭显微镜的光学部分。不能用手指触摸镜面，避免镜片被污染。显微镜的机械部分可干净用毛巾或纱布擦拭。

观察待检样品时，必须将光圈、通光孔、镜筒、物镜、目镜置于一条直线上。

在显微观察时必须先调粗准焦螺旋，待看见物像后再调细准焦螺旋。当细准焦螺旋转不动时，不应强行转动，避免损坏齿轮。此时，宜向相反方向转动粗准焦螺旋，然后再调节细准焦螺旋。

必须通过旋动转换器来切换物镜镜头，不能用手直接转物镜镜头。

不得使用粗准焦螺旋调节高倍物镜，防止镜筒降幅或载物台升幅过大，击损玻片和镜头。

下降镜筒或升高载物台时，必须从旁注视，避免物镜镜头碰击玻片。

制作玻片样本时，应使盖玻片由其一边缓慢盖向载玻片，在这个过程中，避免产生气泡。若盖玻片周围有多余液体，应先用吸水纸吸去多余的溶液后再观察。

在显微观察过程中，不要随便移动显微镜。

除镜头必需的安装与拆卸外，严禁随意拆卸显微镜。

每次用完显微镜后，应将镜头、载物台、镜身擦拭干净，然后将显微镜放回。避免灰尘、汗液、水或化学试剂污染显微镜，保持其清洁与干燥。

5. 使用显微镜的几个小窍门

（1）如何辨别镜头的放大规格

①看镜头外表。目镜越短，放大倍数越大；物镜越长，放大倍数越大。

②看镜头标识。标有“40/0.65”“40×”的标识，其中 40 为放大倍数。

（2）如何计算显微镜的整体放大倍数

显微镜的整体放大倍数 = 物镜放大倍数 × 目镜放大倍数。例如，物镜、目镜的放大倍数分别为 8×、5×，则此时显微镜的整体放大能力为 8×5=40 倍。

（3）如何快速判断污渍的位置

在显微观察中，视野中出现的污渍通常位于玻片、物镜或目镜上。判断方法如下：移动玻片，若污渍移动，则污渍位于玻片上；旋转物镜转换器，若污渍移动，则污渍位于物镜上；旋转目镜，若污渍移动，则污渍位于目镜上。若移动玻片、物镜、目镜，污渍均不移动，则污渍位于反光镜上。

（4）如何正确使用准焦螺旋

①准焦螺旋用于调焦。准焦螺旋有粗、细之分，分别对应镜筒或载物台升降幅度的粗调与微调。

②转动粗准焦螺旋时镜筒或载物台升降的幅度大；转动细准焦螺旋时，镜筒或载物台升降的幅度小。转动粗准焦螺旋使镜筒下降或载物台上升时，必须从旁注视。

③顺时针转动准焦螺旋，镜筒下降或载物台上升；反之，则镜筒上升或载物台下降。

（5）如何应用聚光器和光圈调节视野的亮度

①当聚光器不做调整时：若视野过亮，说明光强过大，可调节使用小光圈。若视野过暗，说明光强过小，可调节使用大光圈。

②当光圈不做调整时：若视野过亮，可降低聚光器；若视野过暗，可升高聚光器。对于没有聚光器的光学显微镜，当光圈不做调整时，若视野过亮，可使用平面镜；若视野过暗，可使用凹面镜。

通常，为获得最佳亮度的视野，光圈、聚光器、电光源往往配合使用。

8.4.2 电子显微镜

电子显微镜（电镜）按结构和用途可分为透射式电子显微镜［图 8-21（a）］、扫描式电子显微镜［图 8-21（b）］、反射式电子显微镜和发射式电子显微镜等。光学显微镜的分辨率为 0.2 μm，电子显微镜的分辨率可达 0.2 nm，也就是说电子显微镜在光学显微镜的基础上放大了 1 000 倍。电子显微镜进一步提高了人类对微观世界的认识能力。例如，发射式电子显微镜用于自发射电子表面的研究。

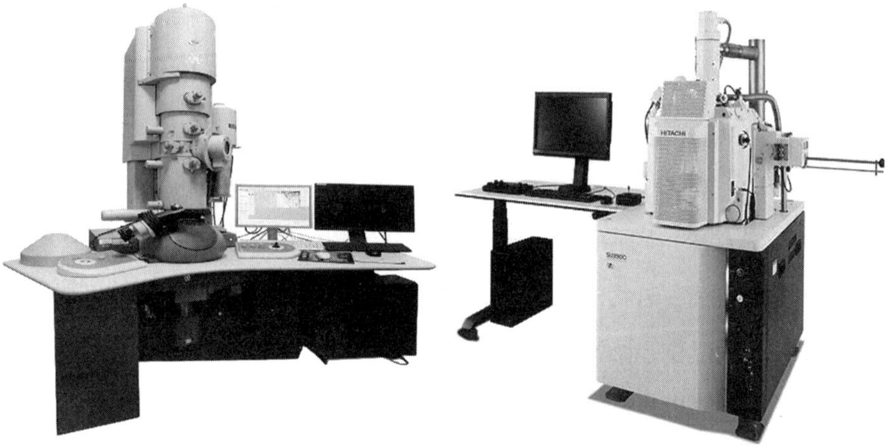

（a）透射式电子显微镜　　（b）扫描式电子显微镜

图 8-21　电子显微镜实物照片

1. 电子显微镜的基本构造与成像原理

（1）基本构造

由电子光学镜筒、真空装置和供电系统三部分组成。如图 8-22 所示。

①电子光学镜筒：主要有电子透镜、电子源、样品架、检测器和荧光屏等部件，这些部件通常是自上而下地装配成一个柱体。

电子透镜（聚光透镜、聚光镜），用来聚焦电子束，是电子显微镜镜筒中最重要的部件。根据工作原理不同，电子透镜分为电磁透镜和静电透镜。它通过空间电场或磁场使电子束聚焦，其作用与光学显微镜中的玻璃透镜（凸透镜）使光束聚焦的作用相同，所以称为电子透镜。光学透镜的焦点是固定的，而电子透镜的焦点可以被调节（改变穿过透镜线圈的电流即可改变磁透镜的放大倍数，或称焦距），因此电子显微镜不像光学显微镜那样有可以移动的透镜系统。

电子源（电子发射源），可以发射并形成速度均匀的电子束，作为照明源使用，相当于光学显微镜中的电光源。电子源由阴极（发射电子，也称电子枪）、栅极（筛选和

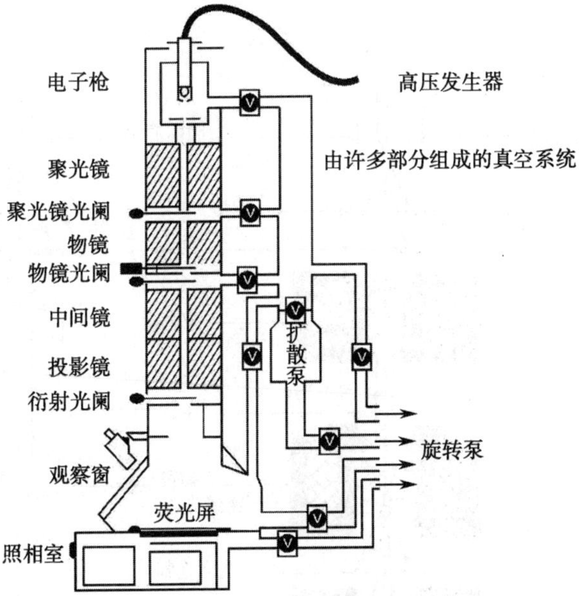

图 8-22　电子显微镜的基本构造（以透射式扫描电镜为例）

汇聚阴极发射的电子）和阳极（加速电子至给定的能量）三个部分组成。阴极和阳极之间的电压差必须非常高，一般在数千伏到 300 万伏之间。

样品架，用于稳定地安放待测样品。样品架上还有用来改变样品（如移动、转动、加热、降温、拉长等）的装置。

检测器，用来收集电子的信号或次级信号。

荧光屏，用于显示最终放大的电子图像。

②真空装置：用以保障显微镜内的真空状态，这样电子在其路径上不会被吸收或偏向。真空装置由机械真空泵、扩散泵和真空阀门等构成，并通过抽气管道与镜筒相连接。

③供电系统，由高压发生器、励磁电流稳流器和各种调节控制单元组成。

（2）透射电镜成像原理

如图 8-23 所示，透射电镜镜筒的顶部是电子枪，电子由钨丝热阴极发射出，通过第一、第二两个聚光透镜（电子透镜）使电子束聚焦。聚焦的电子束穿透样品后由物镜（电子透镜）成像于中间镜上，再通过中间镜和投影镜（相当于目镜）逐级放大，成像于荧光屏上。中间镜主要通过对励磁电流的调节改变焦距，放大倍数可从几十倍连续地变化到几十万倍。

如图 8-24 所示，透射电镜因电子束穿透了样品后再由物镜成像放大而得名。其

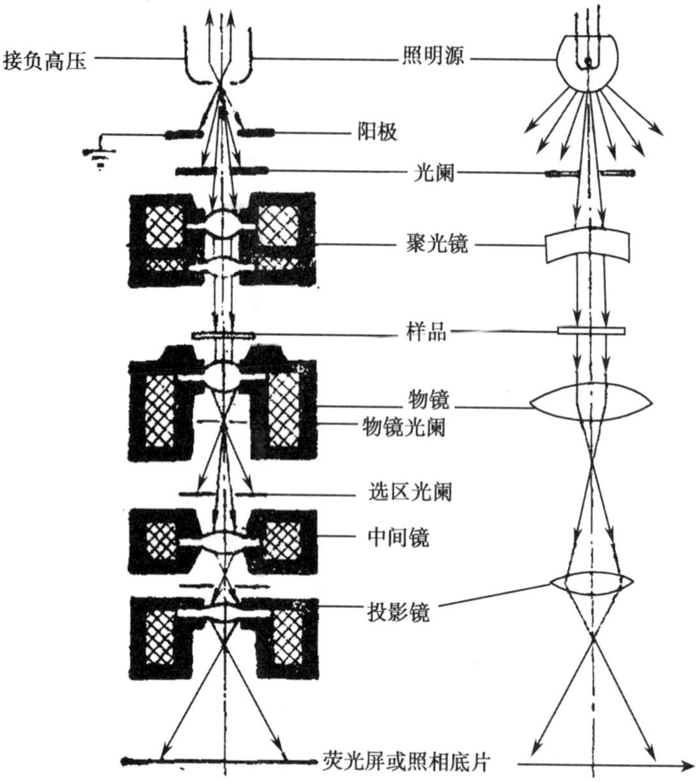

图 8-23　透射电子显微镜成像原理图

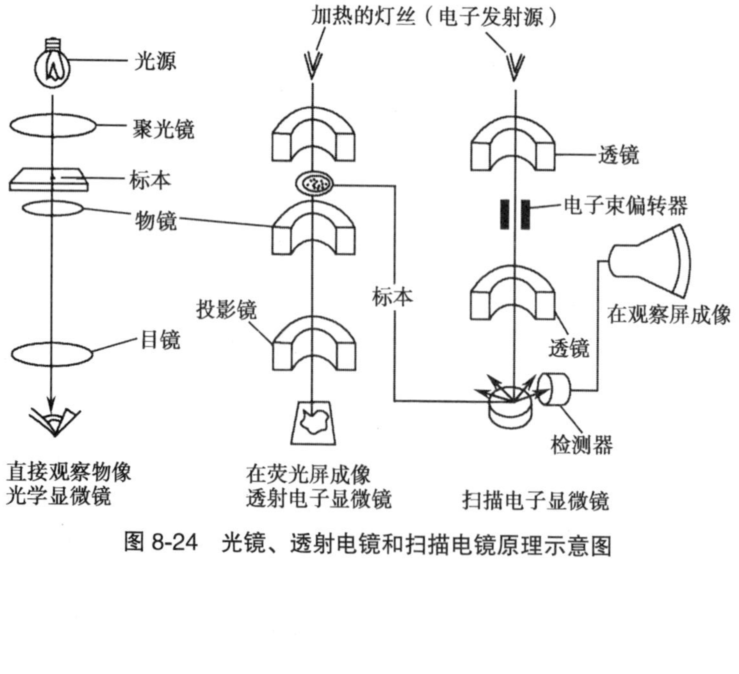

图 8-24　光镜、透射电镜和扫描电镜原理示意图

实，它的光路与光学显微镜相仿，可以直接获得一个样本的投影。和光学显微镜比较，在透射电子显微镜内，光源被替换为电子源，玻璃透镜被替换为电子透镜，投影屏幕被替换为荧光屏。

在这种电子显微镜中，图像细节的对比度是由样品的原子对电子束的散射形成的。由于电子需要穿透样本，因此样本必须非常薄。样本的厚度可以从数纳米到数微米不等。原子量越高、电压越低，样本就必须越薄。样品较薄或密度较低的部分，电子束散射较少，这样就有较多的电子通过物镜参与成像，使图像较亮。反之，样品中较厚或较密的部分，图像则显得较暗。如果样品太厚或过密，则成像的对比度就会恶化，甚至会因吸收电子束的能量而被损伤或破坏。

（3）扫描电镜成像原理

如图 8-25 所示，扫描电镜镜筒的顶部是电子枪，电子由钨丝热阴极发射，通过第一个聚光透镜聚焦后汇聚成点光源；点光源在加速电压下形成高能电子束；高能电子束经由两个电磁透镜被聚焦成直径微小的光点，在透过最后一级带有扫描线圈的电磁透镜（物镜）后，电子束以光栅状扫描的方式逐点轰击到样品表面，同时激发出不同深度的电子信号。此电子信号会被样品旁边的检测器探头接收，通过放大器同步传送到电脑显示屏，形成实时成像记录。[10]

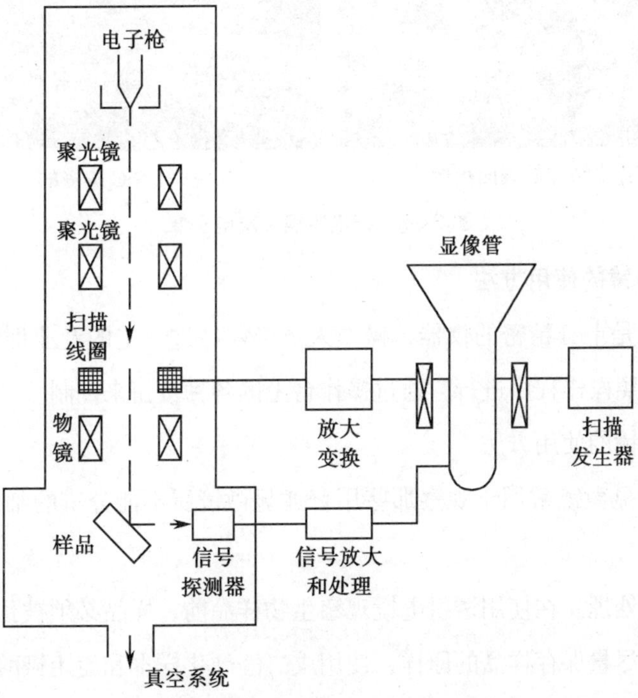

图 8-25 扫描电子显微镜成像原理图

扫描电镜的电子束不穿透样品，仅以电子束尽量聚焦在样品的一小块地方，然后一行一行地扫描、轰击样品表面，扫描电镜因此得名。显微镜观察的就是每个样品表面点散射出来的次级电子。通过调制显像管的电子束强度，可改变显像管荧光屏上的亮度。图像为立体形象，反映了标本的表面结构，见图 8-26 和图 8-27。

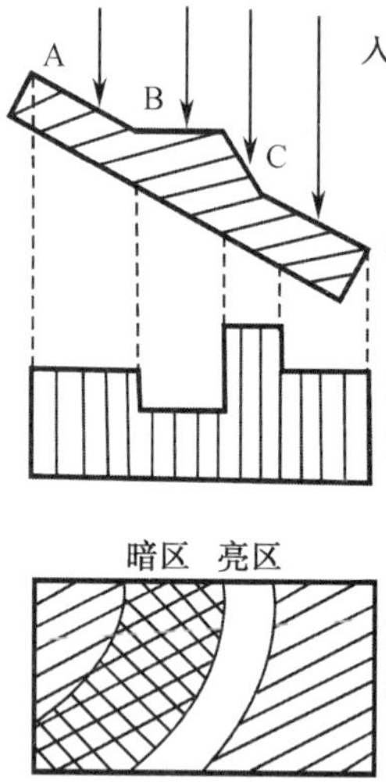

图 8-26 形貌衬度原理

扫描式电子显微镜的分辨率主要决定于样品表面上电子束的直径。放大倍数是显像管上扫描幅度与样品上扫描幅度之比，可从几十倍连续地变化到几十万倍。扫描式电子显微镜不需要很薄的样品；图像有很强的立体感；能利用电子束与物质相互作用而产生的次级电子、吸收电子和 X 射线等信息分析物质成分。

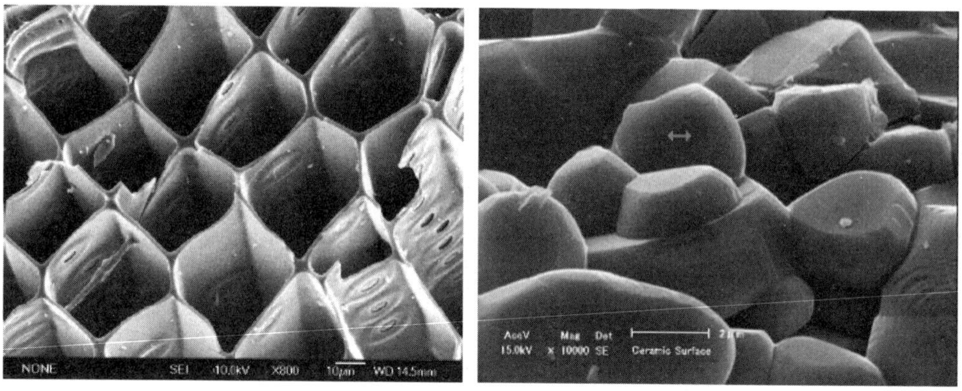

（a）陶瓷烧结体的表面图像　（b）多孔 SiC 陶瓷的二次电子像

图 8-27 扫描电镜二次电子像

2. 电子显微镜的使用方法

电子显微镜是十分精密的仪器，操作人员必须经过一定的专业训练。电子显微镜的使用要严格按照操作程序进行，通过操作台上的各种按钮来控制。

（1）透射电镜的使用方法

透射式电子显微镜常用于观察那些用普通显微镜所不能分辨的细微物质结构，基本操作如下。

①样品的预处理。在使用透射电镜观察生物样品前，样品必须被预先处理。

固定：为了尽量保存样品的原样，使用戊二醛硬化样本和使用锇酸染色脂肪。

冷固定：将样品放在液态的乙烷中速冻，以避免水结晶成冰。这样保存的样品损坏比较小，但图像的对比度会降低。

脱干：使用乙醇和丙酮来取代水。

垫入：样品被垫入后可以分割。

分割：将样品使用金刚石刃切成薄片。

染色：重的原子如铅或铀比轻的原子散射电子的能力高，因此可被用来提高对比度。

②打开电源，抽真空。

③演示样品的取放。

④演示照明系统合轴。

⑤演示加速电压选择、物镜光阑选择、观察区域选择、放大倍数选择、图像聚焦和拍照记录。[11]

⑥关机操作。

（2）扫描电镜的使用方法

扫描电镜主要用于观察固体表面的形貌，也能与 X 射线衍射仪或电子能谱仪相结合，构成电子微探针，用于物质成分分析。

扫描电镜观察的样品无须做成超薄切片，但需要将样品表面镀膜。基本操作如下：

①样品的预处理。将样品脱水、干燥（干燥可采用临界干燥法）。镀膜：在样品表面镀上金属离子，使样品具备导电性，并能在扫描电镜中经受电子束的轰击。

②打开电源，抽真空。

③演示样品的取放。

④演示照明系统合轴。

⑤演示加速电压选择、观察区域选择、放大倍数选择、图像聚焦和拍照记录。

⑥关机操作[11]。

8.5 其他设备的使用

8.5.1 电冰箱

电冰箱（refrigerator）是化验研究中使用的主要冷藏装置（图 8-28），可在低温条件下保存试剂、样品和菌种等。

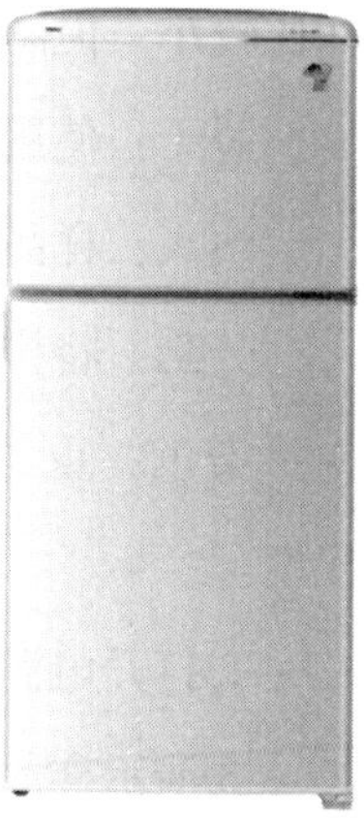
图 8-28　电冰箱

1. 构造及原理

电冰箱的主要组成部分包括箱体、制冷系统、电气系统以及其配件。

（1）箱体

箱体机壳的主要材质是薄钢板材料，而内壳则采用了 ABS 树脂料板成形，在夹层内注塑聚氨酯的发泡。箱体接水盘下部有一漏水孔，可以通过内壳后背的漏斗通往外部，箱体还装有温度控制器和照明系统。

（2）制冷系统

主要包括密闭式压缩机、冷凝管、毛细管和蒸发器等。

电冷柜的制冷技术，是指使用压缩机的低压端把蒸发器中的空气直接吸进压缩机气缸内，然后压缩，再将高压端压至冷凝管内释放大量热能而凝结成高压液体。高压液再经过滤器、毛细管等后流入了蒸发器，然后再经过毛细管的作用，而高热液又流入蒸发器内形成了低压。由于压力的骤然下降，液体制冷剂急剧地沸腾挥发和吸热，而此时压缩机再次把气体制冷剂吸回。如此继续工作下去，即构成了循环冷却。

（3）电气系统

主要有发电机、半自动化的霜温控制器、过热保护续电器、启动续电器、灯光控制系统和灯开关。

2. 使用注意事项

为了使冷凝器达到更大的对流效果，电冰箱的离墙长度要超过 100 mm。

额定的电源电压大多为 220 V，但如当地电源电压达不到此规定，则应该加装稳压器来稳压。

通电检查，开箱门，确认照明灯亮，机器运行。

在调节环境温度时，切勿一次调得过低，以防冻坏箱内物件。一次调控后，应等待自动控制器完全自停、自启或重复箱内室温稳定调整，如仍无法满足所要求的环境温度，再进行第二次、第三次调整。

蒸发器结的冰霜很厚必须化霜时，按化霜按键。对无自动化化霜系统的电冰箱来说，将冰箱停电一段时间，再让霜自行融化。

在箱内存放的材料，不要过多过挤，要留下缝隙，使冷空气在箱内流动，以保持温度均匀。

为保证箱体温度平稳，尽量减少启动时间。并且不能放过热的物品，特别是在蒸发器内，千万不能放置热水热物。

强酸、强碱和腐蚀性物质应在密封后放置。有明显异味的材料，应包裹塑料薄膜后放置，防止环境污染。由于箱体存在电接触点，可以产生电火花，故不得放置易燃品，以防箱内的蒸气达到防爆限值，造成爆炸或起火。

当冰箱搬动时，倾倒角不得超过45°，更不得倒放。

如长时间停止使用，须擦干净冰箱内外，且在箱门略留有空隙，放在洁净、干燥并且通风良好的环境。

8.5.2 真空泵

1. 结构与原理

“真空”是指空气中压强低于101.3 kPa（1个标准大气压）的压力空间。凡是能在器皿中抽取气体，使空气压强明显降低的设备，都被叫作真空泵（vacuum pump）。化验室中所采用的真空泵，大多为油封式机械真空泵（图8-29），真空度大多为10 Pa。这个泵往往装有一组钢制的圆柱形定子，在定子中还安装有一组偏心的钢制实心圆柱来作为转子，其转动部分还镶有带弹簧结构的滑片，当电机带着定子转动时，滑片就在圆柱的内腔中工作，使整个泵室成两个部分，体积周期性地增大和减小。

图8-29 真空泵

当待抽的气体容器连接到泵的进气口后，泵腔空间增大时，吸收待抽的气体，并随着转子旋转，气体被压缩再由排气口流出。转子持续转动，吸气、压缩、排气等步骤不断地重复完成，容器内气体不断减少，气压也持续减小。所有机件均放入装满润滑油的箱内，因为润滑剂的蒸气压较小，并具有润滑、密闭和制冷的功能。

反映真空泵性能的两个主要指标是抽气速率和极限真空。

抽气速率是指在一定的压强和温度下，单位时间内由泵进气口处抽走的气体的速度，简称抽速，即

$$S_p = Q / (p - p_0)$$

式中，S_p——抽速；

Q——真空泵抽气量；

p_0——被抽容积内部的初始压强，即一个大气压强，p 为终点压强。

在一定的压强和温度下，真空容器经充分抽气后，稳定在某一真空度，此真空度称为极限真空。通常真空容器须经过 12 h 炼气，再经 12 h 抽真空，最后一个小时每隔 10 分钟测量一次，取其 10 次的平均值为极限真空值。

2. 在实验室的用途

在实验室中真空泵主要用于以下几个方面。

（1）真空干燥

真空泵和干燥箱相连，在较低工作温度下，试样在真空干燥箱内迅速去除水分和不易挥发的高沸点物质。

（2）真空蒸馏（减压蒸馏）

特别适合于在高温下对易于溶解的有机物的蒸馏。通过真空蒸馏技术可以降低物料的沸点，使样品可以在较低温度下进行蒸馏。

（3）真空过滤

对于难以过滤的物质，真空过滤器能够提高过滤速度。

（4）其他需要抽真空的实验

如管道换气。

3. 使用注意事项

开泵之前，首先应该检查泵内润滑油的水平液面是不是在油孔的标线处。如果润滑油不够，则无法充分浸没泵体，影响密封性与润滑的有效性，并损坏了泵体；但如果润滑油过多，可在正常工作时随气体从排气洞中流出。

真空泵是由电动机推动而工作的，因此在使用时，必须要与电动机的规定电源电压保持一致。

真空泵不可直接抽可凝性蒸气。

真空泵工作时应考虑电动机的工作温度，不能高于规定工作温度（一般为 65 ℃）。

停泵时，为防止空气由于泵油的返压而进入抽气装置，应将真空泵的进气道先通入大气后再关闭。

进气口上的细纱网要定时清理，以防泵内空气掉入固体或小微粒。用了 0.5 年或 1 年之后，要及时换油。

被抽气体中含有杂质时，必须加装过滤器，否则叶轮两端面可能被卡住而产生故障。

真空泵不可接反，否则会坏掉。

较长时间停机后，再次启动时，应将电动机防护罩拆去，用手去转动电动机风扇，能灵活转动后，再启动，如果是长期停机或冬天停机后，应将泵内积水排完，防止泵体内生锈卡住叶轮。

8.5.3 电动离心机

离心分离技术指在定性分析中通过离心机实现沉积物与溶液的分离。离心分离技术主要是利用离心机（electrical centrifuge）（图 8-30）高速转动时所形成的离心力，将沉积物甩到管体下部并与溶液分开。分离的质量则主要决定于其所形成的离心力，而离心力则主要取决于电动机的转速，以及沉积物的质量。

图 8-30 离心机

根据转速的不同，离心机分为低速离心机（转速为 4 000 r/min 或 5 000 r/min）和高速离心机（速度为 10 000 r/min 或 16 000 r/min）。低速离心机大多应用在定性分析法中，而高速离心机则大多用于仪器设备分析和试样处理。化验室用的离心机，目前大多数都用了六个管的密闭式离心机，离心管容量一般是 10 mL，可调速。

在离心实验中，标准的指示样本离心条件应该是用相对离心力（relative centrifugal field，简称 *RCF*）来衡量，而在实际实验过程中，往往习惯用 *rpm*（revolution per minute，或 r/min）即每分钟转速来表示。*RCF* 以重力加速度 g（980.66 cm/s^2）的倍数来表示，*rpm* 表示离心机每分钟的转数。*rpm* 与 g 之间的换算公式为：$RCF = 1.119 \times 10^{-5} \times (rpm)^2 \times r$。式中，$r$ 表示离心机转轴中心与离心管中心的距离，单位为 cm。由于离心管的位置由转子决定，因此 r 必须查阅相关转子的参数而得。

使用离心机注意事项：

①要正确安放离心管。当管的数量是单数时，要另添一管相同质量的水，以保持对称。

②每次使用离心机时逐渐加速，一旦发现声音不正常，就要停机测试，排除故障后才能继续工作，可能的问题包括离心机高度不一致、螺钉松动、离心管不正确、质量不等。

③离心机关闭时，必须逐渐减速，直到机器自动停止转动，绝对不能用手强行停机。

④为了保证离心机的水管干净，管底要垫有橡皮或泡沫等，以防管道损坏。

⑤全封闭的离心机在运行时必须盖上盖子，确保安全。

8.5.4 电磁搅拌器

图 8-31 电磁搅拌器

电磁搅拌器（electromagnetic stirrer）（图 8-31）的工作原理：由一台微型电动机驱动一块磁铁旋转，从而推动托盘上装有溶剂的器皿上的搅拌子工作，从而达到搅拌溶液的目的。搅拌子也称磁子，它把一小截封闭在玻璃管或塑料管中（防止铁丝与溶剂发生反应），搅拌子随着磁铁的旋转而转动。在这个托盘底下除磁铁之外，还有一个电热设备，极细的电热丝夹在云母片中，可起到升温的效果。

电磁搅拌器控制界面上包括电源开关、速度调整旋钮、加热开关和指示灯等。电磁搅拌器虽然类型众多，但基本构造都一样，而且工作原理也相同。广泛应用于需要高速搅动的工作领域，包括用离子选择性电极检测各种物质、高电位滴定和 pH 测量等。

使用时，应先将搅拌子转速调至最小，然后接通 220 V 的电源，再按下启动开关，指示灯亮，接着再调节至相应的速度。在托盘的正中心放好要搅动的器具后，在溶液中放入适当的搅拌子，加以搅拌。搅拌子一定要放在器皿中心，且不能碰壁。需要加热时，应启动加热开关，调整温度。注意保持容器外壁干燥；转速不能过高，以免溶剂溅出，对托盘产生侵蚀。使用后应迅速断开电源。

参考文献

[1] 曾鸽鸣，李庆宏．化验员必备[M]．长沙：湖南科学技术出版社，2005.

[2] 夏玉宇．化验员使用手册（第三版）[M]．北京：化学工业出版社，2012.

[3] 王秀萍、关莉、刘丽萍．实用分析化验工读本——习题与试题集（第三版）[M]．北京：化学工业出版社，2011.

［4］刘珍．化验员读本（第四版）：下册［M］．北京：化学工业出版社，2005.
［5］王迎新．新编化验员工作手册［M］．吉林：银声音像出版社，2004.
［6］李良贸，胡虔珍．化验（实验）室常用仪器设备实用指南［M］．南昌：江西科学技术出版社，1996.
［7］季剑波．简明化学检验工手册［M］．北京：机械工业出版社，2013.
［8］显微镜原理、构造、使用方法及分类等知识介绍［EB/OL］．［2018-04-27］.https://www.xianjichina.com/news/details_70769.html.
［9］显微镜的种类及其使用方法［EB/OL］．［2020-11-15］.https://www.docin.com/p-2497965700.html.
［10］甘玉雪，杨锋，吴杰等．扫描电子显微镜在岩矿分析中的应用［J］．电子显微学报，2019，38（03）：284-293.
［11］曾永秋，刘岚．医学细胞生物学与遗传学实验教程［M］．北京：科学出版社，2021.

思考题

1. 电子天平的称量原理是什么？
2. 电子天平的简易操作程序包括哪些？
3. 减量称量法的步骤有哪些？
4. 电炉、电热板和电加热套的使用注意事项有哪些？
5. 高温电炉发热的原理是什么？
6. 简要描述电热恒温水浴锅的构造。
7. 722 型可见分光光度计的使用步骤是什么？
8. 752 型紫外可见分光光度计的优点有哪些？
9. 分光光度计的保养和维护方法有哪些？
10. 电冰箱的组成部分包括哪些？
11. 简要描述电动离心机的作用原理。
12. 简要描述电磁搅拌器的操作步骤。
13. 低倍镜切换高倍镜过程中，操作者往往喜欢用手指直接推转物镜镜头，认为这样比较省力。请思考这样操作是否正确，为什么？

14. 显微镜镜头的玻璃表面容易生霉，影响观察效果。试解释这一现象。

15. 显微镜使用时间过长，镜筒容易出现下滑现象，此时如何应对？

16. 透射电子显微镜中，待测样品的厚度或密度如何影响图像的质量？

练习题

1. 实验室常用的马弗炉，使用最高温度应为多少？（　　）

A. 800 ℃　　B. 950 ℃　　C. 1 350 ℃　　D. 1 700 ℃

2. 减量称量法最适于称量下列哪种样品？（　　）

A. 腐蚀天平的药物　　B. 溶液或液体样品

C. 粉末状样品　　D. 剧毒样品

E. 易吸水，易被氧化，易与 CO_2 作用的样品

3. 电子天平分为（　　　　）、（　　　　）、（　　　　）、（　　　　）、（　　　　）、（　　　　）。

4.（判断对错）采用减量称量法时，如果第一次倒出的试样量不够，可以将称量瓶取出继续倒出试样，再放入秤盘称量。（　　）

5. 电热恒温干燥箱的型号很多，但结构基本相似，一般由（　　　　）、（　　　　）和（　　　　）3 部分组成。

6. 水浴锅用电热加温，电源电压为（　　　　）。水浴锅恒温范围为（　　　　）（需高于室温 3 ℃），温差为（　　）。

7.（判断对错）分光光度计无须预热就能检定。（　　）

8. 721 型仪器预热时，比色皿架处于蒸馏水校正位置。使光电管受光照，旋转调节 100% 电位器使表针至（　　）。

A. 零　　B. 满度　　C. 90%　　D. 85%

9. 721 分光光度计适用于（　　）。

A. 可见光区　　B. 紫外光区　　C. 红外光区　　D. 都适用

10. 按转速不同，离心机分为（　　　　）和（　　　　）。

11. 使用水浴锅时，注入清水（最好用纯水）至适当的深度，一般不超过水浴锅容量的（　　）。

12. 使用磁力搅拌器时，调速应（　　　　），最好不要高速挡直接起动，

以免搅拌子不同步，引起跳动。

13. 使用显微镜观察时，显微镜镜头上的数字，例如“20×”代表什么意思？若用“10×”的物镜、“20×”的目镜，则该显微镜的显微能力如何？

14. 粗准焦螺旋与细准焦螺旋的作用是什么？

15. 在使用显微镜的过程中，发生了玻片损坏，试分析可能的原因。

16. 简述使用扫描电镜的基本操作。

第九章　化学分析基本操作

9.1　水样的采集、保存和运输

为了真实地反映水质，在水质监测过程中要特别注意水样的采集、保存和运输。采集的样品要有代表性，采样前进行现场调查、收集资料，以确定采样位置、采样时间、采样频率，以及水样应如何保存和运输等，要严格按照有关标准、规范进行。

9.1.1　水样的类型

1. 瞬时水样

瞬时水样是指在某一时间和地点从水体中随机采集的分散水样。当水体水质稳定，或其组分在相当长的时间或相当大的空间范围内变化不大时，瞬时水样具有很好的代表性；当水体组分随时间和空间变化时，就应隔时、多点采集瞬时样，分别进行分析，摸清水质的变化规律。

2. 混合水样

混合水样是指在同一采样点于不同时间所采集的瞬时水样的混合水样，有时称“时间混合水样”，以与其他混合水样相区别。这种水样在观察平均浓度时非常有用，但不适用于被测组分在储存过程中发生明显变化的水样。

如果水的流量随时间变化，必须采集流量比例混合样，即在不同时间依照流量大小按比例采集的混合样。可使用专用流量比例采样器采集这种水样。

3. 综合水样

综合水样是指把不同采样点同时采集的各个瞬时水样混合后所得到的样品。[1] 这种水样在某些情况下更具有实际意义。例如，当为几条排污河（渠）建立综合处理厂时，以综合水样获得的水质参数作为设计的依据更为合理。

9.1.2 水样的采集

1. 采样前的准备

采样前，要根据待测项目的性质和采样方法的要求，选择适宜材质的样品瓶和采样器（或采水器），并清洗干净。此外，还需准备好交通工具，并初步落实水样的运输方式。对采样器的要求：化学性能稳定，大小和形状适宜，不吸附待测组分、不污染水样，容易清洗并可反复使用。

2. 地表水样的采集

（1）采样器材

采样器材主要是指采样器和盛装水样的容器（见图 9-1）。

①直立式采水器。

②自动采样器。

③聚乙烯塑料桶。

④单层采水瓶。

图 9-1 水样采样器及部分容器

玻璃瓶的优点是内表面易清洗，在采集微生物样品时，采样前可以灭菌。但当采集的样品中待测组分为玻璃的主要成分时，应选用聚乙烯容器。

（2）采样方法

①地表水水质监测通常采集瞬时水样。

②表层水样的采集，可直接将采样器放入水面下 0.3~0.5 m 处采样，采样后立即加盖塞紧，避免接触空气。

③深层水样的采集，可利用船等工具行驶至特定采样点，将采水管沉降至所规定的深度，用泵抽取水样。

④简易采水器：将其沉降至所需深度（可从提绳上的标度看出），上提提绳打开瓶塞，待水充满采样瓶后提出。

⑤急流采水器：它是将一根长钢管固定在铁框上，管内装一根橡胶管，胶管上部用夹子夹紧，下部与瓶塞上的短玻璃相连，瓶塞上另有一长玻璃管通至采样瓶近底处。采样前塞紧橡胶塞，然后沿船身垂直伸入要求水深处，打开上部橡胶管夹，水样即沿长玻璃管流入样品瓶中，瓶内空气由短玻璃管沿橡胶管排出。这样采集的水样也可用于测定水中溶解性气体，因为它是与空气隔绝的。

（3）采样数量

各监测项目所需水样采集量可参考表 9-1。[1] 表中的采样量已考虑重复分析和质量控制的需要，并留有余地。

表 9-1　水样的采集和保存

项目	采样容器	保存剂及用量	保存期	采样量①/mL	容器洗涤
浊度 *	G.P.	—	12 h	250	Ⅰ
色度 *	G.P.	—	12 h	250	Ⅰ
pH*	G.P.	—	12 h	250	Ⅰ
电导 *	G.P.	—	12 h	250	Ⅰ
悬浮物 **	G.P.	—	14 d	500	Ⅰ
碱度 **	G.P.	—	12 h	500	Ⅰ
酸度 **	G.P.	—	30 d	500	Ⅰ
COD_{Cr}	G.	H_2SO_4，pH≤2	2 d	500	Ⅰ
COD_{Mn}**	G.	—	2 d	500	Ⅰ
DO*	溶解氧瓶	加入硫酸锰，碱性 KI，叠氮化钠溶液，现场固定	24 h	250	Ⅰ
BOD_5**	溶解氧瓶	—	12 h	250	Ⅰ
TOC	G.	H_2SO_4，pH≤2	7 d	250	Ⅰ
F^-**	P	—	14 d	250	Ⅰ
Cl^-**	G.P.	—	30 d	250	Ⅰ
Br^-**	G.P.	—	14 h	250	Ⅰ
I^-	G.P.	NaOH，pH=12	14 h	250	Ⅰ
SO_4^{2-}**	G.P.	—	30 d	250	Ⅰ
PO_4^{3-}	G.P.	NaOH，H_2SO_4，pH=7，$CHCl_3$ 0.5%	7 d	250	Ⅳ

续表

项目	采样容器	保存剂及用量	保存期	采样量[①]/mL	容器洗涤
总磷	G.P.	HCl，H_2SO_4，pH≤2	24 h	250	Ⅳ
氨氮	G.P.	H_2SO_4，pH≤2	24 h	250	Ⅰ
NO_2^--N**	G.P.	—	24 h	250	Ⅰ
NO_3^--N**	G.P.	—	24 h	250	Ⅰ
总氮	G.P.	H_2SO_4，pH≤2	7 d	250	Ⅰ
硫化物	G.P.	1 L 水样加 NaOH 至 pH=9，加入 5% 抗坏血酸 5 mL，饱和 EDTA 3 mL，滴加饱和 $Zn(AC)_2$ 至胶体产生，常温避光	24 h	250	Ⅰ
总氰	G.P.	NaOH，pH≥9	12 h	250	Ⅰ
Be	G.P.	HNO_3，1 L 水样中加浓 HNO_3 10 mL	14 d	250	Ⅲ
B	P	HNO_3，1 L 水样中加浓 HNO_3 10 mL	14 d	250	Ⅰ
Na	P	HNO_3，1 L 水样中加浓 HNO_3 10 mL	14 d	250	Ⅱ
Mg	G.P.	HNO_3，1 L 水样中加浓 HNO_3 10 mL	14 d	250	Ⅱ
K	P.	HNO_3，1 L 水样中加浓 HNO_3 10 mL	14 d	250	Ⅱ
Ca	G.P.	HNO_3，1 L 水样中加浓 HNO_3 10 mL	14 d	250	Ⅱ
Cr（Ⅵ）	G.P.	NaOH，pH=8~9	14 d	250	Ⅲ
Mn	G.P.	HNO_3，1 L 水样中加浓 HNO_3 10 mL	14 d	250	Ⅲ
Fe	G.P.	HNO_3，1 L 水样中加浓 HNO_3 10 mL	14 d	250	Ⅲ
Ni	G.P.	HNO_3，1 L 水样中加浓 HNO_3 10 mL	14 d	250	Ⅲ
Cu	P	HNO_3，1 L 水样中加浓 HNO_3 10 mL[②]	14 d	250	Ⅲ
Zn	P	HNO_3，1 L 水样中加浓 HNO_3 10 mL[②]	14 d	250	Ⅲ
As	G.P.	HNO_3，1 L 水样中加浓 HNO_3 10 mL，DDTC 法，HCl 2 mL	14 d	250	Ⅰ
Se	G.P.	HCl，1 L 水样中加浓 HCl 2 mL	14 d	250	Ⅲ
Ag	G.P.	HNO_3，1 L 水样中加浓 HNO_3 2 mL	14 d	250	Ⅲ
Cd	G.P.	HNO_3，1 L 水样中加浓 HNO_3 10 mL[②]	14 d	250	Ⅲ
Sb	G.P.	HCl，0.2%（氢化物法）	14 d	250	Ⅲ
Hg	G.P.	HCl，1%，如水样为中性，1 L 水样中加浓 HCl 10 mL	14 d	250	Ⅲ
Pb	G.P.	HNO_3，1%，如水样为中性，1 L 水样中加浓 HNO_3 10 mL[②]	14 d	250	Ⅲ

续表

项目	采样容器	保存剂及用量	保存期	采样量①/mL	容器洗涤
油类	G	HCl，pH≤2	7 d	250	Ⅱ
农药类 **	G	加入抗坏血酸 0.01~0.02 g 除去残余氯	24 h	1 000	Ⅰ
除草剂类 **	G	加入抗坏血酸 0.01~0.02 g 除去残余氯	24 h	1 000	Ⅰ
邻苯二甲酸酯类 **	G	加入抗坏血酸 0.01~0.02 g 除去残余氯	24 h	1 000	Ⅰ
挥发性有机物 **	G	用 1+10HCl 调至 pH=2，加入 0.01~0.02 g 抗坏血酸除去残余氯	12 h	1 000	Ⅰ
甲醛 **	G	加入 0.2~0.5 g/L 硫代硫酸钠除去残余氯	24 h	250	Ⅰ
酚类 **	G	用 H_3PO_4 调至 pH=2，用 0.01~0.02 g 抗坏血酸除去残余氯	24 h	1 000	Ⅰ
阴离子表面活性剂	G.P.	—	24 h	250	Ⅳ
微生物 **	G	加入硫代硫酸钠至 0.2~0.5 g/L 除去残余物，4 ℃保存	12 h	250	Ⅰ
生物 **	G.P.	不能现场测定时用甲醛固定	12 h	250	Ⅰ

注：* 表示应尽量做现场测定；** 表示低温（0~4 ℃）避光保存。

G 为硬质玻璃瓶；P 为聚乙烯瓶（桶）。

①为单项样品的最少采样量；②如用溶出伏安法测定，可改用 1 L 水样中加 19 mL 浓 $HClO_4$。

Ⅰ，Ⅱ，Ⅲ，Ⅳ表示四种洗涤方法，如下：

Ⅰ：洗涤剂洗一次，自来水三次，蒸馏水一次。

Ⅱ：洗涤剂洗一次，自来水洗两次，1+3HNO_3 荡洗一次，自来水洗三次，蒸馏水洗一次。

Ⅲ：洗涤剂洗一次，自来水洗两次，1+3HNO_3 荡洗一次，自来水洗三次，去离子水洗一次。

Ⅳ：铬酸洗液洗一次，自来水洗三次，蒸馏水洗一次。如果采集污水样品可省去用蒸馏水、去离子水清洗的步骤。

经 160 ℃干热灭菌 2 h 的微生物、生物采样容器，必须在两周内使用，否则应重新灭菌；经 121 ℃高压蒸气灭菌 15 min 的采样容器，如不立即使用，应于 60 ℃将瓶内冷凝水烘干，两周内使用。细菌监测项目采样时不能用水样冲洗采样容器，不能采混合水样，应单独采样后 2 h 内送实验室分析。

（4）采样注意事项

当水样被装入容器后，立即按要求加入保存剂，如图 9-2 所示，可参考表 9-1。

油类采样：采样前先破坏存在的油膜，用直立式采水器把玻璃材质容器安装在采水器的支架中，将其放至 300 mm 深度，边采水边向上提起，在到达水面时剩余适当空

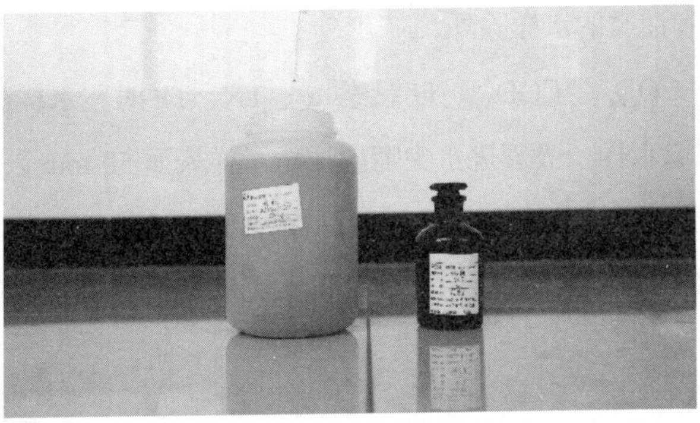

图 9-2　采样后加入保存剂

间。单独采样，全部用于测定。并且采样瓶（容器）不能用采集的水样冲洗。[2]

采样时不可搅动水底的沉积物。

应保证采样点的位置准确。必要时使用定位仪定位。

采集水样后，立即将水样容器瓶盖紧、密封，贴好标签。标签内容一般应包括采样点位名称、采样日期和时间、监测项目、采样人等。标签使用不褪色的墨水填写，并牢固地贴于盛装水样的容器外壁上（见图 9-3）。

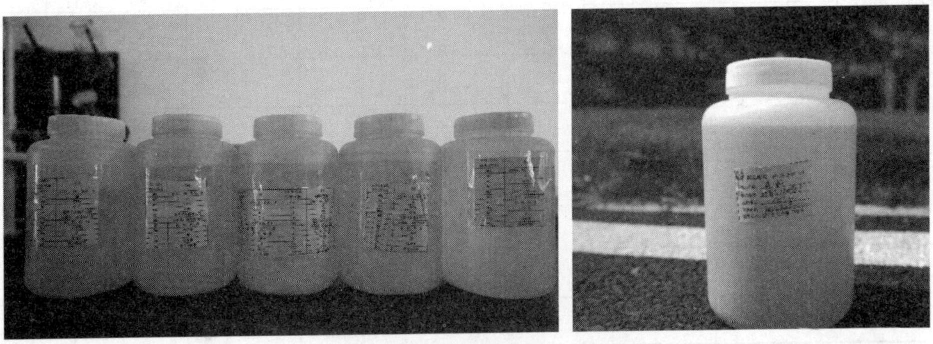

图 9-3　采样后贴标签封存样品

在现场，用签字笔或硬质铅笔认真填写“地表水采样记录表”（表 9-2），字迹应端正、清晰，内容完整。

采样结束前，核对采样计划、记录与水样，如有错误或遗漏，应立即补采或重采。

测 DO、BOD_5 和有机污染物等项目时，水样必须注满容器，上部不留空间，并用水封口。

如果水样中含沉降性固体（如泥、沙等），则应分离除去。分离方法：将所采水样摇匀后倒入量筒，静置 30 min，将不含沉降性固体的上部水样移入样品瓶并加入保存剂。加入保存剂后一定要摇匀，防止样品保存不均匀的情况出现。测定水温、pH、

DO、电导率、SS 和油类的水样除外。

测定湖库水的 COD_{Cr}、COD_{Mn}、叶绿素 α 、TN、TP 时，水样静置 30 min 后，用吸管一次或几次移取水样，吸管进水尖嘴应插至水样表面 50 mm 以下位置，再加保存剂保存。加入保存剂后一定要摇匀，防止样品保存不均匀的情况出现。

测定油类、BOD_5、DO、硫化物、余氯、粪大肠菌群、SS、放射性等项目应单独采样。

（5）采样记录

表 9-2　地表水采样记录表

编号								
河流（湖库）名称								
采样日期								
采样时间								
断面名称								
采样位置	断面号							
	垂线号							
	点位号							
	水深 /m							
水温 /℃								
pH								
感官指标描述								
其他参量								
备 注								

采样人员：　　　　　　　　　　　　　　记录人员：

3. **地下水样的采集**

（1）采样器材

①采样器。地下水采样器分为自动式和人工式两类。自动式采样器利用电动泵进行采样，人工式采样器可分活塞式与隔膜式，可按要求选用。地下水采样器应能在井中准确定位，并能取到足够量的代表性水样。

②水样容器的选择原则。容器不能引起新的沾污；容器壁不应吸收或吸附某些待测组分；容器不应与待测组分发生反应；能严密封口，且易于开启；容易清洗，并可反复使用。

（2）采样方法

①地下水水质监测通常采集瞬时水样。[3]

②对需测水位的井水，在采样前应先测地下水位。

③从井中采集水样（图 9-4），必须在充分抽吸后进行，抽吸水量通常不得少于井内存水体积的 2 倍，采样深度应在地下水水面 0.5 m 以下，以保证水样能代表地下水水质。[3]

④对封闭的生产井可在抽水时从泵房出水管放水阀处采样，采样前应将抽水管中存水放净。

⑤对于自喷的泉水，可在涌口处出水水流的中心采样。[3] 采集不自喷泉水时，将停滞在抽水管的水汲出，新水更替之后，再进行采样。

图 9-4　井水样品的采集

（3）采样数量

各监测项目所需水样采集量同地表水样，可参考表 9-1。表中的采样量已考虑重复分析和质量控制的需要，并留有余地。

（4）采样注意事项

采样前，除 BOD_5、有机物和细菌类项目外，先用采样水荡洗采样器和水样容器 2~3 次。

测定 BOD_5、DO 和挥发性、半挥发性有机污染物项目的水样，采样时水样必须注满容器，上部不留空隙。但对准备冷冻保存的样品则不能注满容器，以避免冷冻水样体积变大胀破容器。测定溶解氧的水样采集后应在现场固定，盖好瓶塞后需用水封口。

测定石油类、BOD_5、硫化物、重金属、细菌类、放射性等的水样应分别单独采样。

在水样采入或装入容器后，立即按要求加入保存剂，可参考表 9-1。

采集水样后，立即将水样容器瓶盖紧、密封，贴好标签。标签内容一般应包括采样点位名称、采样日期和时间、监测项目、采样人等。标签使用不褪色的墨水填写，并牢固地贴于盛装水样的容器外壁上。

在现场，用签字笔或硬质铅笔认真填写“地下水采样记录表”（表 9-3），字迹应端正、清晰，内容完整。

采样结束前，应核对采样计划、采样记录与水样，如有错误或漏采，应立即重采或补采。

表 9-3　地下水采样记录表

采样点位编号								
采样点位名称								
采样日期								
采样时间								
采样方法								
采样深度 /m								
气温 /℃								
天气状况								
断面名称								
现场测定记录	水位 /m							
	水量 /（m^3/s）							
	水温 /℃							
	色							
	嗅和味							
	浑浊度							
	肉眼可见物							
	pH							
	电导率 /（μS/cm）							
样品性状								
样品瓶数量								
固定剂加入情况								
备 注								

采样人员：　　　　　　　　　　记录人员：

4. 污水样品的采集

（1）采样方法

浅层水采样：可用容器直接采集，或用聚乙烯塑料长把勺采集。

深层水采样：可使用特制的深层采样器采集。

自动采样：可用自动采样器或连续自动定时采样器采集。

（2）污水监测项目

在分时间单元采集样品时，测定 pH、COD、BOD_5、DO、硫化物、油类、有机物、余氯、粪大肠菌群、悬浮物和放射性等项目的样品，不能混合，只能单独采样。[2]

（3）自动采样

自动采样用自动采样器进行，分为时间比例采样和流量比例采样。

当污水排放量较稳定时可采用时间比例采样，否则必须采用流量比例采样。

（4）采样位置

采样位置应在采样断面的中心。当水深＞1 m 时，应在表层下 1/4 深度处采样；水深≤1 m 时，在水深的 1/2 处采样。

（5）注意事项

用样品容器直接采样时，必须用水样冲洗三次后再进行采样。但当水面有浮油时，采油的容器不能冲洗。

采样时应注意除去水面的杂物、垃圾等漂浮物。

用于测定油类、BOD_5、SS、硫化物、余氯的水样，必须单独定容采样，全部用于测定。

在选用特殊的采样器（如油类采样器）时，应按照该采样器的使用方法采样。

采样时应认真填写“污水采样记录表”（表 9-4）。

凡需现场监测的项目，应进行现场监测。

表 9-4 污水采样记录表

序号	企业名称	行业名称	采样口	采样口位置（车间或出厂口）	采样口流量/（m^3/s）	采样时间	颜色	嗅	备注

现场情况描述： 治理设施运行状况：

采样人员： 企业人员： 记录人员：

5. 底质样品的采集

底质监测断面的位置应尽可能与水质监测断面相重合，以便于将沉积物的组成及性质与水质监测情况进行比较。

一般每年枯水期采样一次，必要时可在丰水期增采一次。

采集表层底质样品采用锥式采样器或挖式采样器。前者适用于采样量少的情况；后者适用于采样量较大的情况。

9.1.3 水样的保存

水样采集后，根据不同的分析要求，需分装成数份，并分别加入保存剂保存。各种水样从采集到分析测定这段时间内，环境条件的改变、微生物新陈代谢活动（特别是污水样品）和化学作用的影响，会引起水质的变化。若不能马上运输或尽快分析时，则应根据不同监测项目的要求，盛装于性能稳定的材料制作的容器中，并采取保存措施。此时，相关的水样瓶的标签上还应注明保存方法，注明使用了何种保存剂。基本上按以下原则保存水样：

①选择适当材料的容器：容器不能是新的污染源。例如，测定硅、硼不能使用硼硅材质的玻璃瓶；容器壁不应吸收或吸附某些待测组分，如测定有机物不能使用聚乙烯瓶；容器壁不应与某些待测组分发生反应，如测氟的水样不应储于玻璃瓶中；测定对光敏感的组分，其水样应储于深色瓶中。

②冷藏或冷冻水样，以抑制微生物活动，减缓化学反应和物理挥发速度。

③加入生物抑制剂，以抑制生物的氧化还原作用。如在测定氨氮、硝酸盐氮、化学需氧量的水样中加入 $HgCl_2$；对测定酚的水样，用 H_3PO_4 调至 pH=4 时，加入适量 $CuSO_4$，即可抑制苯酚菌的分解活动。[1]

④加入酸或碱，以控制溶液的 pH。向测定氰化物或挥发性酚的水样中加入 NaOH，调至 pH=12，使之生成稳定的酚盐；测定金属离子的水样常用 HNO_3 酸化至 pH=1~2，既可防止重金属离子水解沉淀，又可避免金属被器壁吸附等。

⑤加入氧化剂或还原剂，以抑制氧化还原反应和生化作用。如测定 DO 的水样，加入少量硫酸锰和碘化钾固定 DO（还原）；测定硫化物的水样，加入抗坏血酸，可以防止被氧化；测定汞的水样，加入 HNO_3（至 $pH<1$）和 $K_2Cr_2O_7$（0.05%），使汞保持高价态等。

我国《水和废水监测分析方法》（第四版）中推荐的水样的保存方法和保存期，见表 9-1。

9.1.4 水样的运输和交接

采集水样后，加入保存剂、做好记录，贴好标签，尽快运送到实验室。根据采样位置和待测项目的最长保存时间，选用适当的运输方式（最好在现场工作开始之前，就安排好水样的运输工作），以防延误。同时，做到以下几点：

①应塞紧样品瓶塞子。

②为避免水样在运输过程中因震动、碰撞导致损失或沾污，将瓶装箱，并用泡沫塑料或纸条挤紧，在箱顶贴上标记。同一采样点的样品应装在同一包装箱内，如需分装在两个或几个箱子中时，则需在每个箱内放入相同的现场采样记录。

③需冷藏的样品，应配备专门的隔热容器，放入制冷剂。

④冬季应采取保温措施，以免冻裂样品瓶。

⑤运输前应对照现场采样记录检查所有的水样是否全部装箱。用红字在包装箱顶部和侧面标上“切勿倒置”的标记。

⑥在样品运输过程中应有押运人员，防止样品损坏或受沾污。移交实验室时，交接双方应一一核对样品，办妥交接手续。[1]

9.2 称量分析的基本操作

重量分析法是通过测量物质质量来确定待测组分含量的一种经典定量分析方法。首先将待测组分从试样中分离出来，转化为称量形式，测其质量，由称得的质量，计算待测组分的含量。

重量分析法准确度和精密度均较高，测定结果的相对误差一般不大于0.1%。但其操作较烦琐，耗时多；低含量组分测定时，误差较大。用在水质检测中的重量分析法测试项目主要有水质悬浮物的测定、水质全盐量的测定和沉积物含水率等的测定。涉及的分析基本技能操作包括试样的蒸馏、沉淀、过滤、洗涤、干燥和灼烧。

9.2.1 试样蒸馏操作

用在重量法水质检测项目中的试样的蒸馏法，主要有常压蒸馏和减压蒸馏。[4-7]

1. 常压蒸馏

在一个大气压下进行的蒸馏称作常压蒸馏。常用于沸点不是很高，且受热不分解的液体蒸馏。

（1）装置

包括蒸馏烧瓶、冷凝管和接收器三大部分，见图 9-5、图 9-6。

注意事项：

待蒸馏液体的体积应为蒸馏瓶的 1/3 到 2/3；

温度计水银球和蒸馏瓶支管口保持在同一水平线上；

用水冷凝时，下端进水，上端出水且上端口应向上；

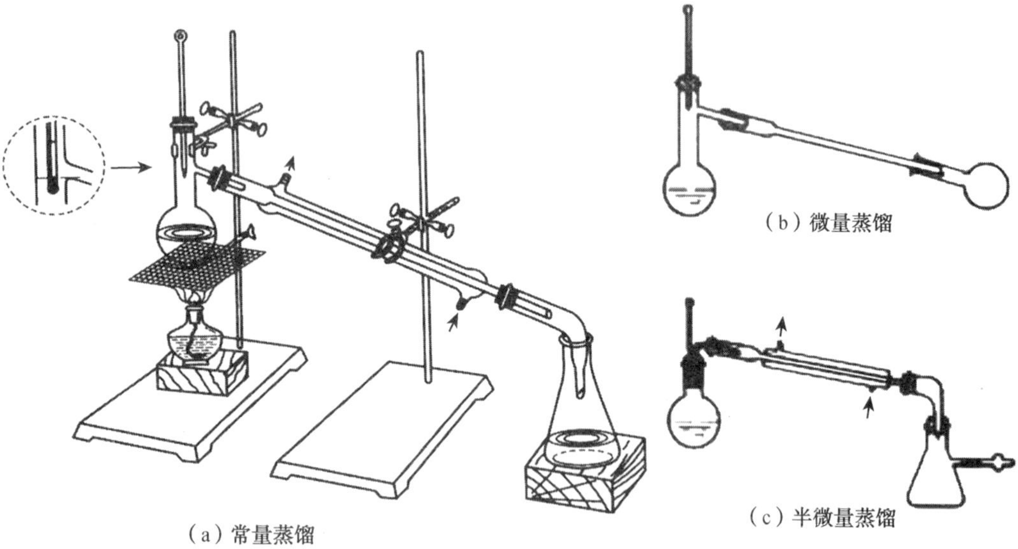

图 9-5　常压蒸馏装置

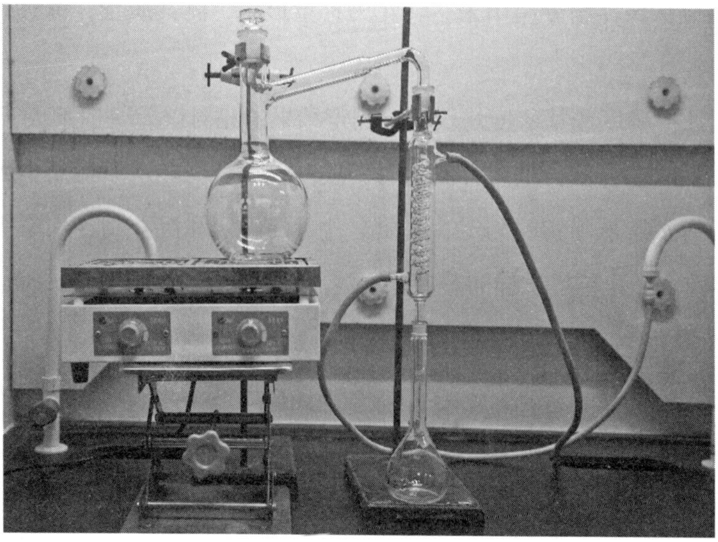

图 9-6　常压蒸馏搭建装置实物图

接液管和接收器应与大气相通；

沸点低、易燃、易吸潮的液体蒸馏时，应用图 9-5（c）所示的接收装置，且接收瓶需放在冰水浴中；

安装冷凝管时，使其与蒸馏瓶支管同轴相连；各铁夹松紧以稍用力尚能转动为宜；整个装置，准确端正，在同一平面内。

（2）操作

常压蒸馏操作及注意事项，见表 9-5。

表 9-5 常压蒸馏操作及注意事项

操作步骤	操作要点	简要说明	现象	注意事项
加料	将待蒸馏液体倒入烧瓶中，加入几粒沸石	加沸石防止暴沸	—	不可将待蒸液体倒入烧瓶支管内，以免污染馏出液
调整仪器	接通冷凝水 检查装置气密性	冷凝管下口进水上口出水	—	馏出液沸点高于 140 ℃，用空气冷凝管；低于 140 ℃，用水冷凝管
加热	选择合适的加热装置，缓慢升温	馏出液沸点 100 ℃以下，水浴加热；100~250 ℃，油浴；大于 250 ℃，沙浴；若待蒸液不可燃，也可烧瓶下放置石棉网，直接明火加热	蒸气逐渐上升	切勿对未被液体浸盖的瓶壁加热，否则沸腾的液体将产生过热蒸气，温度计所示温度会高于沸点温度
沸腾	—	蒸气到达温度计水银球部位时，温度计指示急剧上升	沸腾，温度计指示迅速上升	
蒸馏	略微调低加热装置功率，使每秒流出 1~2 滴馏出液； 记下得到第一滴馏出液时的温度，接收前馏分，观察温度计指示，待达到所需馏分温度时，记下此温度，同时换另一接收瓶接收	降低加热功率，是为了让水银球上凝聚的液滴和蒸气在温度上达到平衡	温度计指示趋于稳定	蒸馏速率不能太慢，否则水银球周围的蒸气会短时间中断，致使温度指示发生不规则的变动。也不宜太快，否则温度计响应较慢，使温度计读数不准确；且太快，蒸气会带有较多的微小液滴，使馏出液组成不纯。 馏出液沸点较低时，为避免挥发，应将接收容器放入冷水或冰水浴

续表

操作步骤	操作要点	简要说明	现象	注意事项
蒸馏结束	当所需沸程的液体都蒸出后，记下此温度，停止加热，撤去加热装置，按安装仪器的相反顺序拆除仪器	纯物质沸程一般不超过 1~2 ℃； 当所需馏分蒸出后，维持加热温度，不会再有蒸气产生，温度计指示会骤然下降；若继续升高加热温度，可能有高沸点杂质存在，温度计指示会显著上升	温度计指示会骤然下降	拆下的热温度计放石棉网上，避免因骤冷发生炸裂； 切记不可蒸干，以免发生意外

2. **减压蒸馏**

低于大气压下进行的蒸馏称为减压蒸馏，适用于沸点较高或受热不稳定的液体。

（1）装置

包括蒸馏、减压以及安全保护和测压装置三部分，见图 9-7。

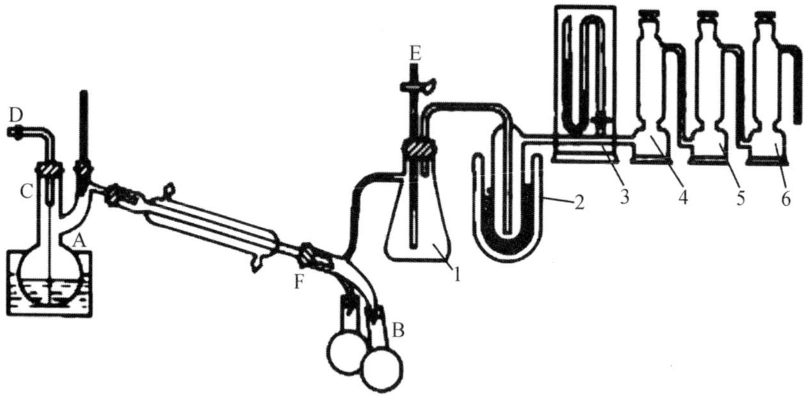

1 —安全瓶；2 —冷阱；3 —压力计；4 —氯化钙；5 —氢氧化钠；6 —石蜡片；A —克氏瓶；B —接收器；C —毛细管；D —螺旋夹；E —放气活塞；F —接液管

图 9-7　减压蒸馏装置

①蒸馏装置。图 9-7 中 A 是克氏蒸馏瓶，双颈，一个插温度计，另一个插毛细管（C），毛细管下端距瓶底 1~2 mm，上端连带螺旋夹（D）的橡皮管，用以调节进入的空气量，进入的空气起到鼓泡作用，使蒸馏平稳进行，相当于沸石，可避免沸腾时液体冲入冷凝管中。接收器用圆底烧瓶，接液管根据需求，可以用一尾或多尾，多尾接液管可在不停止减压的情况下，分别收集不同的馏分。E 为放气活塞。根据沸点，选

择合适的加热方式及冷凝管。加热装置的温度应比待蒸物的沸点高 20~30 ℃；沸点高使用空气冷凝管。

②减压装置。常用水泵或机械泵进行减压。水泵的最低压力为室温下的水蒸气压。使用机械泵时，真空系统的压力常控制在 650~1 300 Pa。

③安全保护及测压装置。水泵减压时，需在泵前连接安全瓶，防止倒吸。机械泵减压时，应在泵前依次连接安全瓶、冷阱、压力计、吸收塔等保护装置。其中，安全瓶用于调节压力；冷阱用于分离低沸点和易挥发有机物，冷却剂可选用冰 - 水、冰 - 盐、干冰等。吸收塔三个：第一个装无水氯化钙或硅胶（吸收微量水分）；第二个装粒状氢氧化钠（吸收酸蒸气）；第三个装石蜡片（吸收烃类气体）。减压蒸馏时整个装置必须保证良好的气密性。

（2）操作

减压蒸馏操作及注意事项见表 9-6。

表 9-6　减压蒸馏操作及注意事项

操作步骤	操作要点	简要说明	现象	注意事项
前处理	同常压蒸馏	若待蒸馏液含低沸点杂质，则先常压蒸馏，除去低沸点杂质	—	若用油泵进行减压蒸馏，一般先用水泵减压蒸去低沸点馏分，以免损坏油泵
加料	将待蒸液体加入克氏蒸馏瓶中	液体量不超过瓶容积的 1/2	—	液体量不可过多，否则蒸馏时可能冲出或被蒸气带出
调整仪器	按装置图从左到右安装仪器	—	—	同常压蒸馏
减压	旋紧螺旋夹 D，打开安全瓶上的二通活塞 E，开泵抽气	若用水泵抽气，应将水开至最大流量	—	—
检漏	逐渐关闭 E，观察装置所能达到的真空度。检查装置中各连接处是否漏气	若漏气，采取相应措施使各连接部位紧密	压力降低	若达不到所需真空度，同时检查水泵或油泵效率
调压	若超过所需真空度，小心调节二通活塞 E，使少量空气进入。调节螺旋夹 D，使液体中有连续平稳的小气泡冒出，接通冷凝水	连续平稳的小气泡的作用同常压蒸馏中的沸石	液体中有气泡冒出	不可彻底关闭螺旋夹 D，以免发生暴沸或其他意外

续表

操作步骤	操作要点	简要说明	现象	注意事项
加热	开始加热，调节温度，比待蒸液沸点高 20~30 ℃	加热方式根据减压状态下物质的沸点决定，其他同常压蒸馏	加热温度逐渐升高	蒸馏瓶的圆球部位至少应有 2/3 浸入加热装置中，保证受热均匀
沸腾	—	同常压蒸馏	同常压蒸馏	—
蒸馏	同常压蒸馏	如使用单尾接液管，当达到所需馏分的沸点温度时，应先移去热源，取下热浴，稍冷后，慢慢打开活塞 E，使系统与大气相通，然后松开螺旋夹 D，卸下接收容器，装上另一接收容器，从减压开始重新操作。其他同常压蒸馏	同常压蒸馏	整个蒸馏过程中，密切注意温度和压力变化，以防漏气。其他同常压蒸馏
蒸馏结束	当所需沸程的液体都蒸出后，记下此温度和压力，停止加热，撤去加热装置。稍冷后，慢慢打开活塞 E，使装置与大气相通，松开螺旋夹 D，装置内外压平衡后，关闭水泵或油泵。按安装仪器的相反顺序拆除仪器	同常压蒸馏	同常压蒸馏	关闭水泵或油泵前，一定要先打开活塞 E，解除真空，否则，压力较低，水泵中的水或油泵中的油，会倒流。其他同常压蒸馏

9.2.2 试样的沉淀

称量分析对沉淀的要求是尽可能完全和纯净，应该按照沉淀的不同类型选择不同的沉淀条件，按照实际要求控制好沉淀时溶液的体积，温度，加入沉淀剂的浓度、数量、加入速度，搅拌速度和放置时间等。

进行沉淀操作时，左手拿滴管，滴加沉淀剂，尽量不要滴到容器壁或者玻璃棒上；右手持玻璃棒不断搅动溶液，搅动时玻璃棒不要碰烧杯壁或烧杯底。溶液若需加热，一般水浴或电热板加热，沉淀后检查沉淀是否完全，方法如下：待沉淀下沉后，在上层澄清液中，沿杯壁加一滴沉淀剂，观察滴落处是否出现浑浊，无浑浊表明沉淀完全，出现浑浊，需再补加沉淀剂，直至再次检查时上清液不再出现浑浊为止。然后盖上表面皿。[4]

9.2.3 试样的过滤和洗涤

过滤是一种从溶液中分离出固体物质的方法，实验室过滤常用漏斗和滤纸。又分为常压过滤和减压过滤。适当的减压会增加滤纸两边的压差，提高过滤速度。过滤时将过滤器安装在抽滤瓶上，连接抽气装置，进行减压过滤（图 9-8）。采用倾泻法过滤，将待过滤物加入过滤器中，然后再减压抽滤，注意抽滤结束时，应先断开抽滤瓶，再关水泵，否则会倒吸。

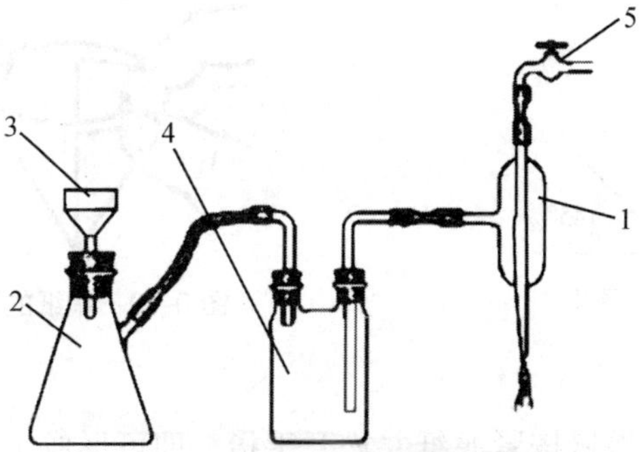

1 —水泵；2 —吸滤瓶；3 —漏斗式过滤器；4 —安全瓶；5 —自来水

图 9-8 减压过滤装置

1. 滤纸的选择

滤纸分定性滤纸和定量滤纸两种，称量分析中常用定量滤纸（或无灰滤纸）进行过滤。按滤纸孔隙大小分快速、中速和慢速滤纸。细晶形晶体选用慢速滤纸，胶状选用快速滤纸，粗晶选用中速滤纸。

2. 漏斗的选择

如图 9-9 所示，用于称量分析的漏斗颈长 15~20 cm，锥体角 60°，直径 3~5 mm。

3. 滤纸的折叠

滤纸的折叠如图 9-10 所示，滤纸对折再对折，把折成圆锥形的滤纸放入漏斗中，大小低于漏斗边缘 0.5~1 cm，若滤纸过大，可剪去一圈。调节滤纸折叠角度，使滤纸与漏斗紧密贴合。然后将三层的滤纸外层折角撕下一块。

4. 做水柱

滤纸放入漏斗后，用洗瓶加水润湿全部滤纸，用手指轻压赶去滤纸与漏斗壁间的气泡，加水至滤纸边缘，漏斗颈内全部充满水，形成水柱，滤纸上水流尽后，水柱仍存在。若无水柱，用手指堵住漏斗下口，稍掀起滤纸一边，向其中加水使漏斗颈及锥

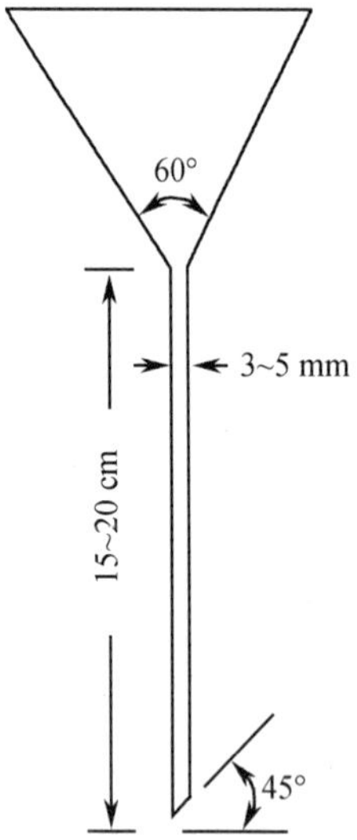

图 9-9　漏斗

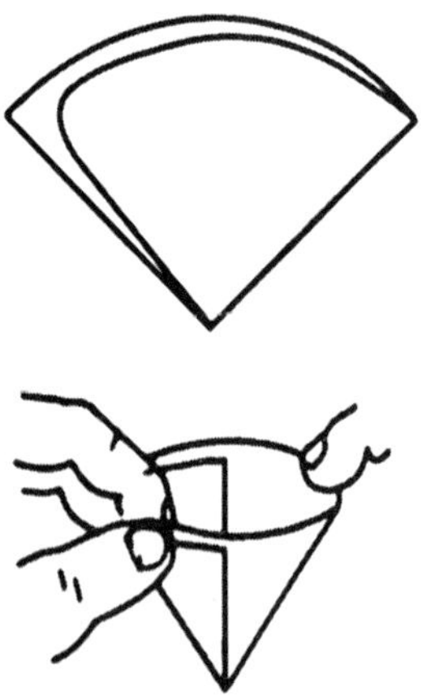
图 9-10　滤纸的折叠

体的一部分被水充满，慢慢按紧滤纸并松开手指，即可形成水柱。若仍不能形成，考虑漏斗颈太大，更换漏斗。

做好水柱的漏斗放在漏斗架上，下面用一烧杯来承接滤液。漏斗颈出口斜口长的一侧贴紧烧杯内壁。漏斗位置的高低，以过滤过程中漏斗颈的出口不接触滤液为度。

5. **倾泻法过滤和初步洗涤**

过滤和洗涤一定要一次完成，不能间断。分 3 个阶段进行：第一阶段采用倾泻法把尽可能多的清液先过滤，并将烧杯中的沉淀初步洗涤；第二阶段沉淀转移至漏斗上；第三阶段清洗烧杯和洗涤漏斗上的沉淀。

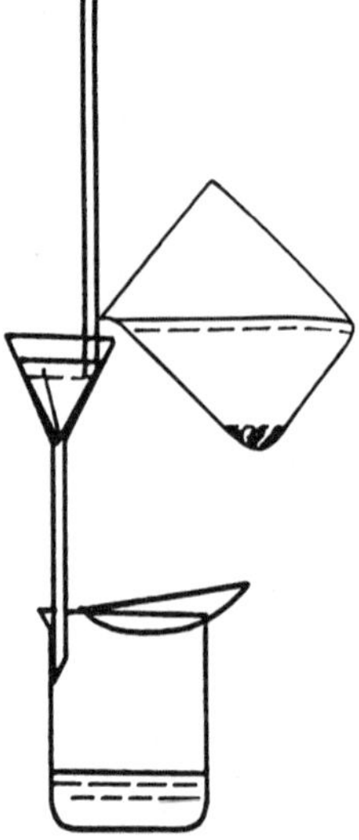
图 9-11　倾泻法过滤

倾泻法是指倾斜静置烧杯，待沉淀下降后，将上清液倾入漏斗中，过滤操作如图 9-11 所示，将烧杯移至漏斗上方并在有漏斗的一侧，轻轻提取玻璃棒至其下端轻碰烧杯壁使悬挂液滴流回烧杯，烧杯的尖部应与玻璃棒紧贴，玻璃棒稍左倾直立，下端接近三层滤纸，慢慢倾斜烧杯，上清液沿玻璃棒流入漏斗，漏斗中液面不要超过滤纸高度的 2/3。停止倾注时，应沿玻璃棒将烧杯嘴往上提，逐渐直立烧杯，玻璃棒和烧杯几乎平行时，玻璃棒离开烧杯嘴放入烧杯中。在此过程中，勿将清液搅浑，也不要靠在烧杯嘴处，如此重复操作，直至上清液倾完为止。烧杯内液体较少时，玻璃棒可稍向左倾斜。

初步洗涤烧杯中的沉淀，沿着烧杯内壁四周注入少量洗涤液，每次约 20 mL，充分搅拌、静置，待沉淀沉降后，再按上法倾注过滤，如此操作 4~5 次，每次尽可能把洗涤液倾倒尽，随时检查滤液是否透明（不含沉淀颗粒），否则重新过滤。

6. **洗涤**

沉淀全部转移至滤纸后，进行最后洗涤。用洗瓶由滤纸边缘稍下部位螺旋形向下移动冲洗沉淀（图 9-12）。采用少量多次的方法洗涤沉淀，每次洗涤液尽量沥干。一般洗涤 8~10 次，或滤液中检查不出沉淀离子。[6]

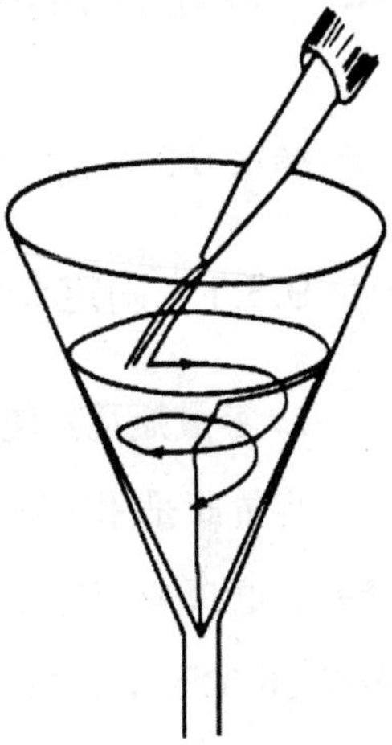

图 9-12　洗涤沉淀

9.2.4　干燥和灼烧

沉淀的干燥和灼烧是在一个预先灼烧至恒重的坩埚中进行的。[4-5]

1. **坩埚的准备**

洗净的坩埚烘干，编号，在所需温度下，加热灼烧。高温炉逐渐升高温度或预热一下，一般在 800~950 ℃下灼烧半小时。取出坩埚时，应放入干燥器中，将干燥器连同坩埚一起移至天平室，冷却至室温，称量。第二次灼烧 15~20 min，冷却称量。两次称量结果之差不大于 0.2 mg 即可。

2. **沉淀的干燥和灼烧**

用玻璃棒把滤纸和沉淀从漏斗中取出，折卷成小包，如图 9-13 所示，把沉淀包卷其中。漏斗若有微量沉淀，用滤纸擦下，一起包卷。将其放入坩埚中，滤纸层较多的一边向上，斜置于泥三角上，盖上坩埚盖，将滤纸烘干并炭化，防止滤纸着火。

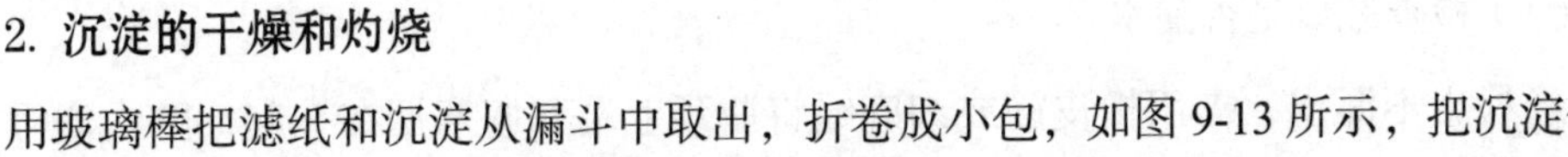

图 9-13　沉淀后滤纸的折卷

滤纸炭化后，提高温度，转动坩埚，将内壁上的黑炭完全烧去后，将坩埚垂直放在泥三角上，盖上盖子（留一小孔隙），指定温度下灼烧沉淀，或放入高温炉中灼烧。第一次灼烧一般 30~45 min，第二次 15~20 min。每次取出后，空气中稍冷却，放入干燥器中冷却至室温，称量，直至恒重。

9.3 滴定分析的基本操作

滴定分析是化学分析中常用的方法。

9.3.1 滴定分析中刻度量具的操作及评价

1. 容量瓶及其使用

容量瓶是用来准确配制溶液的玻璃仪器，如图 9-14 所示，其外观为细颈梨形，玻璃塞为磨口或用橡皮塞，有无色或棕色两种。颈上有一刻度线，表示在指定温度（一般指 20 ℃）下，当液体充满标线时，溶液体积恰好与瓶上所标明的体积相等。容量瓶为量入式容器，其主要用途是配制标准溶液、标准系列溶液或定量稀释溶液，经常和移液管配套使用。常用的规格有 2.5 mL、5 mL、10 mL、25 mL、50 mL、100 mL、200 mL、250 mL、500 mL、1 000 mL 和 2 000 mL 等。选用容量瓶时，刻度线距离瓶口越远越好，这样在摇匀的时候会更好操作，反之，瓶内空气较少，摇匀时间较长或者摇不均匀。容量瓶的直管处越细越好，这样定容更准，误差更小。容量瓶一定要选用同一厂家同一型号的，这样会大大减小误差。

使用容量瓶时应注意以下几点。

（1）检查瓶口是否漏水

经检查不漏水，需用橡皮筋或细麻绳将瓶颈上端和瓶塞捆在一起，防止沾污、摔碎或混淆。

（2）容量瓶的洗涤

与其他玻璃仪器的洗涤标准一样，以内壁不挂水珠为宜。

（3）配制溶液

容量瓶洗净后，即可配制溶液。具体操包括溶解、转移、定容、摇匀和转移操作，如图 9-14 和图 9-15 所示。[8]

溶液转入容量瓶后，加蒸馏水，稀释至约 3/4 体积时，将容量瓶平摇动几次（切勿倒转摇动），使溶液初步混匀。然后把容量瓶平放在桌上，慢慢加水接近标线 1 cm，

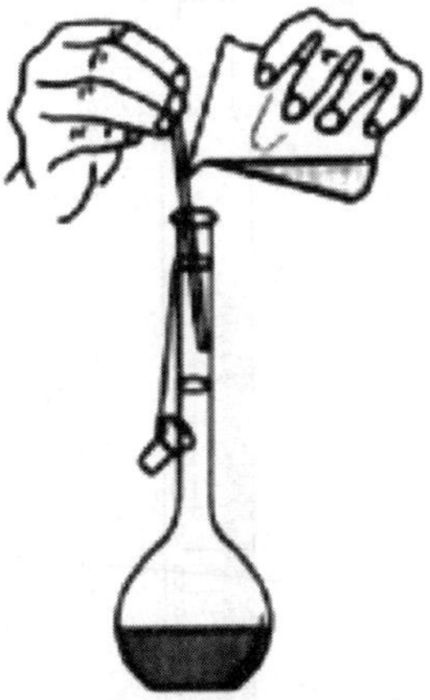

图 9-14　溶液转移至容量瓶的操作

图 9-15　摇匀溶液

等 1~2 min，使附着在瓶颈内壁的溶液流下。再滴加蒸馏水至弯液面下缘最低点与标线相切。立即塞上干的瓶塞，左手食指按住塞子，右手指尖顶住瓶底边缘，容量瓶倒转并振荡，再倒转过来，如此反复 10~15 次。再将瓶正立后，打开瓶塞，使其周围的溶液流下，重新塞好塞子，再如上振荡 1~2 次，即可使溶液全部充分混匀（开盖回流，在处理小体积样品时非常重要）。摇匀操作如图 9-15 所示。对于 1 mL、2 mL、5 mL、10 mL、20 mL、25 mL、50 mL、100 mL 等小容量容量瓶，摇匀时，单手操作即可，食指按住塞子，容量瓶倒转并振荡，再倒转，反复 10~15 次，开盖回流等操作同大容量容量瓶。

（4）容量瓶稀释溶液的操作，需配合使用移液管或吸量管。然后加水至刻度线，再按上述方法混匀溶液。

（5）容量瓶不可长久储存溶液。

（6）容量瓶禁止烘干或加热。

（7）容量瓶使用完毕后，应立即用水冲洗干净。

2. 移液管和吸量管及其使用

（1）移液管和吸量管简介

移液管和吸量管是用来准确移取一定体积溶液的玻璃仪器，均为量出式玻璃量器。移液管常称为胖肚移液管，如图 9-16 所示。[4-6] 常用的规格有 5.00 mL、10.00 mL、20.00 mL、25.00 ml、50.00 mL 和 100.00 mL 几种。

吸量管的全称为分度吸量管，其具有分刻度，常用的规格有 0.50 mL、1.00 mL、2.50 mL、10.00 mL 和 15.00 mL 几种，如图 9-17 所示。注意：移取相同体积的溶液，

图 9-16　移液管

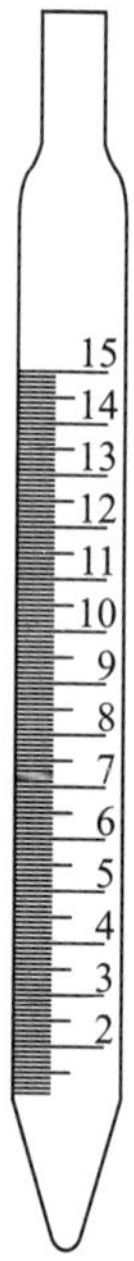

图 9-17　吸量管图

吸量管量的准确度不如移液管。

（2）移液管和吸量管的洗涤及润洗

移液管和吸量管的洗涤详见 6.2.2，洗涤完成后，需用待移取的溶液进行润洗。

（3）移取溶液

移液管经润洗后，吸取溶液时，应将移液管直接插入待吸液面下约 1 cm 处，用右手的大拇指和中指拿住管颈上方，注意管尖不宜插入太浅，也不宜插入太深。具体操作如图 9-18 所示。

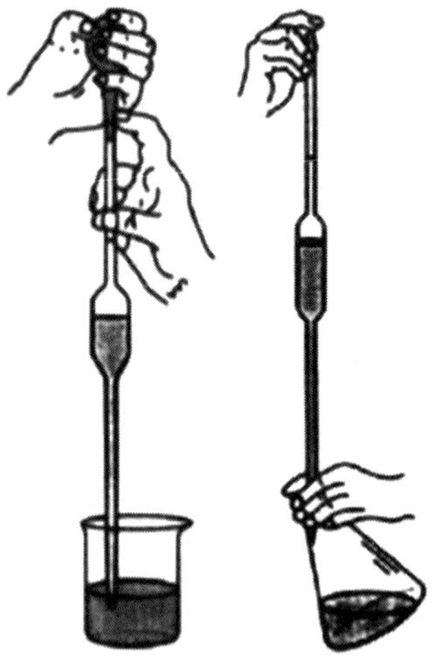

图 9-18　移液管吸取溶液和放出溶液的操作

吸量管的操作与移液管的操作基本相同。移液管和吸量管在使用后，应立即洗净并放在移液管架上，不可随手放于实验台或乱放，防止其下端被污染。

9.3.2　滴定操作及滴定终点控制判断与评价

1. 滴定管

滴定管为量出式玻璃量器，是滴定分析中最常使用的仪器，可放出不定量的液体，主要用于滴定分析中对滴定剂体积的测量。

滴定管外观细长，内径大小均匀且具有刻度，滴定管的下端有玻璃尖嘴（图 9-19）。常用的滴定管有 10 mL、25 mL 和 50 mL，此外，还有 5 mL、2 mL 和 1 mL 的半微量或微量滴定管。

最初滴定管可分为两种：一种是酸式滴定管；另一种是碱式滴定管，如图 9-19 所示。

酸式滴定管主要用于盛放酸溶液和具有氧化性的溶液，碱式滴定管主要用于盛放碱液，但不宜盛放氧化性的溶液。现有一种新型滴定管，为酸碱两用滴定管，其结构及操作跟酸式滴定管基本相同。目前实验室常用的是聚四氟乙烯材质的酸碱两用滴定管。

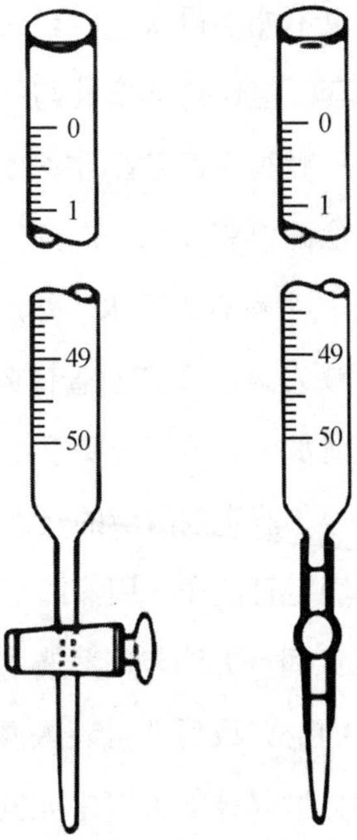

图 9-19 酸式滴定管和碱式滴定管

（1）滴定管的准备

用前先做初步检查，如滴定管是否完好，酸式滴定管旋塞是否匹配，碱式滴定管的橡胶管是否有裂纹，玻璃珠大小是否合适。初步检查合格后，才可进行洗涤和应用。

（2）滴定管的洗涤

滴定管的洗涤方法详见 6.2.2。

（3）滴定管检漏

使用前，一般需在活塞与活塞套内壁涂一薄层凡士林。注意：涂凡士林的操作如图 9-20（a）和（b）所示。涂凡士林要适量，注意不能涂得太多，以免凡士林将孔堵

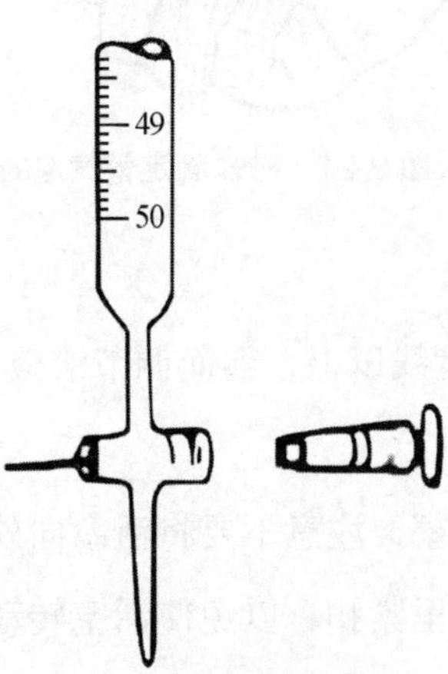

（a）拔出旋塞

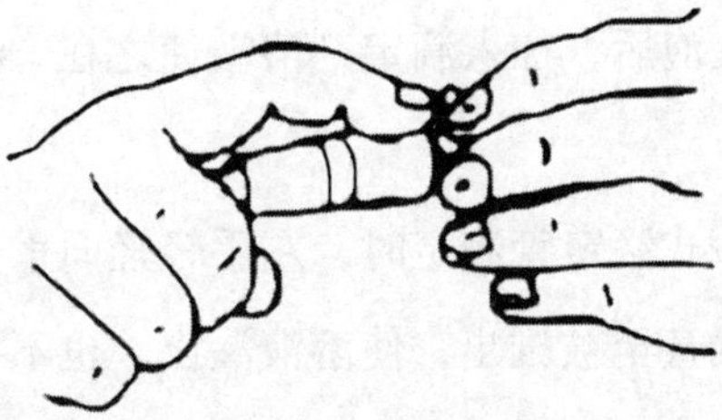
（b）旋塞涂凡士林

图 9-20 滴定管涂凡士林操作

住，也不能涂得太少，否则起不到润滑和防止漏水的目的。涂抹凡士林后，将其插入活塞套，应保持活塞孔与酸式滴定管平行，然后，旋转活塞向同一方向，直至透明为止。一般酸式滴定管活塞处套一橡皮筋，防止使用过程中将活塞顶出或掉下摔碎。

检漏：将水装入滴定管内，使其充满至“0”刻度附近，夹在滴定管夹上直立 1 min，观察有无漏水。然后将活塞转 180°，再如前检查。如有漏水，必须重新涂油。

碱式滴定管应检查橡胶管是否被氧化，有无裂纹等，并选择大小合适的玻璃珠，以防漏水。如不符合要求，必须及时更换橡胶管或玻璃珠。

（4）滴定剂溶液的装入及排气泡

滴定管洗净，用蒸馏水润洗，再用待装溶液润洗 3 次，用量依次为 10 mL、5 mL、5 mL，润洗方法与用蒸馏水润洗相同。

润洗完成后即可装入滴定剂溶液。将滴定剂溶液装入之前，应将试剂瓶中的溶液摇匀，世界技能大赛中尤其要注意这一点。混匀后的溶液最好直接从试剂瓶倒入滴定管中，不用其他容器转移，如果试剂瓶过大，不易操作，可将试剂瓶内溶液倒入小烧杯内，但小烧杯必须清洗干净并用蒸馏水和滴定剂溶液进行润洗。

排气泡：将滴定剂溶液装至滴定管“0”刻度线以上后，检查活塞附近（或橡胶管内）及滴定管尖嘴处有无气泡。如存在气泡，必须将其排出。排气泡时，对酸式滴定管：将其倾斜约 30°，左手快速打开活塞，溶液迅速流出将气泡赶掉；对碱式滴定管：用右手将橡胶管向上弯曲，并捏住玻璃珠的右上方橡皮管，气泡即被溶液压出，如图 9-21 所示。

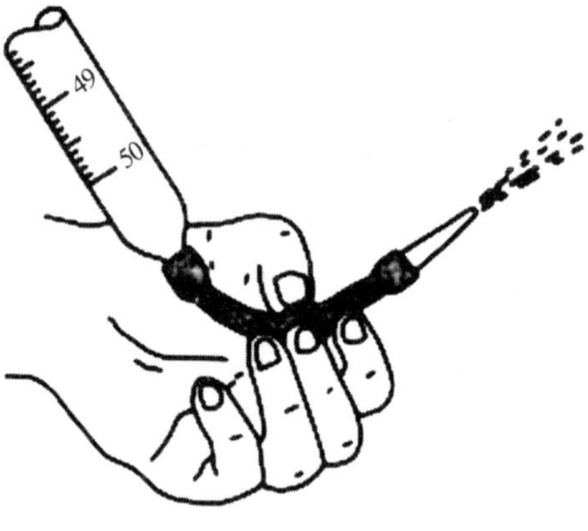

图 9-21　碱式滴定管气泡的赶出

（5）滴定操作

排出气泡后，加入滴定剂溶液使之在“0”刻度线以上，继而调节溶液至“0”刻度线处。

使用酸式滴定管滴定时，左手轻轻向里扣压活塞，注意不要将活塞向外顶，否则活塞会松动甚至被推出，使溶液漏出。也不要太向里紧扣，以免使活塞转动不灵。酸式滴定管的操作如图 9-22 所示。

使用碱式滴定管时，左手拇指与食指捏住橡胶管中的玻璃珠所在部位的稍上处，挤压橡胶管，使溶液从橡胶管与玻璃珠之间缝隙流出。但要注意不能使玻璃珠上下移动，也不能挤压玻璃珠下方的橡胶管，否则会使空气进入，形成气泡，从而引起误差。碱式滴定管的操作如图 9-23 所示。

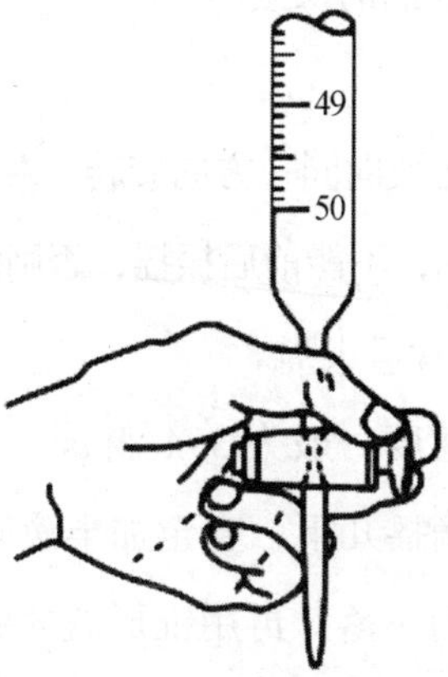

图 9-22　酸式滴定管的操作

图 9-23　碱式滴定管的操作

滴定常在锥形瓶或烧杯中进行。在锥形瓶中滴定时，右手前三指拿住锥形瓶瓶颈，将滴定管下端伸入瓶口约 1 cm。左手如前述方法操作滴定管，边滴加滴定剂溶液边摇动锥形瓶，向同一方向旋转摇动，不可前后晃动，否则会使锥形瓶内的溶液溅出。如图 9-24 所示。

在烧杯中滴定时，应将烧杯放在滴定台上，同时调节滴定管的高度，使其下端伸入烧杯内约 1 cm。左手如前述方法操作滴定管滴加溶液，右手拿玻璃棒不断搅拌溶液，玻璃棒应沿圆周搅动，注意不要碰烧杯壁和烧杯底部，如图 9-25 所示。当滴定到近终点需只

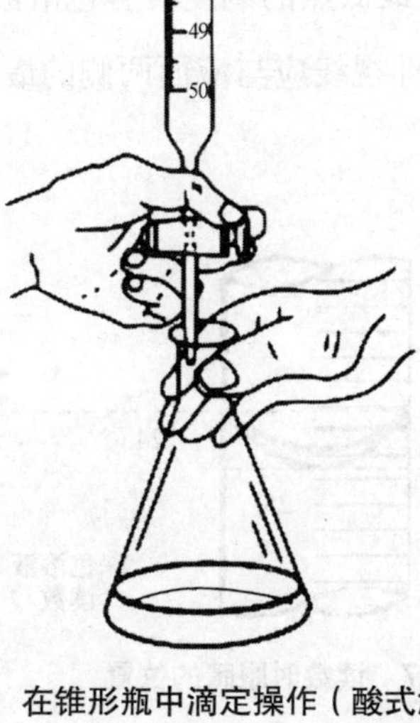

图 9-24　在锥形瓶中滴定操作（酸式滴定管）

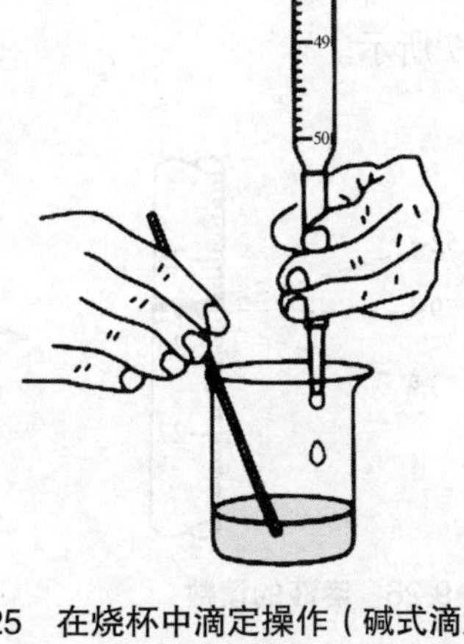

图 9-25　在烧杯中滴定操作（碱式滴定管）

滴加半滴溶液时，可用玻璃棒下端承接悬挂的半滴溶液于烧杯内，但要注意的是，玻璃棒只能接触滴定剂溶液液滴，绝不能接触滴定管尖，其余操作与前面所述相同。

滴定时应注意以下几点：

①每次滴定应从“0”刻度线开始，这样可以抵消误差。

②滴定时，左手不能离开活塞任由溶液自流。

③摇瓶时，用右手摇动，应转动腕关节，使溶液向同一方向旋转（左旋、右旋均可），摇动要有一定速度，最好使锥形瓶内溶液出现漩涡，不能前后振摇，否则溶液不能充分混匀，影响滴定反应的进行。不能使瓶口接触滴定管口尖嘴。

④溶液应逐滴加入，不要流成直线，滴定速度一般为 3~4 滴 /s。一般操作是，开始时滴定速度可稍快，接近终点时，应每加一滴摇几下，直至加半滴使溶液呈现明显的颜色变化。加半滴溶液的方法是先使溶液悬而不落，再用锥形瓶内壁接触液滴，再用洗瓶吹入少量水洗锥形瓶内壁，使附着的溶液全部流下，然后摇动锥形瓶。

（6）滴定管读数

滴定管读数时，应使滴定管保持垂直状态，并将滴定管下端尖嘴处悬挂的液滴除去。一般滴定管内的液面会呈弯月形。无色溶液的弯月面比较清晰，而有色或颜色深的溶液弯月面清晰程度较差。读数应遵循以下原则：

①读数时，将滴定管从滴定管架上取下，用右手大拇指和食指夹住滴定管上部无刻度处，然后再进行读数。需要注意的是注入溶液或流出溶液后，需待 1~2 min 后才可以读数，以减小误差。

②读数时，视线应水平，如图 9-26 所示。对于无色或浅色溶液，视线应与溶液弯月面下缘最低点在同一水平线上，读取弯月面下缘最低点的刻度；有色溶液或深色溶液的弯月面下缘较难看清，可读取液面的最上缘，即视线应与液面两侧的最高点相切。如图 9-27 所示。

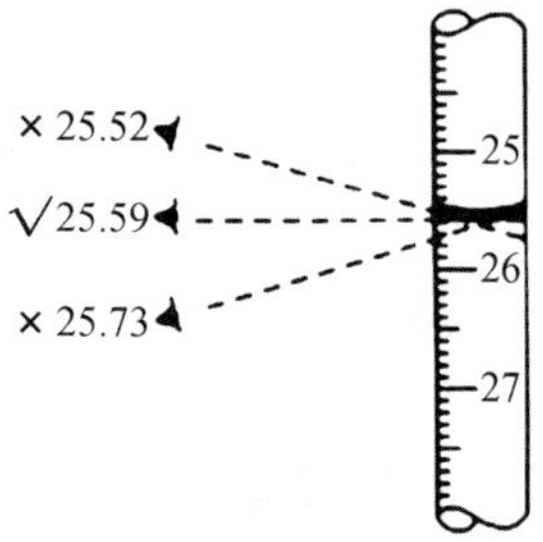

图 9-26　溶液的读数

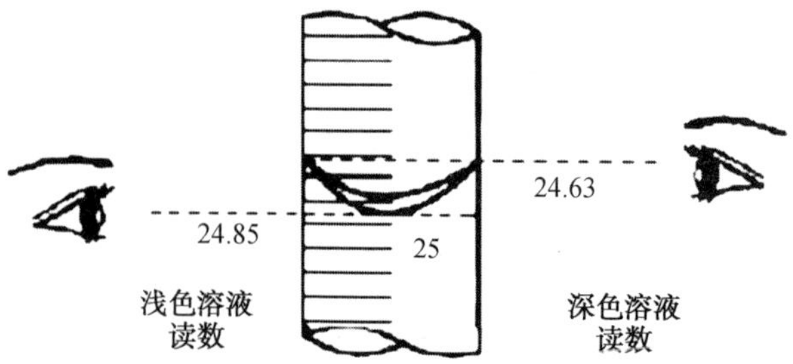

图 9-27　读数时眼睛的位置

③乳白板蓝带线滴定管读数，应以蓝线的最尖部分的位置为准读数，如图 9-28 所示。

④初学者为便于读数，可采用黑白板（读数卡）。将黑白板放在滴定管后，黑色部分在弯月面下约 1 mm 处，弯月面的反射层全部成为黑色，读此黑色弯月面下缘的最低点。如为有色溶液，须用白色卡片作为背景，并读取弯月面两侧最高点，如图 9-29 所示。[4]

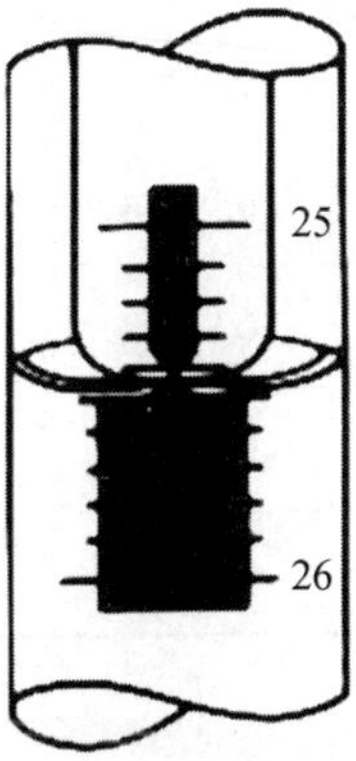

图 9-28　蓝带滴定管的读数

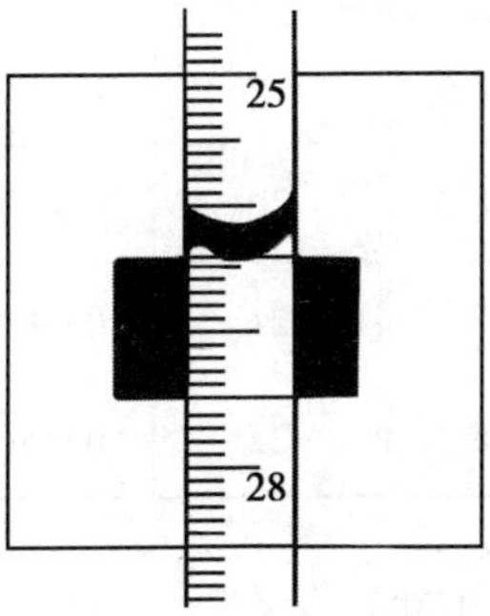

图 9-29　使用黑白板读数

2. 容量器皿的校正

容量器皿的实际容积并不一定与它所标示的容积大小完全一致，在准确度要求较高的分析工作中，必须精确校正。

（1）绝对校正法（称量法）

容量器皿的校正常采用绝对校正法，即称量法。

具体步骤如下：

①清洗被检量器。量器的清洗方法详见 6.2.2。

②将处理干净的量器提前放入工作室，使其与室温尽量接近。

③取一只洁净有盖的称量杯，其容量要大于被检量器，进行空称量平衡。

④在称量杯中放入被检量器内纯水，称取纯水质量 m_t，并记录。

⑤量器在 20 ℃标准温度时，实际容量可按下式计算：

$$V_{20}=m_t/\rho_t$$

式中，V_{20}——量器在标准温度 20 ℃时的实际容量；

m_t——t ℃时在空气中用砝码称得的玻璃仪器中放出或装入的纯水的质量；

ρ_t——1 mL 的纯水在 t ℃时于空气中用黄铜砝码称得的质量，见表 9-7。

表 9-7 玻璃容器中 1 mL 水在空气中用黄铜砝码称得的质量

温度 /℃	质量 /g	温度 /℃	质量 /g	温度 /℃	质量 /g	温度 /℃	质量 /g
5	0.998 5	14	0.998 1	23	0.996 6	32	0.994 3
6	0.998 5	15	0.997 9	24	0.996 4	33	0.994 0
7	0.998 5	16	0.997 8	25	0.996 2	34	0.993 7
8	0.998 5	17	0.997 7	26	0.995 9	35	0.993 4
9	0.998 4	18	0.997 5	27	0.995 7	36	0.993 1
10	0.998 4	19	0.997 4	28	0.995 4	37	0.992 7
11	0.998 3	20	0.997 2	29	0.995 2	38	0.992 4
12	0.998 2	21	0.997 0	30	0.994 9	39	0.992 1
13	0.998 2	22	0.996 8	31	0.994 6	40	0.991 7

（2）相对校正法

相对校正法是校正两容器所盛液体体积的比例关系。实际分析工作中，移液管往往和容量瓶配合使用，故只需进行相对校正即可。当移液管与容量瓶配合使用以分取一定比例的溶液时，重要的不是知道移液管和容量瓶的绝对体积，而是要知道它们之间的体积是否成一定的比例。因此只要对移液管和容量瓶进行相对校正即可。

9.4 玻璃器皿的检定

容量仪器的容积并不经常与它所标出的大小完全符合，因此，在工作开始时，尤其对于准确度要求较高的分析工作，必须加以检定。

容量仪器的检定规程可参考 JJG 196—2006 以及 GB/T 12810—2021 实验室玻璃仪器玻璃量器的容量校准和使用方法。

常用的容量仪器检定方法：称量一定容积的水，然后根据该温度时水的密度，将水的质量换算为容积。这种方法基于在不同温度下水的密度都已经很准确地测定过。3.98 ℃时，1.00 mL 水在真空中重 1.000 g，如果检定工作也是在 3.98 ℃和真空中进行，则称出的水的克数就等于容积的毫升数。但通常并不在 3.98 ℃而是在室温下称量水，同时不在真空里，而是在空气中称量，因此，称量的结果必须对下列三点加以校准：

①水的密度随着温度的改变而改变的校准；

②对于玻璃仪器的容积由于温度改变而改变的校准；

③对于物体由于空气浮力而使质量改变的校准。

为了便于计算，将此三项校准值合并而得一总校准值（表 9-8）表中的数字表示在不同温度下，用水充满 20 ℃时容积为 1 L 的玻璃仪器在空气中用黄铜砝码称取的水质量。校准后的容积是指 20 ℃时容器的真实容积。应用该表来校准容量仪器是十分方便的。

表 9-8 不同温度下用水充满 20 ℃时容积为 1 L 的玻璃容器于空气中以黄铜砝码称取的水质量

温度 /℃	质量 /g	温度 /℃	质量 /g	温度 /℃	质量 /g
0	998.24	14	998.04	28	995.44
1	998.32	15	997.93	29	995.18
2	998.39	16	997.80	30	994.91
3	998.44	17	997.65	31	994.64
4	998.48	18	997.51	32	994.34
5	998.50	19	997.34	33	994.06
6	998.51	20	997.18	34	993.75
7	998.50	21	997.00	35	993.45
8	998.48	22	996.80	36	993.12
9	998.44	23	996.60	37	992.80
10	998.39	24	996.38	38	992.46
11	998.32	25	996.17	39	992.12
12	998.23	26	995.93	40	991.77
13	998.14	27	995.69		

玻璃容器是以 20 ℃为标准而校准的，但使用时不一定也在 20 ℃，因此，器皿的容量以及溶液的体积都将发生变化。器皿容量的改变是由玻璃的胀缩引起的，但玻璃的膨胀系数极小，在温度相差不太大时可以忽略不计。溶液体积的改变是由溶液密度的改变所致，稀溶液的密度一般可以用相应的水密度来代替。为了便于校准在其他温度下所测量的体积，表 9-9 列出了在不同温度下 1 000 mL 水（或稀溶液）换算到 20 ℃时，其体积应增减的毫升数。

例如，在 10 ℃时滴定用去 25.00 mL 的 0.1 mol/L 标准溶液，在 20 ℃时应相当于 $25.00+\frac{1.45\times 25.00}{1\ 000}=25.04$，即 25.04 mL。

表 9-9　不同温度下每 1 000 mL 水（或稀溶液）换算到 20 ℃时的校准值

温度 /℃	水，0.1 mol/L HCl，0.01 mol/L 溶液（Δ*V*/mL）	0.1 mol/L 溶液（Δ*V*/mL）
5	+1.5	+1.7
10	+1.3	+1.45
15	+0.8	+0.9
20	0.0	0.0
25	−1.0	−1.1
30	−2.3	−2.5

1. 滴定管的检定

将待检定的滴定管充分洗净，并在活塞上涂以凡士林后，加水调至滴定管“零”处（加入水的温度应当与室温相同）。记录水的温度，将滴定管尖外面水珠除去，然后以滴定速度放出 10 mL 水（不必恰好等于 10 mL，但相差也不应大于 0.1 mL），置于预先准确称过质量的 50 mL 具有玻塞的锥形瓶中（锥形瓶外壁必须干燥，内壁不必干燥），将滴定管尖与锥形瓶内壁接触，收集管尖余滴。30 s 后读数（准确到 0.01 mL），并记录，将锥形瓶玻塞盖上，再称出它的质量，并记录，两次质量之差即为放出的水的质量。

由滴定管中再放出 10.00 mL 水（放至约 20.00 mL 处）于原锥形瓶中，用上述同样方法称量，读数并记录。同样，每次再放出 10.00 mL 水，即从 20.00 mL 到 30.00 mL，30.00 mL 到 40.00 mL，直至 50.00 mL 为止。用实验温度时 1.00 mL 水的质量（查表 9-10 数据）除以每次得到的水的质量，即可得相当于滴定管各部分容积的实际毫升数（20 ℃时的真实容积）。

例：在 21 ℃时由滴定管中放出 10.03 mL 水，其质量为 10.04 g。查表知道在 21 ℃时每 1 mL 水的质量为 0.997 00 g。由此，可算出

20 ℃时其实际容积为 $\frac{10.04}{0.99\ 700}$ mL=10.07 mL

故此管容积之误差为（10.07−10.03）mL=0.04 mL。

碱式滴定管的检定方法与酸式滴定管相同。

现将温度为 25 ℃时检定滴定管的一组实验数据列于表 9-10 中，最后一项为总校准值，例如 0 mL 与 10 mL 之间的校准值为 +0.02 mL，而 10 mL 与 20 mL 之间的校准值为 –0.02 mL，则 0 mL 与 20 mL 之间的总校准值为 +0.02+（–0.02）=0.00。

由此即可校准滴定时所用去的溶液的实际量（毫升数）。

表 9-10 滴定管检定（水温 25 ℃，1 mL 水的质量为 0.996 2 g）

滴定管读数	读数的容积 /mL	瓶与水的质量 /g	m_{H_2O}/g	实际容积 / mL	校准值 / mL	总校准值 / mL
0.03	—	29.20（空瓶）	—	—	—	—
10.13	10.10	39.28	10.08	10.12	+0.02	+0.02
20.10	9.97	49.19	9.91	9.95	–0.02	0.00
30.17	10.07	59.27	10.08	10.12	+0.05	+0.05
40.20	10.03	69.24	9.97	10.01	–0.02	+0.03
49.99	9.79	79.07	9.83	9.86	+0.07	+0.10

2. 移液管和吸量管的检定

移液管和吸量管的检定方法与上述滴定管的检定方法相同。

3. 容量瓶的检定

（1）绝对检定法

绝对检定法是指滴定分析仪器某一段刻度内放出或容纳纯水的质量，根据该温度下纯水的密度，将水的质量换算为标准温度 20 ℃时的容量，其公式为：

$$V_t = \frac{m_t}{\rho_t}$$

式中，V_t——t ℃时水的容量，mL；

m_t——在空气中 t ℃时，以砝码称得的水的质量，g；

ρ_t——在空气中 t ℃时水的密度，g/mL。

玻璃量器和水的容积均受温度和称量时空气浮力的影响，故检定时必须考虑下列因素：

①水的密度随温度的变化而改变；

②空气浮力对纯水质量有影响，这个减轻的质量应该加以检定；

③玻璃仪器热胀冷缩，检定时温度以标准温度为基础加以校准。

在一定温度下，以上三个因素的校正值是一定值，可将其合并为一个总校准值。

（2）相对检定法（亦称容量检定法）

相对检定法是检定两容器所盛液体容积的比例关系。在很多情况下，容量瓶和单标线吸量管是配合使用的，如经常将一定量的物质溶解定容后，用单标关系。

例如，检定 25 mL 单标线吸量管和 250 mL 容量瓶的容积比是否为 1∶10，其方法如下：取洁净的 25 mL 吸量管和 250 mL 容量瓶，用 25 mL 吸量管准确移取纯水 10 次于容量瓶中，仔细观察弯液面下缘最低点是否与容量瓶上标线相切，若正好相切，说明吸量管与容量瓶容积比例为 1∶10，并可使用原标线。若不相切，表示有误差，必须在容量瓶上作一新标记。经检定后的吸量管与容量瓶应配套使用。

在实际工作中滴定管和单标线吸量管一般采用绝对检定法，对于配套使用的吸量管和容量瓶采用相对检定法。

（3）检定时注意事项

量器必须保证洁净。

严格按照容量量器使用方法读取容积示数。

水和被检量器的温度尽可能接近室温，温度测量准确度为 0.1 ℃。

检定滴定管时，加水至最高标线以上约 5 mm 静置 30 s，然后慢慢地将液面准确地调至零位，按规定的流出时间让水流出，在 10 s 内将液面调至被检分度线。

检定单标线吸量管和完全流出式分度吸量管时，按单标线吸量管移取溶液的规范化操作进行，待水自标线流至出口端不流时再等待 3 s。

检定不完全流出式分度吸量管时，水自最高标线流至最低标线上约 5 mm 处，等待 3 s，然后调至最低标线。

参考文献

［1］国家环境保护总局．水和废水监测分析方法（第四版）［M］．北京：中国环境科学出版社，2002.

［2］国家环境保护总局．地表水和污水监测技术规范：HJ/T 91—2002［S］．北京：中国环境出版社，2002.

［3］生态环境部．地下水环境监测技术规范：HJ 164—2020［S］．北京：中国环境出版

集团，2020.
[4] 刘珍. 化验员读本（第四版）：下册[M]. 北京：化学工业出版社，1983.
[5] 王泽伟. 化验员新技术与操作规范化实用大全[M]. 天津：天津电子出版社，2005.
[6] 张铁垣. 化验工作实用手册[M]. 北京：化学工业出版社，2003.
[7] 国家药典委员会. 中华人民共和国药典[M]. 北京：中国医药科技出版社，2020.
[8] 张月花. 化工分析：下册[M]. 北京：中国书籍出版社，2016.

思考题

1. 地表水和地下水水质监测通常采集什么类型的水样？并解释该类型水样。
2. 水样标签的内容及使用时的注意事项是什么？
3. 请说明水样容器的选择原则以及玻璃样品瓶的优点。
4. 常见的保存水样的方法是什么？
5. 简述常压蒸馏的操作过程。
6. 简述减压蒸馏的注意事项。
7. 画出减压抽滤装置，并阐述各仪器名称及作用。
8. 滴定前，为什么要把留在尖嘴的气泡排除？
9. 使用碱式滴定管滴定，为何不能压挤玻璃珠下方的橡皮管？
10. 容量瓶的瓶塞为什么不宜放在桌面上？
11. 容量瓶的检定方法有哪些？
12. 检定时注意事项有哪些？

练习题

1. 地表水采样中，表层水样和深层水样的采集方法是什么？
2. 在分时间单元采集污水样品时，哪些监测项目通常需要单独采样？
3. 请分别说明溶解氧、硫化物、六价铬、挥发性有机物采样时的采样量、保存方法和保存期。
4. 运输水样时应注意什么？

5. 绘制减压蒸馏装置图。

6. 沉淀过滤滤纸如何选择？如何折叠？

7. 倾泻法过滤的操作过程是什么？

8. 容量瓶应如何试漏？

9. 滴定管如何试漏？

10. 滴定管需采用何种方法进行校正？

11. 若 10 ℃时读得滴定管容积为 10.05 mL 的水质量为 10.07 g，则 20 ℃时其实际容积为多少毫升？

12. 在 15 ℃时，以黄铜砝码称量某 250 mL 容量瓶所容纳的水的质量为 249.52 g，则该容量瓶在 20 ℃时容积是多少？

13. 欲使容量瓶在 20 ℃时容积为 100 mL，则在 16 ℃于空气中以黄铜砝码称量时应称水多少克？

第十章　数据的记录与处理

物理量的测量一般可分为两种方式：直接测量与间接测量。

直接测量是直接表示所求结果的测量。例如用秒表计量时间、用温度计测定温度、用天平称量物质质量等。这些测量值都是直接与标准单位或标准量相比较后得到的结果。需要说明的是，直接测量要有公认的共同标准——单位。国际单位制（符号：SI）、国务院发布的中华人民共和国法定计量单位，是我国现行直接测量的标准。

间接测量是指测量结果由若干直接测量的数据，应用某种公式计算得到的结果。在测量时，由于实验仪器、实验方法、实验条件和实验者认识能力等因素的局限性，所测得的实验数据实际上是带有随机误差的近似值，需对其进行科学的处理。一方面，要对数据的可信度进行评估并予以合理解释；另一方面，还要对数据进行整理、归纳，以某种方式表示各数值之间的关系。前者需要误差理论基础知识，如误差传递、误差的分布、间接测量误差的计算等；后者需要数据处理的一些基本技术，如列表、作图、数学解析、曲线拟合以及计算机处理实验数据等数据处理方法。

10.1　分析结果数据的处理计算及评价

10.1.1　国际单位制与中华人民共和国法定计量单位

任何物理量都用数值和单位的组合表示，即物理量 = 数值 × 单位。其中，“数值”是将某一物理量与该物理量的标准量进行比较后得到的比值。需要注意，测得的物理量必须注明单位，否则物理量就没有意义。

我国对“单位”有明确的规定，这些规定是必须执行的强制性国家标准。我国法定计量单位等效采用国际标准。在使用 SI 时，应注意以下关于单位与数值的几点规定。

①组合单位相乘时应用圆点或空格，不能用乘号。如密度单位可写成 $kg \cdot m^{-3}$、

kg m^{-3} 或 kg/m^3，不能写成 kg × m^{-3}。

②组合单位中不能用一条以上的斜线。如 J/（K · mol），不可写作 J/K/mol。

③对于分子量纲为一，分母有量纲的组合单位，一般用负幂形式表示。如 K^{-1}、s^{-1}，不可写作 1/K、1/s。

④任何物理量的单位符号应放在整个数值的后面。如 1.52 m 不可写作 1 m52。

⑤不得使用重叠的冠词。如 nm（纳米）、Mg（兆克），不可写作 mμm（毫微米）、kkg（千千克）。

⑥数值相乘时，为避免与小数点相混，应采用乘号而不能用圆点，如 2.58 × 6.17 不可写作 2.58 · 6.17。

⑦在组合单位中，中文名称的写法和读法需与单位一致。如比热容单位是 J/（kg · K），即"焦耳每千克开尔文"，不能写或读为"每千克开尔文焦耳"。

10.1.2 数据记录（data record）

为了得到准确的实验数据，不仅要准确地测量物理量，还应正确地记录和计算数据，所记录的测量值的数字不仅表示数量的大小，而且要反映测量的准确度。例如，测得的某电解质溶液的电导率为 0.157 0 S · m^{-1}，最后一位数字"0"是可疑的，可能有正负一个单位的误差，也就是说，该溶液的实际电导率是在（0.157 0 ± 0.000 1）S · m^{-1} 内的某一数值。电导率测量的绝对误差为 ±0.000 1 S · m^{-1}，相对误差为：

$$\frac{\pm 0.000\,1}{0.157\,0} \times 100\% = \pm 0.06\%$$

若将上述测量结果写成 0.157 S · m^{-1}，则意味着该溶液的实际电导率将为（0.157 ± 0.001）S · m^{-1} 内的某一数值，测量的绝对误差为 ±0.001 S · m^{-1}，相对误差将变为 ±0.6%。可见在记录测量数据时，于小数点后末尾多写或少写一个"0"，从数学的角度看关系不大，但是所反映的测量准确度却被扩大为原来的 10 倍或缩小为原来的 1/10。除了末位数字是估计值外，其余数字都是准确的，这样的数字（含末位数字）称为"有效数字"。

数字"0"在数据中具有双重意义。一方面，它可作有效数字使用，如上例的情况；在另一种场合，则仅起定位作用。如测得另一溶液的电导率为 0.016 9 S · m^{-1}，数据中仅有三位有效数字，前面的"0"仅起定位作用。当改换单位时，并不能改变有效数字的位数，如量气管读数 20.30 mL，两个"0"都属于有效数字，若换算成以升为单位，则为 0.020 30 L，这时前面的两个“0”起定位作用，不是有效数字。当需要在数字的末尾加“0”作定位作用时，宜采用指数形式表示，如质量为 14.0 g，若以毫克为单位，应写成 1.40×10^4 mg，这样书写不会引起有效数字位数的误解，若写成 14 000 mg，就容易被误解为有五位有效数字。

10.1.3 数字修约规则（rules for rounding off of numberical values）

测量的准确程度不完全相同，那么实验测得的各个数据的有效数字的位数可能会不同，在进行计算时应该舍去多余的数字进行修约。过去人们采用“四舍五入”的数字修约规则。现在根据我国国家标准（GB），应采用下列规则[1-3]：

①在拟舍弃的数字中，若左边的第一个数字小于 5（不包括 5）时，则舍去。例：13.3432 → 13.3。

②在拟舍弃的数字中，若左边的第一个数字大于 5（不包括 5）时，则进一。例：16.4843 → 16.5。

③在拟舍弃的数字中，若左边的第一个数字等于 5，其右边的数字并非全部为零时，则进一。例：2.0501 → 2.1。

④在拟舍弃的数字中，若左边的第一个数字等于 5，其右边的数字皆为零时，拟保留的末位数字若为奇数则进一，若为偶数（包括 0），则不进。例 12.35 → 12.4，12.25 → 12.2，0.4500 → 0.4，1.0500 → 1.0，1225.0 → 1.22×10^3，1235.0 → 1.24×10^3。

⑤所拟舍去的数字，若为两位以上数字时，不得连续进行多次修约。例：需将 215.454 6 修约成三位，应一次修约为 215。若 215.454 6 → 215.455 → 215.46 → 215.5 → 216，则是不正确的。

10.1.4 有效数字运算规则（significant digits operation rules）

在实验过程中，往往需要经过多个不同测量环节，再依据计算式求算结果。在运算过程中，应按照下列规则合理取舍各数据的有效数字位数。

①加减运算中，结果数字的小数点后所取的位数应与各数中最少者相同。如：8.85+26.136 4−9.647 38=25.34。

②乘除运算中，结果的有效数字的位数应以相对误差最大（位数最少）的数据为准。如：$\dfrac{0.078\ 25 \times 12.0}{6.781} = 0.138$。

③若一数据的第一位有效数字为 8 或 9 时，则有效数字的位数可多算一位，如 8.42 可看作四位有效数字。

④计算式中用到的常数，如 π、e 以及乘除因子$\sqrt{3}$、$\frac{1}{2}$等，可以认为其有效数字的位数是无限的，不影响其他数字的修约。

⑤对数计算中，对数小数点后的位数应与真数的有效数字位数相同。如：$[H^+]=7.9\times10^{-5}mol\cdot L^{-1}$，则 pH=4.10。

⑥大多数情况下，表示误差时，取一位有效数字已足够，最多取两位。

10.1.5 测量误差（measurement error）

任何一个物理量的测量，即便采用较为可靠的方法，使用较为精密的仪器，由技术操作熟练的工作人员进行测量，也不可能得到绝对准确的实验数据。同一人在相同条件下，对同一试样进行多次测定，所得实验数据也不一定完全相同。这表明，误差是客观存在的。

一、误差分类及产生原因（error classification and causes）

1. 系统误差（systematic error）

由测定过程中某些经常性的原因所造成的误差，其特点：在相同条件下多次测量同一物理量时，测量误差的大小和符号都不变，当改变测量条件时，其按照某一确定规律而变化。在相同条件下重复多次测量，系统误差不能相互抵消。

产生系统误差的具体原因：

①测定方法不恰当——测定方法本身不够完善，如反应不完全，采用了类似的测量方法；或者所用计算公式不够严格，公式中系数的近似性引入误差。

②仪器构造不够完善——如移液管、压力计、温度计、电表等仪器刻度不准确而又没有经过校正，仪器零点出现漂移等。

③环境因素出现变化——在测定过程中，湿度、温度、气压等环境因素产生变化，对仪器产生影响从而引入误差。

④试剂纯度不达标——试样中含有微量杂质或干扰测定的物质，试剂浓度不准确或所使用的去离子水（或蒸馏水）不合格，也会引入误差。

⑤操作者的主观因素——比如有的人对某种颜色的辨别特别敏锐或特别迟钝，记录信号的时间总是超前或滞后；读取数值时人眼睛的位置习惯性地偏高或偏低等。

通常情况下，只有由不同实验者，用不同实验方法和不同仪器测得的实验数据相符合时，才能认为系统误差基本消除。

2. **偶然误差**（accidental error）

在测定过程中各种因素的随机变动所引起的误差。如观测时温度、气压出现偶然微小变动，个人辨别的差异，在估读最后一位数值时几次读数不一致。偶然误差的大小、方向都不确定，在操作中不能完全避免。

偶然误差虽然由偶然因素引起，但其出现规律可用正态分布曲线来描述，如图 10-1 所示。

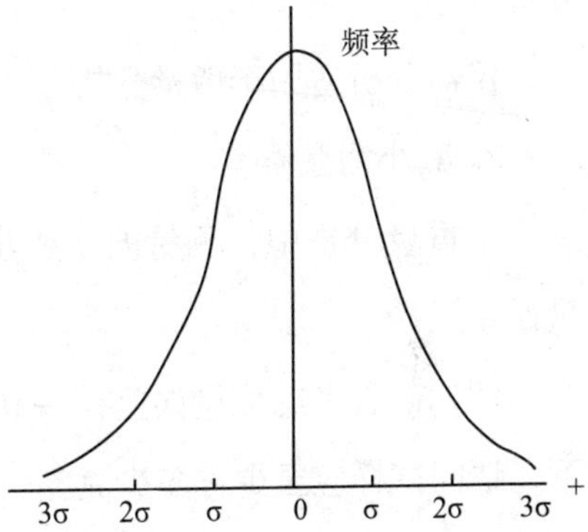

图 10-1 偶然误差的正态分布曲线

由图 10-1 可知，偶然误差的规律如下：

①绝对值相等的正误差和负误差出现的概率几乎相等；小误差出现的概率较大，大误差出现的概率较小。

②很大误差出现的概率近于零。

③表征正态分布曲线的函数形式称为高斯方程：

$$y=\frac{1}{\sigma\sqrt{2\pi}}\mathrm{e}^{\left[-\frac{(x-\mu)^2}{2\sigma^2}\right]} \tag{10-1}$$

式中，y——偶然误差的概率密度；

x——各个测定值；

σ——测定的标准误差；

μ——真值（正态分布的总体平均值，消除了系统误差后）。

正态分布函数中有两个参数，一个参数为真值 μ，用来表征数据的集中趋势，是曲线最高点所对应的横坐标。另一参数为标准误差 σ，用来表征测定数据的离散性，它取决于测定的精密度，σ 小，曲线峰形窄，数据较集中；σ 大，曲线峰形宽，数据分散。

从偶然误差规律可知，在消除系统误差的情况下，平行测定的次数越多，测得数值的平均值越接近真值，因此，可适当增加测定次数，减少偶然误差。

3. **过失误差**（gross error）

实验者在实验过程中犯了某种不该犯的错误所致的误差，如读数看错、记录过程中出错和计算过程中出现错误等。

这类“误差”无规律可循，对测定结果有严重影响，必须注意避免。对含有此类因素的测定值，应予以剔除，不能参加计算平均值。

二、提高分析结果准确度（accuracy）的方法

1. 选择合适的分析方法

常见的分析方法有化学分析和仪器分析，两种分析方法的适用场合不同。

化学分析包括重量分析、滴定分析等，该分析方法灵敏度不够高，适用于高含量分析。

仪器分析适用于微量分析。

2. 减小测量误差

在重量分析中，测量的主要步骤是称量样品质量，在此分析过程中应尽量减少称量误差。

例如，天平的称量误差在 ±0.000 1 g，如果想使测量时的相对误差控制在 0.1% 以下，请问试样应至少称多少克？

相对误差（RE）$=\dfrac{\text{绝对误差（}E\text{）}}{\text{试样质量}}\times 100\%$（试样质量即真实值）；

试样质量 $=\dfrac{E}{RE}=\dfrac{0.000\,1}{0.1\%}\text{ g}=0.100\,0\text{ g}$；

称重必须在 0.1 g 以上，才可使测量时的相对误差在 0.1% 以下。

3. 增加平行测定（parallel measurement）的次数，减小偶然误差

一般而言，平行测定的次数可确定为 2~4 次，可得到较为满意的实验数据。

4. 消除测量过程中的系统误差

（1）空白试验

该试验指不添加试样，在同样操作条件下进行的分析。空白试验中得到的试验数据称为空白值。扣除空白值得到的试样分析数值是比较可靠的分析结果。

（2）对照试验

该试验指用标准品替代试样进行测定的试验。

$$\text{校正系数}=\frac{\text{标准试样组分的标准含量}}{\text{标准试样测得的含量}} \tag{10-2}$$

被测试样的组分含量 = 测得的含量 × 校正系数；

对照试验是消除系统误差最为有效的方法。

（3）校正仪器

校正仪器指对容量器皿、分析天平、砝码等进行校正。

10.1.6 准确度与精密度（precision）

一、准确度与误差（error）

误差是指分析结果与真实值之间的差值。

误差的表示：

$$\text{绝对误差}(E) = \text{测定值}(X) - \text{真实值}(T) \qquad (10\text{-}3)$$

$$\text{相对误差}(RE) = \frac{\text{测定值}(X) - \text{真实值}(T)}{\text{真实值}(T)} \times 100\% \qquad (10\text{-}4)$$

绝对误差：测定值与真实值的差值。

相对误差：绝对误差在真实值（结果）中所占的百分率。[5]

真实值：在实际工作中，人们常将用标准方法通过多次重复测定求出的算术平均值称为真实值。

准确度：实验值与真实值之间相符合的程度。误差越小，准确度越高；误差越大，准确度越低。

例 1：测定值为 57.30，真实值为 57.34。

$$E = X - T = 57.30 - 57.34 = -0.04$$

$$RE = \frac{E}{T} \times 100\% = \frac{-0.04}{57.34} \times 100\% = -0.07\%$$

例 2：测定值为 80.35，真实值为 80.39。

$$E = X - T = 80.35 - 80.39 = -0.04$$

$$RE = \frac{E}{T} \times 100\% = \frac{-0.04}{80.39} \times 100\% = -0.05\%$$

可以得出结论：绝对误差相同，相对误差不一定相同。

练习：测定值为 80.17%，真实值为 80.12%。计算绝对误差（E）、相对误差（RE）。

$$E = X - T = 80.17\% - 80.12\% = 0.05\%$$

$$RE = \frac{E}{T} \times 100\% = \frac{0.05\%}{80.12\%} \times 100\% = 0.06\%$$

在实际测定时，较多使用相对误差。在仪器分析中，较多使用绝对误差。

二、精密度与偏差（deviation）

精密度是指相同条件下几次重复测定数据间相符合的程度。偏差表示几次平行测定结果相互接近的程度。精密度大小由偏差表示，偏差越小，精密度越高。

1. 绝对偏差和相对偏差

$$绝对偏差\ d=X-\overline{X} \tag{10-5}$$

$$相对偏差\ d\%=\frac{d}{X}\times 100\%=\frac{X-\overline{X}}{X}\times 100\% \tag{10-6}$$

绝对偏差 = 单项测定值 – 平均值。

相对偏差：绝对偏差占平均值的百分率或千分率。

2. 平均偏差（average deviation）

平均偏差指单项测定值与平均值的偏差（取绝对值）之和，除以测定次数。在常规分析中，多用平均偏差来表示测量精密度。

$$平均偏差\ \overline{d}=\frac{|d_1|+|d_2|+|d_3|+\cdots+|d_n|}{n}=\frac{\sum_{i=1}^{n}|d_i|}{n} \tag{10-7}$$

$$相对平均偏差\ \overline{d}\%=\frac{\overline{d}}{\overline{X}}\times 100\% \tag{10-8}$$

例：55.51，55.50，55.46，55.49，55.51。计算 $\overline{X}$，$\overline{d}$，$\overline{d}\%$。

$$\overline{X}=\frac{55.51+55.50+55.46+55.49+55.51}{5}=55.49$$

$$\overline{d}=\frac{0.02+0.01+0.03+0+0.02}{5}=0.016$$

$$\overline{d}\%=\frac{0.016}{55.49}\times 100\%=0.03\%$$

3. 标准偏差（standard deviation）

$$标准偏差\ S=\sqrt{\frac{\sum_{i=1}^{n}(X_i-\overline{X})^2}{n-1}} \tag{10-9}$$

$$相对标准偏差=\frac{S}{\overline{X}}\times 100\% \tag{10-10}$$

标准偏差表示精密度，可将单项测量的较大偏差和测量次数对精密度的影响反映出来。

例：甲组的绝对偏差依次为 0.3，0.2，0.4，–0.2，0.4，0.0，0.1，0.3，0.2，–0.3；

乙组的绝对偏差依次为 0.0，0.1，0.7，0.2，0.1，0.2，0.6，0.1，0.3，0.1。试计算甲组和乙组的 $\overline{d}$ 和 S。

甲组：$\overline{d_1}=\dfrac{\sum_{i=1}^{n}|d_i|}{n}=0.24$；$S_1=0.28$

乙组：$\overline{d_2}=\dfrac{\sum_{i=1}^{n}|d_i|}{n}=0.24$；$S_2=0.34$

由此说明：甲组的精密度好。

三、准确度与精密度的关系

表 10-1 列举了 3 组准确度与精密度的关系。图 10-2 为其实验结果示意图。

表 10-1　准确度与精密度关系

	1	2	3	4	平均值
甲	0.20	0.20	0.18	0.17	0.19
乙	0.40	0.30	0.25	0.23	0.30
丙	0.36	0.35	0.34	0.33	0.35

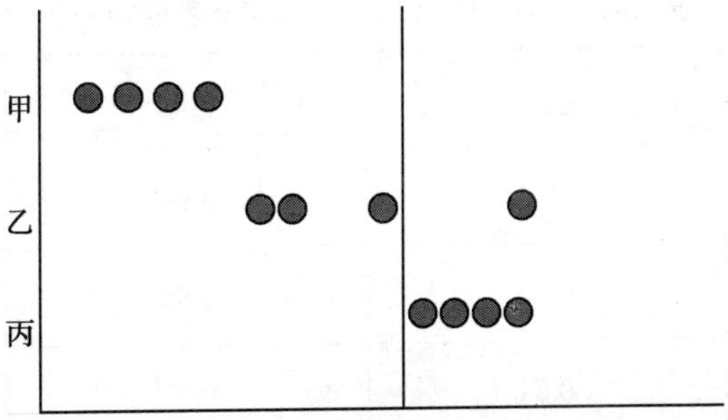

图 10-2　实验数据结果示意图

对甲、乙、丙三人的实验数据进行分析：（标准值为 0.31）

甲：精密度较高，但平均值与标准样品数值相差较大，这表明其准确度较低。

乙：精密度不高，准确度也不高。

丙：精密度高，准确度也高。

由上述分析可知，实验数据的准确度高，其精密度一定高，但是，精密度高准确度未必高。

10.1.7 可疑数据（suspicious data）的取舍

在实际工作中，常遇到一组平行数据中个别数据与其他数据相差较大，计算前须对可疑值进行取舍，若可疑值不是因明显过失所致，应根据偶然误差分布规律进行取舍。常用来确定可疑数据取舍的方法是 Q 检验法。

当测定次数在 3~10 次之间时，根据所要求的置信度按照下列步骤，对可疑值进行检验，再决定取舍。

①将各数据按递增的顺序排列：x_1，x_2，…，x_n，其中，x_1 或（和）x_n 为可疑值；

②按照下式计算：

$$Q=\frac{x_n-x_{n-1}}{x_n-x_1} \text{ 或 } Q=\frac{x_2-x_1}{x_n-x_1} \tag{10-11}$$

③根据测定次数 n 和要求的置信度（如 90%）查表（表 10-2）得出 $Q_{0.90}$；

④将 Q 与 $Q_{0.90}$ 相比，若 $Q > Q_{0.90}$，则弃去可疑值，否则应予保留。

在 3 个以上数据中，需要对一个以上的可疑数据用 Q 检验决定取舍时，首先检验相差较大的值。

表 10-2 不同置信度下，舍弃可疑数据的 Q 值

测定次数 n	$Q_{0.90}$	$Q_{0.95}$	$Q_{0.99}$
3	0.94	0.98	0.99
4	0.76	0.85	0.93
5	0.64	0.73	0.82
6	0.56	0.64	0.74
7	0.51	0.59	0.68
8	0.47	0.54	0.63
9	0.44	0.51	0.60
10	0.41	0.48	0.57

10.1.8 实验数据的整理与表达（arrangement and expression of experimental data）

获取实验数据后，应对数据进行整理、归纳，并以简明方式表达实验结果，常用的方法有列表法、图解法、数学方程式表示法及直接利用计算机处理和作图四种方法。

一、列表法（tabulation method）

将实验数据中自变量和因变量的数值按一定形式和顺序对应列成表格。制表时需注意以下事项：

①每个表格应有序号和完整简明的表头。当表头不能完全说明表中数据含义时，应在表头或表格下方附加说明，如实验条件、数据来源等。

②表格的首栏应以物理量 / 单位形式表示，如 V/mL、p/MPa、T/K 等，表格中所列为纯数值。

③自变量的数值常取整数或其他方便的值，其间距最好均匀，并按递增或递减的顺序排列。

④表格中所列数值的有效数字位数应取舍恰当；同一纵行中的小数点上下对齐，以便相互比较；数值为零时应记作“0”，数值空缺时应画“—”。

⑤直接测量的数值可与处理的结果并列在一张表格中，如有需要，可在表格下方注明数据处理方法或计算公式。

列表法简单易行，不需要特殊图纸（如方格纸）和仪器，形式紧凑，又便于参考比较，在同一表格内，可以同时表示几个变量间的变化情况。实验的原始数据一般采用列表法记录。

二、图解法（graphic method）

按自变量与因变量的对应关系把实验数据标绘制成图形，能够把变量间的变化趋势，如极大、极小、转折点、变化速率以及周期性等重要特征直观地显示出来，便于进行分析研究，是整理实验数据的重要方法之一。

为了能把实验数据正确地用图形表示出来，需要注意以下一些作图要点。

1. 图纸（drawing）的选择

通常用直角坐标纸，也可用半对数坐标纸或对数坐标纸。

2. 坐标轴（coordinate axis）及分度（scale division）

习惯上以 x 轴代表自变量，y 轴代表因变量，坐标轴注明表示内容，一般以物理量/单位的形式，如 λ/nm，T/K 等。坐标分度应便于从图上读出任一点的坐标值，每格所代表的变量值以 1，2，4，5 等数值为最方便，不宜采用 3，6，7，9 等数值；不必拘泥于以坐标原点作为分度的零点。若曲线是直线或近乎直线，应使图形位于坐标纸的中央位置或对角线附近。

坐标的分度值与测定值的有效数字相一致时，才能正确表达实验数据及其变化规律，绘出的图形才能正确地反映变量间的函数关系。为表示出测求结果的精度，在坐标纸上取单位最小的格子表示有效数字的最后一位可靠数字（或可疑数字）。

3. 作图点（drawing point）的标绘

数据点以⊙或 × 标绘，小圆的直径与交叉线的长度应粗略表示该点的误差范围。若需在一张纸上表示几组不同的测量值，则各组数据应分别选用不同形式的符号，以示区别，并在图上简要注明不同的符号各代表何种情况。

4. 绘制曲线（draw a curve）

如各实验点呈直线关系，用铅笔和直尺依各点的趋向，在点群之间画一直线，注意应使直线两侧点数近乎相等，或者更确切地说，应使各点与曲线距离的平方和为最小。对于曲线，一般在其平缓变化部分，测量点可取得少些，但在关键点，如滴定终点、极大、极小以及转折等变化较大的区间，应适当增加测量点的密度，以保证曲线所表示的规律是可靠的。描绘曲线时，一般不必通过图上所有的点及两端的点，但力求使各点均匀地分布在曲线两侧邻近。对于个别远离曲线的点，应检查测量和计算中是否有误，最好重新测量，如原测量确属无误，就应引起重视，并在该区间内重复进行更仔细的测量并适当增加该点两侧测量点的密度。

作图时应先用硬铅笔（2H）沿各点的变化趋势轻轻描绘，再以曲线板逐段拟合手描线的曲率，绘出光滑曲线。为使各段连接处光滑连续，不要将曲线板上的曲线与手描线所有重合部分一次描完，每次只描 1/2~2/3 段为宜。

5. 图名（title）和说明（description）

每张图都应有简明的标题，并标明获取数据的主要实验条件及实验日期。

三、数学方程式（mathematical equation）表示法

图解法可以形象地表现出某一被测物理量随其影响因素变化而变化的趋势或规律，有时为了更精确地表达这种因变量与自变量之间的数量关系，需将实验数据进行整理，总结为一个数学方程。为此先将有关数据作图，根据所得的图形，凭借已有的知识和经验，试探选择某一函数关系式，并确定其中各个参数的最佳值，最后再对所得的函

数关系式进行验证，以确定最佳的数学方程。

四、计算机处理实验数据和作图

目前，计算机作图软件越来越多，使用计算机处理实验数据也越来越普遍，如电子表格软件 Excel、专业作图软件 Origin 等。这些软件使用方便，实验中常用其列表处理实验数据和绘制一般函数曲线。

10.2 实验图的绘制

化学生物分析实验图从教学角度可分为教学挂图、书面图（包括教案、作业、卷面等）、板面图、化学墙报宣传图等几种类型。从绘制角度可分为单仪器图和实验装置图两类，它是化学生物教学，尤其是化学生物实验教学中不可或缺的一部分，因此，加强学生绘图方法技巧的指导与训练，是培养学生实验技能的一个重要方面。[6]

一、化学生物实验图（chemical and biological experiment chart）绘制的基本要求（basic requirements）

一般除了实验室墙壁上悬挂的彩色立体图形外，平时教学中常用的基本上是平面正视示意图。

①单一仪器图要求立意完整简明，图形比例设计合理，线条清晰流畅。

②实验装置图要求符合实验操作，能够体现出真实操作的要点。

③绘制要求运笔有顺序，速度快，图形有直观逼真感。

二、常用分析仪器（common analytical instruments）图的画法（drawing method）

1. 标准画法（standard drawing method）

实验室中会使用较多种类的实验仪器，但平面直视每个仪器，它们一般均具有较为统一的比例形体。若要获得较为满意的图形，必须掌握不同类型仪器的体形比例（图 10-3），以防在绘图过程中出现高矮胖瘦不一的现象。在绘图时需使用直尺、圆规等绘图工具。按照比例画图，图形标准，但速度较慢，此种画法适用于课余绘制教学挂图和各种化学实验宣传图。

2. 习惯画法（conventional drawing）

习惯画法的要点是“画中线，点两边，校比例，再连线”（表 10-3）。很多仪器是对称结构，因此，首先画出一条辅助中线，然后根据仪器的体形在中线的两边点出图形的隐视轮廓，再轻笔连接轮廓点，正视图形，校正比例，直至令人满意，再

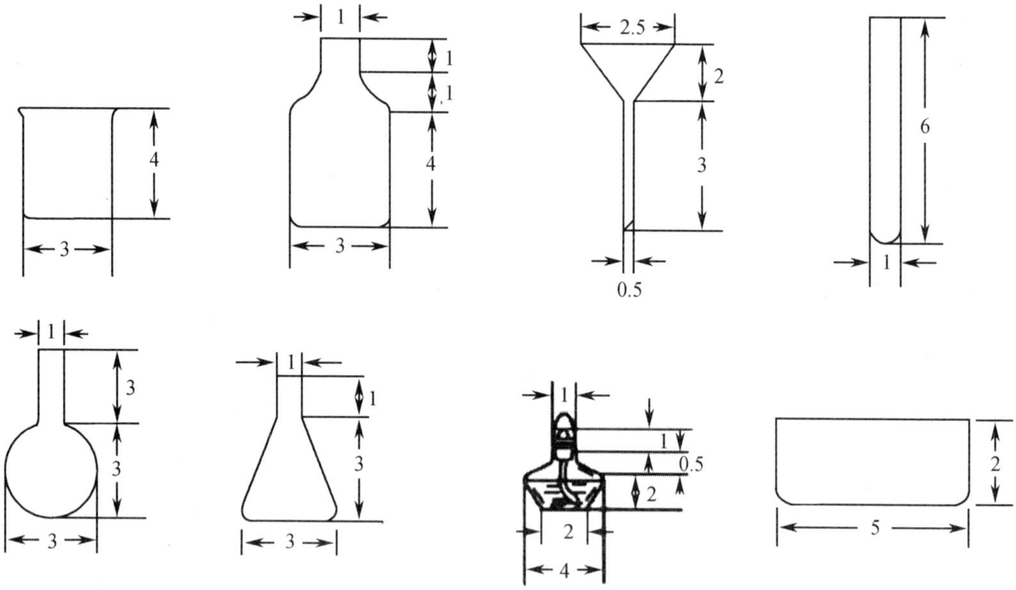

图 10-3　几种常见玻璃仪器的绘制比例

用实线修饰描成，最后擦去多余的部分。用习惯画法画图较准，速度较快，适合于书画图的绘制。

表 10-3　仪器的习惯画法举例

方法要点 仪器	画中线	点两边	校比例	再连线
广口瓶		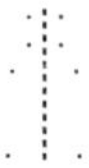	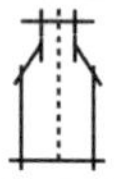	
锥形瓶		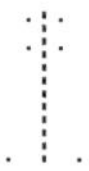	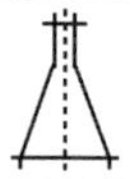	

3. **简笔画法**（simple stroke method）

简笔画法的要点是“直线画，曲线点，成草图，描实线”（表 10-4）。也就是说，直接画出正视仪器的直线部分，用点“点”的方法画出曲线部分，轻笔勾画出图形的草图后再用实线修饰描成，最后擦去多余的部分。

表 10-4　仪器的简笔画法举例

方法要点 仪器	直线画	曲线点	成草图	描实线
圆底烧瓶		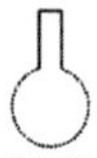		

续表

仪器 \ 方法要点	直线画	曲线点	成草图	描实线
分液漏斗				

实验装置图的画法举例如图 10-4 所示。

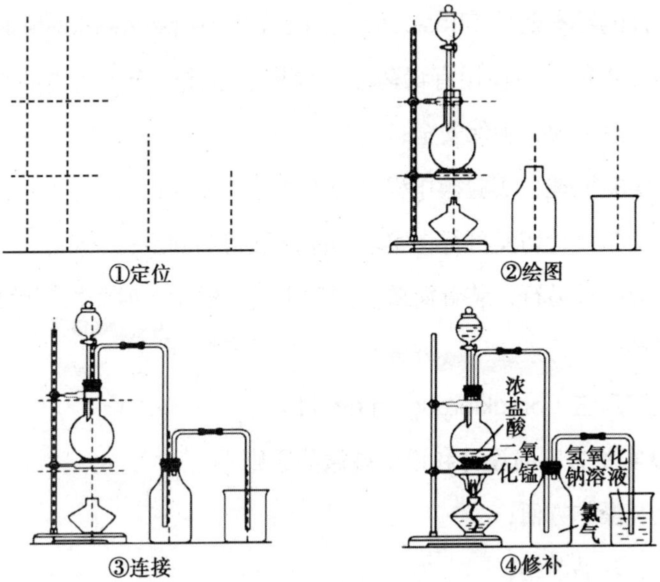

图 10-4　实验装置图的画法举例（氯气的实验室制法）

10.3　实验方案设计与评价

科学探究是化学及相关课程的重要学习方式。实验是科学探究的重要方式之一，实验方案的设计与评价是科学探究实验中的重要环节。能根据提供的药品、仪器及实验原理、实验目的等设计较为简单的实验方案，明确科学探究的要素，会对实验方案进行评价。通过实验方案评价，可考查是否理解实验原理，是否掌握基本实验操作技能。

一、实验方案设计（design of the experimental scheme）

一个比较完整的实验设计方案，一般包括以下几个内容[7]：

①实验安全注意事项（包括安全防护用品）；

②实验名称；

③实验目的；

④实验原理；

⑤实验用品（包括仪器和药品等）及规格；

⑥实验装置、实验步骤，操作方法及安全预案；

⑦实验现象记录和实验结果处理；

⑧问题与讨论。

二、实验设计的基本要求（basic requirements for experimental design）

①安全性：尽可能避免使用有毒药品、操作危险或会产生污染的方案，如必须使用，应详细说明注意事项，确保安全；

②科学性：实验原理、实验操作程序和方法必须无误；

③可行性：实验设计切实可行，实验用品能够得到满足；

④简约性：应简单易行，装置简单、用药少、步骤少、时间短、效果好；

⑤环保性：环保无污染。

三、突破性的方法（breakthrough method）

1. 化学生物实验方案的设计和评价遵循的原则

①现象明显、操作方便；

②程序合理、药品节约；

③步骤安全、方案环保。

2. 解题思路和方法

①明确实验原理——明确实验的目的要求；

②选择仪器药品——选择合理的药品和仪器；

③设计装置步骤——选择恰当的实验装置和设计合理的实验操作步骤；

④记录实验现象和数据——全面、及时且正确地记录实验过程中的现象和数据；

⑤分析得出结论——根据实验现象和实验数据，进行分析、计算、画图、推理等，得出正确结论。

四、实验方案的评价（evaluation of experimental scheme）

实验方案的评价主要包括实验方案设计是否科学合理，操作是否安全简单易行，是否节约试剂、成本，能否保证产品质量，是否有利于保护环境等。

参考文献

[1] 张月花 . 化工分析：上册［M］. 北京：中国书籍出版社，2016.

[2] 江正平 . 试验数据分析前的基本处理［J］. 电力电容器，2006（05）：41-48.

[3] 国家市场监督管理总局 . 橄榄油、油橄榄果渣油：GB/T 23347—2021［S］. 北京：中国标准出版社，2021.

[4] 杨邦忠 . 浅谈食品检验结果及质量管理［J］. 中国新技术新产品，2011.

[5] 马群，汪彩莉，李晓环等 . 大曲糖化力测定方法的优化［J］. 酿酒科技，2019（08）：61-64.

[6] 阎建辉 . 高师化学实验教学改革初探［J］. 韶关学院学报（自然科学版），2001（06）：125-129.

[7] 季红翠 . 基于小组合作探究的课堂提问策略［J］. 中学生数理化（教与学），2017（02）：50.

思考题

1. 什么是偶然误差？偶然误差能完全避免吗？
2. 什么是可疑数据？可疑数据如何取舍？
3. 提高分析结果准确度的方法有哪些？
4. 常用分析仪器图的画法有哪些？
5. 化学生物实验图绘制的基本要求有哪些？
6. 简笔画法的要点有哪些？
7. 实验设计的基本要求有哪些？
8. 化学生物实验方案的设计和评价遵循的原则有哪些？
9. 如何对实验方案进行评价？

练习题

1. 实验数据的表达方法有哪些？

2. 什么是相对标准偏差？如何计算？

3. 根据我国国家标准如何修约？

4. 采用标准画法绘制漏斗。

5. 采用习惯画法绘制锥形瓶。

6. 采用简笔画法绘制圆底烧瓶。

7. 一个比较完整的实验设计方案，一般包括哪些内容？

8. 化学生物实验的解题思路和方法有哪些？

9. 对已完成的实验进行反思。

第三篇

水质分析技术应用

第十一章　水质分析技术应用

11.1　水质分析指标及分析方法介绍

11.1.1　水质　悬浮物的测定

一、适用范围

本方法适用于地下水、地面水，以及生活污水和工业废水中悬浮物的测定。

二、定义

1. 悬浮物

悬浮物指不能通过孔径为 0.45 μm 滤膜的固体不溶物质。主要由泥沙、黏土、原生动物、藻类、细菌、病毒，以及高分子有机物等组成，常常悬浮在水流之中，是衡量水污染程度的指标之一。

2. 重量法

重量法是通过称量物质的质量来确定被测物质组分含量的一种分析方法。分析时，一般先采用适当方法将被测组分从试样中分离出来，转化为一定的称量形式并称重，然后由所称得的质量计算被测组分的含量。

三、方法原理

该方法原理是利用孔径 0.45 μm 的滤膜过滤水样后，将滞留在滤膜上的截留物在 103~105 ℃烘干至恒重，得到悬浮物质量。

四、步骤及结果表示

参见：《GB 11901—89　水质　悬浮物的测定　重量法》。[1]

五、分析方法操作注意事项

漂浮或浸没的不均匀固体物质不属于悬浮物，应从采集的水样中除去。

储存水样时不能加入任何保护剂，以防止破坏物质在固、液相间的分配平衡。如果样品不能及时分析，应储存在 4 ℃的冰箱中，且最长不超过 7 d。

滤膜上截留过多的悬浮物可能夹带过多的水分，除延长干燥时间外，还可能造成过滤困难，遇此情况，可酌情少取试样。滤膜上悬浮物过少，则会增大称量误差，影响测定精度，必要时，可增大试样体积。一般以 5~100 mg 悬浮物量作为量取试样体积的范围。

水样在测定时一定要摇匀，否则会导致结果的代表性不好。

11.1.2 水质 溶解氧的测定

一、适用范围

本方法规定了测定水中溶解氧的电化学探头法。本方法适用于地表水、地下水、生活污水、工业废水和盐水中溶解氧的测定。本方法可测定水中饱和百分率为 0%~100% 的溶解氧，还可测量高于 100%（20 mg/L）的过饱和溶解氧。

二、定义

溶解氧指溶解在水中的分子态氧，通常记作 DO，用每升水中氧的毫克数和饱和百分率表示。溶解氧的饱和含量与空气中氧的分压、大气压、水温和水质有密切的关系。

三、方法原理

溶解氧电化学探头（electrochemical probe）是一个用选择性薄膜封闭的小室，室内有两个金属电极并充有电解质。氧和一定数量的其他气体及亲液物质可透过这层薄膜，但水和可溶性物质的离子几乎不能透过这层膜。将探头浸入水中进行溶解氧的测定时，由于电池作用或外加电压在两个电极间产生电位差，使金属离子在阳极进入溶液，同时氧气通过薄膜扩散在阴极获得电子被还原，产生的电流与穿过薄膜和电解质层的氧的传递速度成正比，即在一定的温度下该电流与水中氧的分压（或浓度）成正比。

薄膜对气体的渗透性受温度变化的影响较大，要采用数学方法对温度进行校正，也可在电路中安装热敏元件对温度变化进行自动补偿。

若仪器在电路中未安装压力传感器不能对压力进行补偿时，仪器仅显示与气压有关的表观读数，当测定样品时的气压与校准仪器时的气压不同时，应进行校正。

若测定海水、港湾水等含盐量高的水，应根据含盐量对测量值进行修正。

四、步骤及结果表示

参见：《HJ 506—2009 水质 溶解氧的测定 电化学探头法》。[2]

五、分析方法操作注意事项和质量控制要求

1. 操作注意事项

溶解氧仪在测定前按照操作规程进行校准。

使用时插入液面 3~5 cm。

测量完毕后擦干净探头。

每月对溶解氧仪进行维护与保养。

电极膜破损及时更换、及时添加电解液。

2. 质量控制要求

检测中内控平行样检验，在同一实验室环境下，分析检验人员、设备及时间等要素保持相同，对同一水质检测样品采用同一分析方法开展两份或多份平行样测定。实验室每批样品加做内控平行样的比例应不少于 10%。水质检测中外控平行样检验，也称为现场平行样检验，每批水质样品在原有采样基础上应进行加采，加采比例应不少于 10%。在水质检测内外控平行样结果控制上，应根据平行双样控制指标及相关规定要求执行。在平行样相对偏差的控制上，根据样品浓度等级而定，如浓度等级为 mg/L 级，相对偏差应≤ 10%，如浓度等级为 μ g/L 级，相对偏差应≤ 2%。

实验室定期进行人员比对、仪器比对等比对考核操作，对质量进行控制。

11.1.3 水质 化学需氧量的测定

一、适用范围

本方法规定了测定水中化学需氧量的重铬酸盐法。本方法适用于地表水、生活污水和工业废水中化学需氧量的测定。本方法不适用于含氯化物浓度大于 1 000 mg/L（稀释后）的水中化学需氧量的测定。

二、定义

化学需氧量：在一定条件下，经重铬酸钾氧化处理时，水样中的溶解性物质和悬浮物所消耗的重铬酸盐相对应的氧的质量浓度，以 mg/L 表示。

三、方法原理

在水样中加入已知量的重铬酸钾溶液，并在强酸介质下以银盐作催化剂，经沸腾回流后，以试亚铁灵为指示剂，用硫酸亚铁铵滴定水样中未被还原的重铬酸钾，由消耗的重铬酸钾的量计算出消耗氧的质量浓度。

值得注意的是：

①在酸性重铬酸钾条件下，芳烃和吡啶难以被氧化，其氧化率较低。在硫酸银催化作用下，直链脂肪族化合物可有效地被氧化。

②无机还原性物质如亚硝酸盐、硫化物和二价铁盐等将使测定结果增大，其需氧量也是 COD_{Cr} 的一部分。

本方法的主要干扰物为氯化物，可加入硫酸汞溶液去除。经回流后，氯离子可与硫酸汞结合成可溶性的氯汞配合物。硫酸汞溶液的用量可根据水样中氯离子的含量，按质量比 $m[HgSO_4]:m[Cl^-] \geqslant 20:1$ 的比例加入，最大加入量为 2 mL（按照氯离子最大允许浓度 1 000 mg/L 计）。

四、步骤及结果表示

参见：《HJ 828—2017　水质　化学需氧量的测定　重铬酸盐法》。[3]

五、分析方法操作注意事项和质量控制要求

1. 操作注意事项

消解时，应使溶液缓慢沸腾，不宜爆沸；如出现爆沸，说明溶液中出现局部过热现象，会导致测定结果有误。

滴定时，不能剧烈摇动锥形瓶，瓶内试液不能溅出水花，否则会影响测定结果。

本实验使用硫酸较多，加酸时一定要严格按顺序添加，先加水样再加酸。

样品浓度达到 60 mg/L 时，滴定量相差 0.1 mg/L 时，结果相差 3 mg/L。因此，当样品接近滴定终点时，必须放慢滴定速度，注意半滴操作，减少误差。

为减小误差，可以对回流仪进行定位管理，做到专管、专瓶、专用。

2. 质量控制要求

（1）空白试验

空白试验是指在不加供试品或以等量溶剂替代供试液的情况下，按同法操作所得的结果。其作用是排除实验的环境（空气、湿度等）、实验所用的药品（指示剂等）、实验操作（误差、滴定终点判断等）对实验结果的影响。

空白试验可以反映药剂、实验用水的质量，空白样品的滴定量一般较为稳定，变化不大。如果空白值变化较大，应检查实验药剂和实验用水的质量。每批次测定至少做两个空白样品，取两者平均值进行计算。

（2）准确度控制

每批次应测定一个质控样品，结果在标准值范围内。

（3）精密度控制

每批次样品应做 10% 的平行样，平行双样相对偏差不超过 ±10%。

平行双样相对偏差的计算方法：

$$d_r = \frac{A-B}{A+B} \times 100\% \qquad (11\text{-}1)$$

式中，d_r——平行双样的相对偏差，单位为 %；

A——平行样 A 的测定结果；

B——平行样 B 的测定结果。

11.1.4 水质 五日生化需氧量的测定

一、适用范围

本方法规定了测定水中五日生化需氧量（BOD_5）的稀释与接种的方法。本方法适用于地表水、工业废水和生活污水中五日生化需氧量（BOD_5）的测定。方法的检出限为 0.5 mg/L，方法的测定下限为 2 mg/L，非稀释法和非稀释接种法的测定上限为 6 mg/L，稀释与稀释接种法的测定上限为 6 000 mg/L。

二、定义

水质五日生化需氧量的定义：在规定的条件下，微生物分解存在水中的某些可氧化物质，特别是有机物所进行的生物化学过程中所消耗的溶解氧的量。该过程进行的时间很长，如在 20 ℃培养条件下，全过程需 100 d。据目前国际统一规定，在（20 ± 1）℃的温度下，培养五天后测出的结果，称为五日生化需氧量，记为 BOD_5，其单位用质量浓度 mg/L 表示。

三、方法原理

生化需氧量是指在规定的条件下，微生物分解水中的某些可氧化的物质，特别是分解有机物的生物化学过程消耗的溶解氧。通常情况下是指水样充满完全密闭的溶解氧瓶中，在（20 ± 1）℃的暗处培养 5 d ± 4 h 或（2+5）d ± 4 h [先在 0~4 ℃的暗处培养 2 d，接着在（20 ± 1）℃的暗处培养 5 d，即培养（2+5）d]，分别测定培养前后水样中溶解氧的质量浓度，由培养前后溶解氧的质量浓度之差，计算每升样品消耗的溶解氧量，以 BOD_5 形式表示。

若样品中的有机物含量较多，BOD_5 的质量浓度大于 6 mg/L，样品需适当稀释后测定；对不含或含微生物少的工业废水，如酸性废水、碱性废水、高温废水、冷冻保存的废水或经过氯化处理等的废水，在测定 BOD_5 时应进行接种，以引进能分解废水中有机物的微生物。当废水中存在难以被一般生活污水中的微生物以正常的速度降解的有机物或含有剧毒物质时，应将驯化后的微生物引入水样中进行接种。

四、步骤及结果表示

参见：《HJ 505—2009　水质　五日生化需氧量（BOD_5）的测定　稀释与接种法》。[4]

五、分析方法操作注意事项和质量控制要求

1. 操作注意事项

水样在采集和保存过程中不要出现气泡。

玻璃器皿应彻底洗净。先用洗涤剂浸泡清洗，然后用稀盐酸浸泡，最后依次用自来水、蒸馏水洗净。

对 2 个或 3 个不同稀释倍数的样品，凡消耗溶解氧大于 2 mg/L 和剩余溶解氧大于 2 mg/L，计算其结果时，应取平均值。若剩余的溶解氧小于 2 mg/L，甚至为 0 时，应加大稀释倍数。溶解氧消耗量小于 2 mg/L，有两种可能：一是稀释倍数过大；另一种可能是微生物菌种不适应、活性差，或含毒物浓度过大。这时，可能出现在几个稀释倍数中，稀释倍数较大的消耗溶解氧反而较多的现象。

水样稀释倍数超过 100 倍时，应预先在容器瓶中用水初步稀释后，再取适量稀释后水样进行最后稀释培养。

测定 BOD_5 时，环境温度应在（20 ± 2）℃，湿度应小于 80%。

测定时，水样温度应在 20 ℃左右，如过高或过低，应将水样放在培养箱中于 22 ℃调温。

在培养过程中注意添加封口水。

加 4 种营养盐的稀释水需临用前配制，距离使用时间不能超过 24 h。稀释水如有剩余，应弃用。

稀释法空白不能超过 0.5 mg/L。

2. 质量控制要求

（1）空白试样

每一批样品做两个分析空白试样，稀释法空白试样的测定结果不能超过 0.5 mg/L，否则应检查可能的污染来源。

（2）准确度控制

每一批样品要求做一个标准样品，其结果在标准值范围内。

（3）精密度控制

每一批样品至少做一组平行样，计算相对偏差，平行双样的相对偏差不超过 ±10%。

11.1.5 水质 总磷的测定

一、适用范围

本方法适用于地面水、污水和工业废水。

二、定义

磷是导致水体富营养化的关键元素。为了保护水质，控制危害，在水环境监测中总磷已正式列入监测项目。水中磷可以以正磷酸盐、缩合磷酸盐（焦磷酸盐、偏磷酸盐和多磷酸盐）和有机结合的磷等形式存在。水样经消解后将各种形态的磷转变成正磷酸盐后测定的结果称为总磷，以每升水样含磷毫克数计量。以 mg/mL 表示。

三、方法原理

在中性条件下用过硫酸钾使试样消解，将所含磷全部氧化为正磷酸盐。在酸性介质中，正磷酸盐与钼酸铵反应，在锑盐存在下生成磷钼杂多酸后，立即被抗坏血酸还原，生成蓝色的络合物。

四、步骤及结果表示

参见：《GB/T 11893—1989 水质 总磷的测定 钼酸铵分光光度法》。[5]

五、分析方法操作注意事项和质量控制要求

1. 操作注意事项

本操作使用硫酸较多，加酸时一定要严格按顺序添加，先加水样再加酸。

配制过硫酸钾时，室温下不能完全溶解，不影响实验数据。

含磷较少的水样，不要用塑料瓶采样，因为磷易吸附在塑料瓶上。

为了减小误差，比色管使用时应专管专用。

所有玻璃器皿均应用稀盐酸或稀硝酸浸泡。

室温低于 13 ℃时，可在 20~30 ℃水浴中显色 15 min。

如水样消解后还略有颜色，需用本底做空白。

2. 质量控制要求

（1）空白试验

用实验用水代替试样，并加入与样品测定时相同体积的试剂，进行空白试验。空白试验可以反映药剂、实验用水的质量。

（2）准确度控制

每批次应测定一个质控样品，其结果在标准值范围内。

（3）精密度控制

每批次样品应做 10% 的平行样，且平行双样的相对偏差不超过 ±10%。

11.1.6 水质　总氮的测定

一、适用范围

本方法适用于地表水、地下水、工业废水和生活污水中总氮的测定。

二、定义

水中的总氮含量是衡量水质的重要指标之一。总氮的定义是在本方法规定的条件下，能测定的样品中溶解态氮及悬浮物中氮的总和，包括亚硝酸盐氮、硝酸盐氮、无机铵盐、溶解态氨及大部分蛋白质、氨基酸和有机胺等有机含氮化合物中的氮。以每升水含氮毫克数计算，以 mg/L 表示。常被用来表示水体受营养物质污染的程度。

三、方法原理

在 120~124 ℃下，碱性过硫酸钾溶液使样品中含氮化合物的氮转化为硝酸盐，采用紫外分光光度法于波长 220 nm 和 275 nm 处，分别测定吸光度 A_{220} 和 A_{275}，按以下公式计算校正吸光度 A，总氮（以 N 计）含量与校正吸光度 A 成正比。

$$A=A_{220}-2A_{275} \tag{11-2}$$

四、步骤及结果表示

参见：《HJ 636—2012　水质　总氮的测定　碱性过硫酸钾消解紫外分光光度法》。[6]

五、分析方法操作注意事项和质量控制要求

1. 操作注意事项

具塞磨口玻璃比色管的密合性应良好。使用高压蒸汽灭菌器时，要充分冷却方可揭开锅盖，以免比色管管塞蹦出。玻璃器皿可用 10% 盐酸浸洗，用蒸馏水冲洗后再用超纯水冲洗，高压蒸汽灭菌器应每周清洗。

使用高压蒸汽灭菌器时，应定期检查橡胶密封圈，避免其因漏气而减压。

移取样品时，一定要摇匀水样，否则再现性不好。

测定悬浮物较多的水样时，消解后可能出现沉淀，可吸取上清液进行测定。

过硫酸钾应每周配制一次，超过一周会使测定结果偏低。在本标准规定的测定条件下，某些含氮有机物不能完全转化为硝酸盐。

2. 质量控制要求

（1）空白试验

每批样品至少应做一个空白试验，空白试验的校正吸光度 A_b 应小于 0.030，超过该值时应检查实验用水、试剂纯度、器皿和高压蒸汽灭菌器的污染情况。

（2）准确度控制

每批次应测定两个标准样品，取两者平均值，其结果在标准值范围内。

（3）精密度控制

每批次样品应做 10% 的平行样，样品数量少于 10 时，应至少测定一个平行双样。当样品总氮含量小于等于 1.00 mg/L 时，测定结果的相对偏差应小于等于 10%；当样品总氮含量大于 1.00 mg/L 时，测定结果的相对偏差应小于等于 5%。测定结果取平行双样的平均值。

（4）标准曲线的要求

标准曲线的相关系数 r 应大于等于 0.999。

11.1.7 水质　氨氮的测定

一、适用范围

本方法规定了测定水中氨氮的纳氏试剂分光光度法。本方法适用于地表水、地下水、生活污水和工业废水中氨氮的测定。

当水样体积为 50 mL，使用 20 mm 比色皿时，本方法的检出限为 0.025 mg/L，测定下限为 0.10 mg/L，测定上限为 2.0 mg/L（均以 N 计）。

二、定义

以游离氨（NH_3）或铵离子（NH_4^+）形式存在的化合氮叫作氨氮。氨氮是水体中的营养素，可导致水富营养化现象产生，是水体中的主要耗氧污染物，对鱼类及某些水生生物有毒害，含量以 mg/L 表示。

三、方法原理

以游离态的氨或铵离子等形式存在的氨氮与纳氏试剂反应生成淡红棕色络合物，该络合物的吸光度与氨氮含量成正比，于波长 420 nm 处测量吸光度。

四、步骤及结果表示

参见：《HJ 535—2009　水质　氨氮的测定　纳氏试剂分光光度法》。[7]

五、分析方法操作注意事项和质量控制要求

1. 操作注意事项

要注意检查实验用水、试剂空白，确保其纯度、质量符合要求，以降低空白值，进而提高实验准确度。

温度影响纳氏试剂与氨氮反应的速度，并显著影响溶液颜色，因此实验温度应控制在 20~25 ℃，从而保证分析结果的可靠性。

向经絮凝或蒸馏处理的水样中加入酒石酸钾钠，若样品出现浑浊，可能是酒石酸钾钠中含有较多的 Ca^{2+} 和 Mg^{2+}，表明酒石酸钾钠不合格，需更换。若经上述处理后，样品依然浑浊，则须将样品经过离心，取上清液进行检测，或者进行蒸馏预处理后再进行检测。

预处理的水样在加入纳氏试剂 10~30 min 后颜色较稳定，因而显色时间应控制在 10~30 min，尽快进行比色分析。

滤纸中常含有一定量的可溶性铵盐，定量滤纸中可溶性铵盐的含量高于定性滤纸。建议采用定性滤纸过滤，过滤前用无氨水（一般为 100 mL）少量多次淋洗滤纸。

纳氏试剂中的汞有毒，使用时要小心，皮肤触碰时要及时清洗。

纳氏试剂的使用寿命比较短，配制后保存期通常只有三个星期，随着沉淀增加会影响测定结果。

配制溶液时所有的用水都要用无氨水，而且不可以用普通的滤纸过滤，否则容易污染纳氏试剂。

2. 质量控制要求

（1）空白试验

试剂空白的吸光度应不超过 0.030（10 mm 比色皿）。试剂空白是指由于试验试剂本身带来的测试结果的误差，试验试剂本身的吸光度就是试剂空白。

（2）准确度控制

每批次应测定一个质控样品，其结果在标准值范围内。

（3）精密度控制

每批次样品应做 10% 平行样，小于 10 个样品应做一个平行样。平行双样的相对偏差不超过 ±10%。

11.1.8　水质　硝酸盐氮的测定

一、适用范围

本方法适用于地表水、地下水中硝酸盐氮的测定。

二、定义

硝酸盐氮（NO_3-N）是含氮有机物氧化分解的最终产物。水中之氮以硝酸盐形态存在者，属低毒性或无毒性。如水体中仅有硝酸盐含量增高，氨氮（NH_3-N）、亚硝酸盐氮（NO_2-N）含量均低甚至没有，说明污染时间已久，现已趋向自净。水中的硝酸盐也可直接来自地层。

水中的硝酸盐氮含量过高会对人体造成危害。如果长期饮用被硝酸盐氮或亚硝酸盐氮污染的水，会造成儿童智力下降、反应迟钝等身体疾病。硝酸盐在人体内相关酶的作用下可转化为亚硝酸盐，在一些含氮有机化合物的作用下会形成具有化学稳定性亚硝基化合物，这些化合物能直接导致人体细胞癌变、畸形和突变，由此损坏人体的正常运作及健康。

世界卫生组织规定地下水硝酸盐氮质量浓度不得超过 10 mg/L，欧盟规定的地下水硝酸盐氮质量浓度标准为≤ 11.3 mg/L。美国环保署（US EPA）规定饮用水的硝酸盐氮质量浓度标准为≤ 10 mg/L（US EPA，2009）。而我国环境保护部对地表水源生活饮用水限制为≤ 10 mg/L（环境保护部，2002a），并规定集中式饮用水水源地下水的硝酸盐氮≤ 20 mg/L（环境保护部，1993）。

三、方法原理

利用硝酸根离子在 220 nm 波长处的吸收而定量测定硝酸盐氮。溶解的有机物在 220 nm 处也会有吸收，而硝酸根离子在 275 nm 处没有吸收。因此，在 275 nm 处作另一次测量，以校正硝酸盐氮值。

四、步骤及结果表示

参见：《HJ/T 346—2007　水质　硝酸盐氮的测定　紫外分光光度法》。[8]

五、分析方法操作注意事项和质量控制要求

1. 操作注意事项

测定前要确认紫外分光光度计是否连接成功。

仪器校准完毕后才能测定标样。

测量时溶液倒至比色皿 2/3 处并且擦干净比色皿。

比色完毕后清理比色槽，以免腐蚀。

需每月对仪器进行维护与保养。

2. 质量控制要求

每次测定时都要带标样进行测定。

每批样品都要做空白实验。

每批样品进行 10% 质控平行样，即测定每批次样品时附带 10% 样品数量的质控平行样一起测定，测定结果相对标准偏差小于 5%。

定期进行人员对比、仪器对比考核。

11.1.9 水质 亚硝酸盐氮的测定

一、适用范围

本方法适用于分光光度法测定饮用水、地下水、地面水及废水中的亚硝酸盐氮。

二、定义

亚硝酸盐氮指的是水体中含氮有机物进一步氧化，在变成硝酸盐过程中的中间产物。水中存在亚硝酸盐时表明有机物的分解过程还在继续进行，亚硝酸盐的含量如太高，即说明水中有机物的无机化过程进行得相当强烈，表示污染的危险性仍然存在。

三、方法原理

在磷酸介质中，pH=1.8 时，样品中的亚硝酸根离子与 4- 氨基苯磺酰胺反应生成重氮盐，它再与 N-（1- 萘基）- 乙二胺二盐酸盐偶联生成红色染料，在 540 nm 波长处测定吸光度。

如果使用光程长为 10 mm 的比色皿，亚硝酸盐氮的浓度在 0.2 mg/L 以内其呈色符合比尔定律。

四、步骤及结果表示

参见：《GB/T 7493—1987 水质 亚硝酸盐氮的测定 分光光度法》。[9]

五、分析方法操作注意事项和质量控制要求

1. 操作注意事项

N-（1- 萘基）- 乙二胺盐酸盐属于危化品，配药时应在通风橱里进行，药品应存放在通风良好的地方，保持容器密闭，存放处须加锁。

加入显色剂后应显色 20~120 min 以内。

实验时比色皿内溶液应是比色皿容积的 2/3。

使用前应对分光光度计各部件进行检查，检查无异常即可开机预热 30 min。

实验完毕后擦拭分光光度计内外壁。

每月对分光光度计进行维护与保养。

2. 质量控制要求

校准曲线相关系数 r 值应＞ 0.999。

每批样品至少做一个空白实验。

每批样品至少测定 10% 的平行样，平行双样的相对偏差不超过 ± 10%。

每批样品应测定一个校准曲线中间点，其误差＜ 10%。

每批样品至少测定 10% 的加标样品，回收率在 90%~110%。

11.1.10 水质 氯化物的测定

一、适用范围

本方法适用于天然水中氯化物的测定，也适用于经过适当稀释的高矿化度水如咸水、海水等，以及经过预处理除去干扰物的生活污水或工业废水。

二、定义

氯化物在无机化学领域里是指带负电的氯离子和其他元素带正电的阳离子结合而形成的盐类化合物，广义上，氯化物也可以说是氯与另一种元素或基团组成的化合物。氯化物是水质污染指标之一，天然水中氯化物以钠、钙及镁盐的形式存在。水源水流经含有氯化物的地层或在受到生活污水、工业废水及海水、海风的污染时，其氯化物含量都会增高。

三、方法原理

在中性至弱碱性范围内（pH=6.5~10.5）、以铬酸钾为指示剂，用硝酸银滴定氯化物时，由于氯化银的溶解度小于铬酸银的溶解度，氯离子首先被完全沉淀出来后，然后铬酸盐以铬酸银的形式被沉淀。产生砖红色，指示滴定终点到达。该沉淀滴定的反应如下：

$$Ag^{+}+Cl^{-} \longrightarrow AgCl\downarrow$$

$$2Ag^{+}+CrO_4^{2-} \longrightarrow Ag_2CrO_4\downarrow \text{（砖红色）}$$

四、步骤及结果表示

参见：《GB/T 11896—1989 水质 氯化物的测定 硝酸银滴定法》。[10]

五、分析方法操作注意事项和质量控制要求

1. 操作注意事项

水样需在中性至弱碱性范围内（pH=6.5~10.5）进行测定。酸性条件下，铬酸根离子（CrO_4^{2-}）易生成重铬酸根离子（$Cr_2O_7^{2-}$），影响铬酸银（Ag_2CrO_4）沉淀的生成。在碱性条件下，银离子（Ag^+）易生成氧化银（Ag_2O）沉淀。

铬酸根离子（CrO_4^{2-}）的浓度与沉淀形成的快慢有关，必须加入足量的指示剂。

由于有稍过量的硝酸银与铬酸钾形成铬酸银沉淀的终点较难判断，所以必须以蒸馏水作空白沉淀，以作对照判断（使终点色调一致）。

用量筒量取水样时，液体凹液面要与刻度相切。向锥形瓶倒入时，要沿着器壁，缓慢倒入后稍停留，使量筒内不要有残液。

水样一定要摇匀，否则结果平行性不好。

2. 质量控制要求

（1）空白试样

每一批样品做两个分析空白试样。

（2）准确度控制

每批样品要做一个质控样品，其检测结果要在给定值范围内。

（3）精密度控制

每一批样品至少做 10% 平行样，计算相对偏差不超过 ±10%。

11.1.11 水质 碱度（总碱度、重碳酸盐和碳酸盐）的测定

一、适用范围

本方法适用一般非浑浊、低色度地面水中总碱度、重碳酸盐和碳酸盐的测定。对于重碳酸盐和碳酸盐的计算，只适用于仅含有氢氧化物、重碳酸盐和碳酸盐组成碱度的水样。

二、定义

水中的碱度是指水中含有可能接收氢离子的物质的量，其实来源是多种多样的，例如氢氧根、碳酸盐、重碳酸盐、磷酸盐、硅酸盐、亚硫酸盐和氮等，都是水中常见的碱性物质，它们都能与酸反应，其中重碳酸盐是水中碱度的主要形式。碱度是一种水的综合性特征指标，代表能被强酸滴定的物质的总和。碱度指标常用于评价水体的缓冲能力及金属在其中的溶解性和毒性；是对水和废水处理过程控制的判断性指标。

若碱度是由于过量金属盐类所形成，则碱度又是确定这种水是否适宜于灌溉的重要依据。

三、方法原理

水样用标准酸溶液滴定至规定的pH，其终点由加入的酸碱指示剂在该pH时颜色的变化来判断。当滴定至酚酞指示剂由红色变为无色时，溶液pH即为8.3，指示水中氢氧根离子已被中和，碳酸盐均变为重碳酸盐；当滴定至甲基橙指示剂由淡橘黄色变成橘红色时，溶液的pH为4.4~4.5，指示水中的重碳酸盐（包括原有的和由碳酸盐转化成的）已被中和。根据上述两个终点到达时所消耗的盐酸标准滴定溶液的量，计算出水中碳酸盐、重碳酸盐含量及总碱度。

四、步骤及结果表示

参照《SL 83—1994　碱度（总碱度、重碳酸盐和碳酸盐）的测定（酸滴定法）》。[11]

五、分析方法操作注意事项和质量控制要求

1. 操作注意事项

滴定时，应放慢滴定速度，采用较长的时间间隔，以便达到平衡时突跃点明显。

2. 质量控制要求

取平行测定结果的算术平均值为测定结果。平行测定结果的绝对差值不大于0.02 mmol/L。

11.1.12　水质　钙和镁总量的测定

一、适用范围

本方法适用于用EDTA滴定法测定地下水和地面水中钙和镁的总量。本方法不适用于含盐量高的水，诸如海水。

二、定义

水中钙和镁总量称为水的硬度。碳酸盐硬度是总硬度的一部分，相当于与水中碳酸盐及重碳酸盐结合的钙镁所形成的硬度。非碳酸盐硬度是总硬度的另一部分，当水中钙镁总量超出与它所结合的碳酸盐和重碳酸盐的含量时，多余的钙和镁就与水中的氯离子、硫酸根和硝酸根结合成非碳酸盐硬度。

三、方法原理

在pH=10的条件下，用EDTA溶液络合滴定钙和镁离子。铬黑T作指示剂，与钙和镁生成紫红或紫色溶液。滴定中，游离的钙和镁离子首先与EDTA反应，跟指示剂

络合的钙和镁离子随后与 EDTA 反应，到达终点时溶液的颜色由紫变为天蓝色。

四、步骤及结果表示

参见：《GB 7477—1987　水质钙和镁总量的测定　EDTA 滴定法》。[12]

五、分析方法操作注意事项和质量控制要求

1. 注意事项

本实验终点不够敏锐，特别是滴定钙。强调近终点要慢滴，每滴 1 滴后都要充分摇匀，直至纯蓝色为止。

用 EDTA 测定水的总硬度及钙镁含量时，要控制好 pH，并注意好终点颜色变化，以防止滴过。

2. 质量控制要求

每次测定应测定一个质控样品，其测定结果在标准值范围内。

11.1.13　水质　pH 的测定

一、适用范围

本方法适用于地表水、地下水、生活污水和工业废水中 pH 的测定。

二、定义

pH 是水中氢离子活度的负对数。$pH=-\log_{10}\alpha_{H^+}$。

三、方法原理

pH 由测量电池的电动势而得。该电池通常由参比电极和氢离子指示电极组成。溶液每变化 1 个 pH 单位，在同一温度下电位差的改变是常数，据此在仪器上直接以 pH 的读数表示。

四、步骤及结果表示

参见：《HJ 1147—2020　水质 pH 值的测定　电极法》。[13]

五、分析方法操作注意事项和质量控制要求

1. 操作注意事项

pH 计在测定前要进行三点校准：4.01、7.00、10.01。

校准完毕后测标样，合格后方可进行样品检测。

使用时插入液面下 3~5 cm。

测量完毕后擦干净探头。

每月对 pH 计进行维护与保养。

2. **质量控制要求**

每次测定时都要带标样进行检测，每次进行三点校准检测。

定期进行仪器比对、人员比对。

11.1.14 水质 色度的测定

一、适用范围

本方法中包括两种测定颜色的方法。其中铂钴比色法适用于清洁水、轻度污染并略带黄色的水，比较清洁的地面水、地下水和饮用水等。稀释倍数法适用于生活污水和工业废水。

二、定义

色度是由溶解物质和不溶解悬浮物产生的表观颜色，用经过沉降 15 min 的原始样品上清液测定。

1. **水的颜色**

改变透射可见光光谱组成的光学性质。

2. **水的表观颜色**

由溶解物质及不溶解性悬浮物产生的颜色，用未经过滤或离心分离的原始样品测定。

3. **水的真实颜色**

仅由溶解物质产生的颜色，用经 0.45 μm 滤膜过滤器过滤的样品测定。

三、方法原理

1. **铂钴比色法**

用氯铂酸钾和氯化钴配制颜色标准溶液，与被测样品进行目视比较，以测定样品的颜色强度，即色度。样品的色度以与之相当的色度标准溶液的度值表示。

2. **稀释倍数法**

将样品用光学纯水稀释至用目视比较与光学纯水相比刚好看不见颜色时的稀释倍数作为表达颜色的强度，单位为倍。

同时用目视观察样品，检验颜色性质：颜色的深浅（无色、浅色或深色），色调（红、橙、黄、绿、蓝和紫等），如果可能包括样品的透明度（透明、混浊或不透明）。用文字予以描述。结果以稀释倍数值和文字描述相结合表达。

四、步骤及结果表示

参见：《GB 11903—89 水质色度的测定》[14]、《HJ 1182—2021 水质 色度的测

定　稀释倍数法》。[15]

五、分析方法操作注意事项和质量控制要求

1. 操作注意事项

铂钴比色法的测定上限为 70 度，超 70 度需稀释后测定。

色阶不能长时间暴露在太阳光下。

观测色度时，样品与色阶平行放在白瓷板上，观测时垂直向下观测，光线从侧面打入。

色阶母液保质期为半年，色阶保质期为一个月。

2. 质量控制要求

每批样品进行 10% 质控平行样，即测定每批次样品时附带 10% 样品数量的质控平行样一起测定。

定期进行人员对比、仪器对比考核。

11.1.15　水质　浊度的测定

一、适用范围

本方法适用于地表水、地下水和海水中浊度的测定。

二、定义

浊度也称浑浊度。是由于水中对光有散射作用物质的存在，而引起液体透明度降低的一种量度。水中悬浮及胶体微粒会散射和吸收通过样品的光线，光线的散射现象产生浊度，利用样品中微粒物质对光的散射特性表征浊度，测量结果单位为 NTU（nephelometric turbidity unit）。

三、方法原理

利用一束稳定光源光线通过盛有待测样品的样品池，传感器处在与发射光线垂直的位置上测量散射光强度。光束射入样品时产生的散射光的强度与样品中浊度在一定浓度范围内成比例关系。

四、步骤及结果表示

参照：《HJ 1075—2019　水质　浊度的测定　浊度计法》。[16]

五、分析方法操作注意事项和质量控制要求

1. 操作注意事项

样品充分摇匀。

擦干浊度瓶外壁。

浊度瓶内壁无气泡。

每日用标准溶液序列校准仪器。

每周定期涂一次硅油。

仪器开机预热 30 min。

浊度计每月定期维护保养。

2. 质量控制要求

每批样品进行 10% 质控平行样，即测定每批次样品时附带 10% 样品数量的质控平行样一起测定。

定期进行人员对比、仪器对比考核。

11.1.16 水质 高锰酸盐指数的测定

一、适用范围

本方法适用于饮用水、水源水和地面水的测定，不适用于测定工业废水中有机污染的负荷量。

二、定义

高锰酸盐指数（permanganate index）是反映水体中有机及无机可氧化物质污染的常用指标。定义：在一定条件下，用高锰酸钾氧化水样中的某些有机物及无机还原性物质，由消耗的高锰酸钾量计算相当的氧量。高锰酸盐指数不能作为理论需氧量或总有机物含量的指标，因为在规定的条件下，许多有机物只能部分地被氧化，易挥发的有机物也不包含在测定值之内。

三、方法原理

样品中加入已知量的高锰酸钾和硫酸，在沸水浴中加热 30 min，高锰酸钾将样品中的某些有机物和无机还原性物质氧化，反应后加入过量的草酸钠还原剩余的高锰酸钾，再用高锰酸钾标准溶液回滴过量的草酸钠。通过计算得到样品中高锰酸盐指数。

四、步骤及结果表示

参照：《GB 11893—1989 水质 高锰酸盐指数的测定》。[17]

五、分析方法操作注意事项和质量控制要求

1. 操作注意事项

新的玻璃器皿必须用酸性高锰酸钾溶液清洗。

沸水浴的水面要高于锥形瓶的液面。

滴定时如温度低于 60 ℃，反应速度慢，应加热至 80 ℃。

高锰酸钾溶液棕色瓶避光保存。

如水样水浴后无色，代表样品浓度高，需要稀释重新取样。

2. 质量控制要求

每次测定时都要带标样进行检测。

每 10 个样品需要做一个平行质控样，计算相对偏差不超过 ±10%。

定期人员比对。

11.1.17 水质 粪大肠菌群的测定

一、适用范围

本方法适用于地表水、地下水、生活污水和工业废水中粪大肠菌群的测定。

二、定义

粪大肠菌群（fecal coliforms）又称耐热大肠菌群（thermotolerant coliforms）。44.5 ℃培养 24 h，能在 MFC 选择性培养基上生长、发酵乳糖产酸并形成蓝色或蓝绿色菌落的肠杆菌科细菌，或是能发酵乳糖产酸产气的需氧及兼性厌氧革兰氏阴性无芽孢杆菌。用提高培养温度的方法，造成不利于来自自然环境的大肠菌群生长的条件，使培养出来的菌主要为来自粪便中的大肠菌群，从而更准确地反映出水质受粪便污染的情况。

三、方法原理

1. 多管发酵法

将样品加入含乳糖蛋白胨培养基的试管中，37 ℃初发酵富集培养，大肠菌群在培养基中生长繁殖分解乳糖产酸产气，产生的酸使溴甲酚紫指示剂由紫色变为黄色，产生的气体进入倒管中，指示产气。44.5 ℃复发酵培养，培养基中的胆盐三号可抑制革兰氏阳性菌的生长，最后产气的细菌确定为是粪大肠菌群。通过查 MPN 表，得出粪大肠菌群浓度值。

2. 滤膜法

样品通过孔径为 0.45 μm 的滤膜过滤，细菌即被截留在膜上，然后将滤膜置于 MFC 选择性培养基上，44.5 ℃下进行培养 24 h，胆盐三号可抑制革兰氏阳性菌的生长，粪大肠菌群能生长并发酵乳糖产酸使指示剂变色，通过颜色判断是否产酸，并通过呈蓝色或蓝绿色菌落计数，测定样品中粪大肠菌群浓度。

四、步骤及结果表示

参照：《HJ 347.1—2018　水质　粪大肠菌群的测定　滤膜法》[18]《HJ 347.2—2018　水质　粪大肠菌群的测定　多管发酵法》。[19]

五、分析方法操作注意事项和质量控制要求

1. 操作注意事项

实验全程在生物安全柜中进行。

操作前后将生物安全柜进行紫外灯消毒。

药品配制完毕后在 5 ± 3 ℃冰箱保存，当培养基颜色或体积变化明显时废弃不用。

实验用水经 121 ℃高压蒸汽灭菌 20 min 备用。

玻璃器皿及采样器具试验前要按无菌操作要求包扎 121 ℃高压蒸汽灭菌 20 min 备用。

样品采集后在两小时后检测，否则应在 10 ℃以下冷藏不超过 6 h，实验室接样后，不能立即检测的，将样品于 4 ℃以下冷藏并在 2 h 内检测。

吸取不同浓度的稀释液时，每次必须更换移液管。

使用后的废弃物及器皿须经 121 ℃高压蒸汽灭菌 30 min 或者使用液体消毒剂灭菌，灭菌后器皿方可清洗，废物作为一般废物处理。

当样品浑浊度较高时，应选用其他方法。

2. 质量控制要求

（1）培养基检验

更换不同批次培养基时，要进行阳性菌株和阴性菌株检验，将粪大肠菌群测定的阳性菌株和阴性菌株配制成适宜的浓度，按样品过滤要求使滤膜上生长的菌落数为 20~60 个，然后按培养的要求进行操作。阳性菌株应生长为蓝色或蓝绿色的菌落，阴性菌株应生长为灰色、淡黄色、无色的菌落，或无菌落生长。否则，该次样品测定结果无效，应查明原因后重新测定。

（2）对照试验要求

空白对照：每次试验都用无菌水按照步骤进行实验室空白测定，培养后的培养基上不得有任何菌落生长。否则，该次样品测定结果无效，应查明原因后重新测定。

阳性及阴性对照：定期按照阳性及阴性对照试验的要求进行阳性及阴性对照试验，阳性菌株应呈现阳性反应，阴性菌株应呈现阴性反应。否则，该次样品测定结果无效，应查明原因后重新测定。

11.2 常规水质指标分析案例——第45届世界技能大赛水处理技术项目化学分析模块比赛试题及评分表

一、电位滴定实验

竞赛任务介绍

提示：在任务B1中，你做了烧杯絮凝试验并制取了2.5 L的样品水，这些样品代表了最佳条件下的烧杯絮凝试验。然而，你还需要检测、分析这些样品的碱度，因为这个指标对于活性污泥中的生物的新陈代谢来说，是非常重要的。

初始情况：通过进行烧杯絮凝试验，曝气池中的化学不稳定性被解决。尽管如此，需要检测水的碱度，以保证为活性污泥的新陈代谢提供合适的条件。

任务描述

你需要完成的任务：

一式三份，进行碱度电位测试；

为三个平行测试中的一个测试制作电位滴定曲线；

计算每个平行测试的碱度、三份测试的平均碱度和标准偏差，并填写“任务结果表单”。

执行此任务时，你需要佩戴实验室服、手套和安全眼镜。

竞赛选手工作指导

1. 电位滴定法测碱度

1.1 整体说明

水或污水的碱度表示酸中和能力。因此，它是溶液中所有可滴定碱基的总和。氢氧化物碱度通常用酚酞进行测量，表示pH=8.3的滴定终点。pH=8.29~4.5，碱度是由碳酸盐引起的，最终达到pH=4.50，在样品中滴定总碱度。

通过多次、少量滴定测得的样品pH，以此来作成的滴定曲线，因为缓冲作用（构成平滑曲线）可以看出曲线的拐点。

因此，平滑曲线上的任何pH都是可确定的。

1.2 滴定方法

根据制造商的程序校准pH计；

在金属支架上安装一个滴定管；

用滴定剂硫酸 0.1 N 填充滴定管并设定其体积零点；

设置搅拌装置进行滴定；

为样品瓶提供均质化；

将 100 mL（V_s）样品转移到容积为 1 000 mL 的烧瓶中；

将 pH 探针插入盛有样品的烧杯中；

如果初始 pH 低于 5.0，请通知裁判，这样他们为你的样品中添加合适的化学品；

在不断的搅拌下，以 0.5 mL 或更少的增量缓慢且不断地将滴定剂滴入样品中；

将样品滴定至 pH=4.5，这是滴定的终点；

记下 pH=4.5 下的滴定体积（V_t）；

为了构建滴定曲线，将滴定延长至 pH=3.0。

1.3 滴定曲线制作

根据 1.2 节的步骤滴定样品，同时注意：

在不断的搅拌下，以 0.5 mL 或更小的增量缓慢且不断地将滴定剂滴入样品中；

为每一次的滴定剂量的增加，记录下增加的体积和相应的 pH；

在 3.1 节中的表格中，记录下滴定数据；

尽管滴定终点为 pH=4.5，但是延长滴定到 pH=3.0；

用 Excel 表格制作一个滴定曲线，并使曲线连续而光滑。

1.4 计算

碱的浓度（c）：

$$c=(V_t \times N \times 5\,000)/V_s$$

式中，c——碱的浓度（mg/L）；

V_t——滴定体积（mL）；

N——标准酸溶液的当量浓度；

V_s——样品体积（mL）。

平均浓度（c_a）：

$$c_a=(c_1+c_2+c_3)/3$$

式中，c_a——平均浓度（mg/L）；

c_1——平行测试 1 号的碱浓度（mg/L）；

c_2——平行测试 2 号的碱浓度（mg/L）；

c_3——平行测试 3 号的碱浓度（mg/L）。

标准偏差（S）：

$$S=\sqrt{\frac{\sum_{i=1}^{n}(x_i-\bar{x})^2}{n-1}}$$

式中，S——标准偏差；

x_i——每个数据的值；

$\bar{x}$——数据平均值；

n——数据的数量。

2．最低任务要求

根据提供的操作方法，一式三份进行样品的碱度分析；

为构建滴定曲线，记录下每次滴定的体积和 pH；

在一个 Excel 表格中制作平行测试中的一个滴定曲线；

计算每个平行测试的碱的浓度，以及平行测试的平均碱浓度和标准偏差；

正确填写任务结果表单。

3. 任务结果表单

国家:______________________________**姓名:**______________________________

3.1　滴定曲线

选手需要用笔记本电脑中的 Excel 表格制作滴定曲线。

不能使用手机。

请把你制作的 Excel 文件中的滴定曲线展示给裁判，这样他们可以保存并进行评分。

为了制作滴定曲线，请把滴定体积和相应的 pH 填写到以下表格中。如果以下表格不够用，你可以向裁判要一张白纸。

滴定体积 /mL	pH	连续试验		连续试验		连续试验	
		滴定体积 /mL	pH	滴定体积 /mL	pH	滴定体积 /mL	pH

续表

滴定体积 /mL	pH	连续试验		连续试验		连续试验	
		滴定体积 /mL	pH	滴定体积 /mL	pH	滴定体积 /mL	pH

3.2 平行试验中的碱的浓度

平行试验	滴定体积 /mL	碱的浓度 /（mg/L）
1		
2		
3		

3.3 样品水的平均碱浓度和标准偏差

平均碱浓度（mg/L）:

标准偏差:

评分表

根据 2019 年水处理比赛的竞赛信息系统（CIS）进行任务评分。

附：电位滴定实验评分表

评分表

WorldSkills 喀山 2019

技能：55-水处理技术

子任务：B2-电位滴定试验

选手姓名：

评分裁判：德国-Himar Tetsch，新加坡-Qishan Liu，中国-Zhan Wang，韩国-Dong-Hak Park

竞赛日期：2　评分结束：　分数录入时间：

判断评分

评分项	最大分值	评分标准描述	裁判评分（0-3）		得分
J1	0.60	化学工作区的清洁和整理以及个人安全防护	中国-Zhan Wang		
		0-0-没有清洁和整理工作区域 1-0.2-只整理了工作区域（即使是刚开始整理的） 2-0.4-只用酒精、水或肥皂清洁了工作台（区域） 3-0.6-整理并用酒精、水或肥皂清洁了工作台（区域）	韩国-Dong-Hak Park 新加坡-Qishan Liu		
J2	0.60	制取了一定体积的水样到每个锥形瓶中（平行测试1）	中国-Zhan Wang		
		0-0-没有用量筒或移液管来获取一定体积的水样 1-0.2-获取一定体积水样时在量筒或移液管中没有考虑液位的弯液面。 2-0.4-用量筒获取一定体积的水样到烧瓶中，并且合理地设置了弯液面 3-0.6-用移液管获取一定体积的水样到烧瓶中，并且合理地设置了弯液面	韩国-Dong-Hak Park 新加坡-Qishan Liu		
J3	0.60	制取了一定体积的水样到每个锥形瓶中（平行测试2）	中国-Zhan Wang		
		0-0-没有用量筒或移液管来获取一定体积的水样 1-0.2-获取一定体积水样时在量筒或移液管中没有考虑液位的弯液面。 2-0.4-用量筒获取一定体积的水样到烧瓶中，并且合理地设置了弯液面 3-0.6-用移液管获取一定体积的水样到烧瓶中，并且合理地设置了弯液面	韩国-Dong-Hak Park 新加坡-Qishan Liu		
J4	0.60	制取了一定体积的水样到每个锥形瓶中（平行测试3）	中国-Zhan Wang		
		0-0-没有用量筒或移液管来获取一定体积的水样 1-0.2-获取一定体积水样时在量筒或移液管中没有考虑液位的弯液面。 2-0.4-用量筒获取一定体积的水样到烧瓶中，并且合理地设置了弯液面 3-0.6-用移液管获取一定体积的水样到烧瓶中，并且合理地设置了弯液面	韩国-Dong-Hak Park 新加坡-Qishan Liu		

1

评分表

WorldSkills 喀山 2019

worldskills Kazan 2019 | worldskills

技能：55-水处理技术

子任务：B2-电位滴定试验

选手姓名：

评分裁判：德国-Himar Tetsch，新加坡-Qishan Liu，中国-Zhan Wang，韩国-Dong-Hak Park

竞赛日期：2 评分结束： 分数录入时间：

判断评分

评分项	最大分值	评分标准描述	裁判评分（0-3）		得分
J5	0.60	设置pH计的探针和搅拌装置	中国-Zhan Wang		
		0-0-没有插入pH计的探针和（或）在1个或更多的平行测试中没有使用搅拌装置 1-0.2-在所有平行测试中都使用了pH探针和搅拌装置，但是在1个或更多的平行测试中一直把pH计拿在手中 2-0.4-在所有平行测试中都使用了pH探针和搅拌装置，并且把pH探针夹在金属架子上，这样选手不用一直手握探针 3-0.6-在所有平行测试中都使用了pH探针和搅拌装置，并且pH探针插入烧瓶的同时固定在pH计配套的支架上，这样选手不用一直手握探针	韩国-Dong-Hak Park 新加坡-Qishan Liu		
J6	0.60	往水样中进行滴定试验（平行测试1）	中国-Zhan Wang		
		0-0-没有达到或超过滴定终点 1-0.2-正好在滴定终点范围，但是滴定时溶液连续过量地流出（滴定方式粗心而未很好地控制） 2-0.4-正好在滴定终点范围，而且滴定管嘴处没有持续的液流（可控地增加滴定液） 3-0.6-正好在滴定终点范围，而且滴定液是持续地下滴，并且在滴定终点时才关闭滴定管嘴	韩国-Dong-Hak Park 新加坡-Qishan Liu		
J7	0.60	往水样中进行滴定试验（平行测试2）	中国-Zhan Wang		
		0-0-没有达到或超过滴定终点 1-0.2-正好在滴定终点范围，但是滴定时溶液连续过量地流出（滴定方式粗心而未很好地控制） 2-0.4-正好在滴定终点范围，而且滴定管嘴处没有持续的液流（可控地增加滴定液） 3-0.6-正好在滴定终点范围，而且滴定液是持续地下滴，并且在滴定终点时才关闭滴定管嘴	韩国-Dong-Hak Park 新加坡-Qishan Liu		

2

评分表

WorldSkills Kazan 2019

WorldSkills 喀山 2019

技能：55-水处理技术

子任务：B2-电位滴定试验

选手姓名：

评分裁判：德国-Himar Tetsch，新加坡-Qishan Liu，中国-Zhan Wang，韩国-Dong-Hak Park

竞赛日期：2　评分结束：　分数录入时间：

判断评分

评分项	最大分值	评分标准描述	裁判评分（0-3）		得分
J8	0.60	往水样中进行滴定试验（平行测试3）	中国-Zhan Wang		
		0-0-没有达到或超过滴定终点 1-0.2-正好在滴定终点范围，但是滴定时溶液连续过量地流出（滴定方式粗心而未很好地控制） 2-0.4-正好在滴定终点范围，而且滴定管嘴处没有持续的液流（可控地增加滴定液） 3-0.6-正好在滴定终点范围，而且滴定液是持续地下滴，并且在滴定终点时才关闭滴定管嘴	韩国-Dong-Hak Park		
			新加坡-Qishan Liu		
J9	0.60	清洁玻璃器皿	中国-Zhan Wang		
		0-0-1个或更多玻璃器皿没有清洗或漏掉去除1个或更多的玻璃器皿的标签 1-0.2-没有用肥皂和海绵擦洗1个或更多的玻璃器皿，和（或）没有用水龙头冲洗1个或更多的玻璃器皿 2-0.4-用肥皂和海绵擦洗了所有玻璃器皿，并用水龙头冲洗了所有玻璃器皿 3-0.6-用肥皂和海绵擦洗了所有玻璃器皿，并用水龙头冲洗了所有玻璃器皿，然后又用蒸馏水进行了全部冲洗。如果1个或更多的玻璃器皿没用蒸馏水冲洗，那么可以按照评分2进行判断	韩国-Dong-Hak Park		
			新加坡-Qishan Liu		

测量评分

评分项	最大分值	评分标准描述	要求	结果或实际值	得分
M1	0.30	佩戴个人防护用品：实验室服、手套和安全眼镜 要求的防护用品全部佩戴。每少穿1件扣减0.1分	所有PPE		
M2	0.20	在化学试验区域专业化的操作和个人防护 0.20-在专业化操作方面没有错误。每1个轻微错误扣减0.02分//每1个中型错误扣减0.1分//每1个严重错误扣减0.2分	无错误		
M3	0.10	校准pH计 0-没有校准pH计，或仅对一种缓冲溶液进行了校准，或者在缓冲测量之间没有清洗电极。//0.1-在缓冲测量之间都校准了pH计并且清洗了电极	pH计正确校准		

3

评分表

WorldSkills 喀山 2019

worldskills Kazan 2019　　worldskills

技能: 55-水处理技术

子任务: B2-电位滴定试验

选手姓名:

评分裁判: 德国-Himar Tetsch，新加坡-Qishan Liu，中国-Zhan Wang，韩国-Dong-Hak Park

竞赛日期: 2　评分结束:　分数录入时间:

测量评分

评分项	最大分值	评分标准描述	要求	结果或实际值	得分
M4	0.20	滴定管垂直安装在它的金属支架上（不向任何方向倾斜）-平行测试1 0-滴定管倾斜//0.2-滴定管垂直	滴定管安装正确		
M5	0.20	滴定管垂直安装在它的金属支架上（不向任何方向倾斜）-平行测试2 0-滴定管倾斜//0.2-滴定管垂直	滴定管安装正确		
M6	0.20	滴定管垂直安装在它的金属支架上（不向任何方向倾斜）-平行测试3 0-滴定管倾斜//0.2-滴定管垂直	滴定管安装正确		
M7	0.60	滴定前准备工作的专业性 0.6-无任何错误。每1个轻微错误扣减0.02分//每1个中等错误扣减0.1分//每1个严重错误扣减0.2分	无错误		
M8	0.60	滴定操作的专业性 0.6-无任何错误。每1个轻微错误扣减0.02分//每1个中等错误扣减0.1分//每1个严重错误扣减0.2分	无错误		
M9	0.60	清洗玻璃器皿的专业性 0.6-无任何错误。每1个轻微错误扣减0.02分//每1个中等错误扣减0.1分//每1个严重错误扣减0.2分	无错误		
M10	0.20	在Excel表格中输入滴定数据 0-没有在Excel表格中输入数据。和（或）输入的数据不是选手试验中的真实数据。//在Excel表格中输入了数据，并且为选手试验过程中获得的真实数据	Excel中有数据		
M11	0.20	给轴进行标示（X和Y） 0-没有对轴进行标示或者没有用合适的参数进行标示//0.1-用合适的参数只对1个轴进行了标示//0.2-用合适的参数对两个轴都进行了标示	两个轴都有标签		

4

评分表

WorldSkills 喀山 2019

技能: 55-水处理技术

子任务: B2-电位滴定试验

选手姓名:

评分裁判: 德国-Himar Tetsch，新加坡-Qishan Liu，中国-Zhan Wang，韩国-Dong-Hak Park

竞赛日期: 2　评分结束: ________　分数录入时间: ________

测量评分

评分项	最大分值	评分标准描述	要求	结果或实际值	得分
M12	0.20	滴定管垂直安装在它的金属支架上（不向任何方向倾斜）-平行测试1 0-滴定管倾斜//0.2-滴定管垂直	两个轴比例设置		
M13	0.20	绘制平滑的滴定曲线 0-没有绘制滴定曲线和（或）绘制的滴定曲线不是平滑曲线和（或）用的不是试验中的真实数据绘制的滴定曲线//0.2-绘制的滴定曲线是平滑的曲线，并且数据来自选手试验过程中的真实数据	下降的平滑曲线		
M14	0.10	完整填写任务表单-3.1节滴定曲线 0-没有填写滴定数据和（或）填写的数据不是选手试验过程中的真实数据//0.1-滴定数据填写完整，并且为试验过程中的真实数据	表格填写正确		
M15	0.05	完整填写任务表单-3.2节平行测试的碱浓度 0-没有填写滴定数据和（或）填写的数据不是选手试验过程中的真实数据//0.05-滴定数据填写完整，并且为试验过程中的真实数据	表格填写正确		
M16	0.10	计算-3.2节每个平行测试中的减浓度 0-浓度计算全部错误//0.10-所有浓度数据全部正确。每计算错误1个扣减0.04分。	计算正确		
M17	0.15	计算-3.3节碱的平均浓度和标准偏差 0-浓度计算全部错误//0.15-所有浓度数据全部正确。每计算错误1个扣减0.08分。	计算正确		
M18	0.20	绿色环保要求 根据《可持续发展规则文件》评定	资源循环利用		

5

评分表

WorldSkills 喀山 2019

worldskills Kazan 2019 | worldskills

技能：55-水处理技术

子任务：B2-电位滴定试验

选手姓名：

评分裁判：德国-Himar Tetsch，新加坡-Qishan Liu，中国-Zhan Wang，韩国-Dong-Hak Park

竞赛日期：2　　评分结束：　　分数录入时间：

测量评分

评分项	最大分值	评分标准描述	要求	结果或实际值	得分
M19	0.20	时间分 0-如果选手犯了2个或更多专业性方面的严重错误。0-如果选手犯了4个或更多的专业性方面的中等错误。0-如果选手犯了1个严重和3个专业性方面的中等错误。0-如果选手没有做完任务。0-如果选手做完了任务，但是没在规定的最少时间内完成。//0.2-如果选手做完了任务并在规定的最少时间内完成的（同时全部遵守了专业化的操作）	在最佳时间内且专业性操作方面无误		

10.00　此任务合计分值　　　　合计得分

6

二、分光光度法分析实验

竞赛任务介绍

提示：在任务 B1 中，你做了烧杯絮凝试验并制取了 2.5 L 的样品水，这些样品代表了最佳条件下的烧杯絮凝试验。然而，你需要检测这些样品水中的磷含量是否达到要求的指标（根据当地排污指标要求低于 1.6 mg/L），而且这个指标对于向河流和其他地表水排放是非常重要的。

初始情况：通过进行烧杯絮凝试验，曝气池中的化学不稳定性被解决。尽管如此，需要检测水的磷含量，以确保污水可以达标排放到河床去。

任务描述

你需要完成的任务：

一式三份，对样品水进行磷含量的光度分析检测；

计算磷含量的平均浓度和标准偏差，并填入“任务结果表单”中；

一式三份，对标准样品进行磷含量的光度分析检测；

计算标准样品的平均磷含量浓度和标准偏差，并填入“任务结果表单”中。

执行此任务时，你需要佩戴实验室服、手套和安全眼镜。

竞赛选手工作指导

1. 比色皿分光光度计检测磷含量

1.1 整体说明

磷酸根离子遇到钒酸盐 - 钼酸盐试剂时会发生化学反应，生成一种黄色染料的化合物。这种化合物吸收光波的峰值在 435 nm 到 440 nm 之间，并且反应 10 min 之后，它具有很好的颜色稳定性。就样品水而言，生成黄色化合物的反应有很宽的 pH 范围，从 3 到 10，而温度范围从 15~25 ℃。

1.2 比色皿检测磷含量步骤

参照分光光度计原厂操作说明中的“正磷酸盐测试程序”进行操作。

1.3 计算

平均浓度（c_a）：

$$c_a=(c_1+c_2+c_3)/3$$

式中，c_a——平均浓度（mg/L）；

c_1——平行测试 1 号的磷浓度（mg/L）；

c_2——平行测试 2 号的磷浓度（mg/L）；

c_3——平行测试 3 号的磷浓度（mg/L）。

标准偏差（S）:

$$S=\sqrt{\frac{\sum_{i=1}^{n}(x_i-\bar{x})^2}{n-1}}$$

式中，S——标准偏差；

x_i——每个数据的值；

$\bar{x}$——数据平均值；

n——数据的数量。

2．最低任务要求

根据提供的操作方法，一式三份进行样品的磷含量分析；

根据提供的操作方法，一式三份进行标准样品的磷含量分析；

根据每个平行测试的磷的浓度（样品和标准样品），计算平行测试的平均磷浓度和标准偏差；

正确填写任务结果表单。

3. 任务结果表单

国家:______________________________姓名:______________________________

3.1 样品的磷浓度

平行试验	磷浓度 /（mg/L）
1	
2	
3	

平均磷浓度（mg/L）:

标准偏差:

3.2 标准样品的磷浓度

平行试验	磷浓度 /（mg/L）
1	
2	
3	

平均磷浓度（mg/L）:

标准偏差:

评分表

根据 2019 年水处理比赛的竞赛信息系统（CIS）进行任务评分。

附：分光光度法分析实验评分表

评分表

WorldSkills 喀山 2019

技能: 55-水处理技术

子任务: B3-分光光度计试验

选手姓名:

评分裁判: 德国-Himar Tetsch，新加坡-Qishan Liu，中国-Zhan Wang，韩国-Dong-Hak Park

竞赛日期: 3 评分结束: 分数录入时间:

判断评分

评分项	最大分值	评分标准描述	裁判评分（0-3）		得分
J1	0.60	化学工作区的预清洁和整理以及个人安全防护	中国-Zhan Wang		
		0-0-没有清洁和整理工作区域 1-0.2-只整理了工作区域（即使是刚开始整理的） 2-0.4-只用酒精、水或肥皂清洁了工作台（区域） 3-0.6-整理并用酒精、水或肥皂清洁了工作台（区域）	韩国-Dong-Hak Park 新加坡-Qishan Liu		
J2	0.60	采集了一定体积的水样到比色皿中（平行测试1）	中国-Zhan Wang		
		0-0-没有用移液管来采集0.4mL的水样 1-0.2-没有正确地设置比色皿中水样的体积0.4mL 2-0.4-用移液管调整水样体积为0.4mL 3-0.6-用移液管调整水样体积为0.4mL，而且吸取水样前用水样冲洗了移液管的吸嘴	韩国-Dong-Hak Park 新加坡-Qishan Liu		
J3	0.60	采集了一定体积的水样到比色皿中（平行测试2）	中国-Zhan Wang		
		0-0-没有用移液管来采集0.4mL的水样 1-0.2-没有正确地设置比色皿中水样的体积0.4mL 2-0.4-用移液管调整水样体积为0.4mL 3-0.6-用移液管调整水样体积为0.4mL，而且吸取水样前用水样冲洗了移液管的吸嘴	韩国-Dong-Hak Park 新加坡-Qishan Liu		
J4	0.60	采集了一定体积的水样到比色皿中（平行测试3）	中国-Zhan Wang		
		0-0-没有用移液管来采集0.4mL的水样 1-0.2-没有正确地设置比色皿中水样的体积0.4mL 2-0.4-用移液管调整水样体积为0.4mL 3-0.6-用移液管调整水样体积为0.4mL，而且吸取水样前用水样冲洗了移液管的吸嘴	韩国-Dong-Hak Park 新加坡-Qishan Liu		
J5	0.60	采集了一定体积的水样到比色皿中（平行测试1-标准水样）	中国-Zhan Wang		
		0-0-没有用移液管来采集0.4mL的水样 1-0.2-没有正确地设置比色皿中水样的体积0.4mL 2-0.4-用移液管调整水样体积为0.4mL 3-0.6-用移液管调整水样体积为0.4mL，而且吸取水样前用水样冲洗了移液管的吸嘴	韩国-Dong-Hak Park		

1

评分表

WorldSkills 喀山 2019

技能：55-水处理技术

子任务：B3-分光光度计试验

选手姓名：

评分裁判：德国-Himar Tetsch，新加坡-Qishan Liu，中国-Zhan Wang，韩国-Dong-Hak Park

竞赛日期：3 评分结束： 分数录入时间：

判断评分

评分项	最大分值	评分标准描述	裁判评分（0-3）		得分
J6	0.60	采集了一定体积的水样到比色皿中（平行测试2-标准水样）	中国-Zhan Wang		
		0-0-没有用移液管来采集0.4mL的水样 1-0.2-没有正确地设置比色皿中水样的体积0.4mL 2-0.4-用移液管调整水样体积为0.4mL 3-0.6-用移液管调整水样体积为0.4mL，而且吸取水样前用水样冲洗了移液管的吸嘴	韩国-Dong-Hak Park		
J7	0.60	采集了一定体积的水样到比色皿中（平行测试3-标准水样）	中国-Zhan Wang		
		0-0-没有用移液管来采集0.4mL的水样 1-0.2-没有正确地设置比色皿中水样的体积0.4mL 2-0.4-用移液管调整水样体积为0.4mL 3-0.6-用移液管调整水样体积为0.4mL，而且吸取水样前用水样冲洗了移液管的吸嘴	韩国-Dong-Hak Park		
J8	0.60	清洗玻璃器皿和（或）废物处理	中国-Zhan Wang		
		0-0-1个或更多玻璃器皿没有清洗或漏掉去除1个或更多的玻璃器皿的标签。//忘记处置1个或更多的废物 1-0.2-没有用肥皂和海绵擦洗1个或更多的玻璃器皿，和（或）没有用水龙头冲洗1个或更多的玻璃器皿。//1个或更多废物处置不当 2-0.4-用肥皂和海绵擦洗了所有玻璃器皿，并用水龙头冲洗了所有玻璃器皿。//2-所有废物处置正确 3-0.6-用肥皂和海绵擦洗了所有玻璃器皿，并用水龙头冲洗了所有玻璃器皿，然后又用蒸馏水进行了全部冲洗。如果1个或更多的玻璃器皿没用蒸馏水冲洗，那么可以按照评分2进行判断。//标示所有废物并正确地处置	韩国-Dong-Hak Park		

测量评分

评分项	最大分值	评分标准描述	要求	结果或实际值	得分
M1	0.30	个人防护用品：实验室服、手套和安全眼镜 所有个人防护用品必须穿戴。每缺少1件防护用品扣0.1分	所有防护用品		

2

评分表

WorldSkills 喀山 2019

技能: 55-水处理技术

子任务: B3-分光光度计试验

选手姓名:

评分裁判: 德国-Himar Tetsch，新加坡-Qishan Liu，中国-Zhan Wang，韩国-Dong-Hak Park

竞赛日期: 3 评分结束: 分数录入时间:

判断评分

评分项	最大分值	评分标准描述	要求	结果或实际值	得分
M2	0.20	准备工作的专业性和个人防护 0.2-无任何错误。每1个轻微错误扣减0.02分//每1个中等错误扣减0.1分//每1个严重错误扣减0.2分	无错误		
M3	0.20	分光光度计检测操作的专业性—水样 0.2-无任何错误。每1个轻微错误扣减0.02分//每1个中等错误扣减0.1分//每1个严重错误扣减0.2分	无错误		
M4	0.20	分光光度计检测操作的专业性—标准水样 0.2-无任何错误。每1个轻微错误扣减0.02分//每1个中等错误扣减0.1分//每1个严重错误扣减0.2分	无错误		
M5	0.20	清洗玻璃器皿的专业性和废物处置流程 0.2-无任何错误。每1个轻微错误扣减0.02分//每1个中等错误扣减0.1分//每1个严重错误扣减0.2分	无错误		
M6	0.40	计算-3.1节完整填写水样浓度值 0-没有填写浓度数据和（或）填写的数据不是选手分光光度检测过程中的真实数据//0.4-浓度数据填写完整，并且为分光光度检测试验过程中的真实数据	表格填写正确		
M7	0.40	计算-3.1节平均水样浓度和标准偏差 0-浓度计算全部错误//0.40-所有浓度数据全部正确。每计算错误1个扣减0.2分	计算正确		
M8	0.40	计算-3.2节平均标准水样浓度和标准偏差 0-没有填写浓度数据和（或）填写的数据不是选手分光光度检测过程中的真实数据//0.4-浓度数据填写完整，并且为分光光度检测试验过程中的真实数据	表格填写正确		
M9	0.40	计算-3.2节平均标准水样浓度和标准偏差 0-浓度计算全部错误//0.40-所有浓度数据全部正确。每计算错误1个扣减0.2分	计算正确		

3

评分表

WorldSkills 喀山 2019

技能: 55-水处理技术

子任务: B3-分光光度计试验

选手姓名:

评分裁判: 德国-Himar Tetsch，新加坡-Qishan Liu，中国-Zhan Wang，韩国-Dong-Hak Park

竞赛日期: 3　评分结束:　分数录入时间:

测量评分

评分项	最大分值	评分标准描述	要求	结果或实际值	得分
M10	0.60	计算-3.2节标准样品的精度分析 **与目标值的比较**：0-平均浓度超出标准偏差极限(10%)//0.3-平均浓度等于标准偏差的极限（10%）//0.6-平均浓度在标准偏差极限之内（10%）。CIS计分系统自动计算获得	精度符合标准方法		
M11	1.00	绿色环保要求 根据《可持续发展规则文件》评定	资源循环利用		
M12	0.90	时间分 0-如果选手犯了2个或更多专业性方面的严重错误。0-如果选手犯了4个或更多的专业性方面的中等错误。0-如果选手犯了1个严重和3个专业性方面的中等错误。0-如果选手没有做完任务。0-如果选手做完了任务，但是没在规定的最少时间内完成。//0.9-如果选手做完了任务并在规定的最少时间内完成的（同时全部遵守了专业化的操作）	在最佳时间内且专业性操作方面无误		

10.00　此任务合计分值　　　　合计得分

4

参考文献

[1] 国家环境保护局．水质　悬浮物的测定　重量法：GB 11901—1989 [S]．北京：中国标准出版社，1991.

[2] 环境保护部．水质　溶解氧的测定　电化学探头法：HJ 506—2009 [S]．北京：中国环境科学出版社，2009.

[3] 环境保护部．水质　化学需氧量的测定　重铬酸盐法：HJ 828—2017 [S]．北京：中国环境出版社，2017.

[4] 环境保护部．水质　五日生化需氧量（BOD_5）的测定　稀释与接种法：HJ 505—2009 [S]．北京：中国环境科学出版社，2009.

[5] 国家环境保护局．水质　总磷的测定　钼酸铵分光光度法：GB/T 11893—1989[S]. 1990.

[6] 环境保护部．水质　总氮的测定　碱性过硫酸钾消解紫外分光光度法：HJ 636—2012 [S]．北京：中国环境科学出版社，2012.

[7] 环境保护部．水质　氨氮的测定　纳氏试剂分光光度法：HJ 535—2009 [S]．北京：中国环境科学出版社，2010.

[8] 国家环境保护总局．水质　硝酸盐氮的测定　紫外分光光度法：HJ/T 346—2007 [S]．北京：中国环境科学出版社，2007.

[9] 国家环境保护局．水质　亚硝酸盐氮的测定　分光光度法：GB/T 7493—1987 [S]. 1987.

[10] 国家环境保护局．水质　氯化物的测定　硝酸银滴定法：GB/T 11896—1989 [S]. 1990.

[11] 水利部．碱度（总碱度、重碳酸盐和碳酸盐）的测定（酸滴定法）：SL 83—1994 [S]．中国水利水电出版社，1995.

[12] 国家环境保护局．水质　钙和镁总量的测定　EDTA 滴定法：GB 7477—1987[S]. 1987.

[13] 生态环境部．水质　pH 值的测定　电极法：HJ 1147—2020 [S]．北京：中国环境出版社，2021.

[14] 国家环境保护局．水质　色度的测定：GB 11903—1989 [S] .1990.

［15］生态环境部．水质　色度的测定　稀释倍数法：HJ 1182—2021［S］.2021.
［16］生态环境部．水质　浊度的测定　浊度计法：HJ 1075—2019［S］.2020.
［17］国家环境保护局．水质　高锰酸盐指数的测定：GB 11892—1989［S］.1990.
［18］生态环境部．水质　粪大肠菌群的测定　滤膜法：HJ 347.1—2018［S］．北京：中国环境出版社，2019.
［19］生态环境部．水质　粪大肠菌群的测定　多管发酵法：HJ 347.2—2018［S］．北京：中国环境出版社，2019.

思考题

1. 悬浮物的测定中，怎样确定微孔滤膜已恒重？

2. 测定悬浮物采集的水样是否要加入保护剂？为什么？

3. 微孔滤膜上截留过多或过少的悬浮物有何问题？应如何解决？一般以多少悬浮物的量作为取试样体积的范围？

4. 测定水样中的溶解氧为什么必须在取样处完成？如果不能在取样处完成，应该怎么办？

5. 溶解氧的饱和含量与大气压、水温的关系是什么？

6. 化学需氧量的测定中，水样的采集及保存应当注意哪些事项？

7. 化学需氧量的测定中，水样中加入 $KMnO_4$ 煮沸后，若紫红色消失说明什么？应采取什么措施？

8. 化学需氧量的测定中，当水样中 Cl^- 含量高时，能否用重铬酸盐法测定？为什么？

9. 某测定 BOD_5 水样，经 5 d 培养后，测其溶解氧时，当向水样中加 1 mL $MnSO_4$ 及 2 mL 碱性 KI 溶液后，瓶内出现白色絮状沉淀，这是为什么？该如何处理？

10. 五日生化需氧量的测定中，如何制备稀释水？

11. 测定 BOD_5 时，对样品如何做预处理？

12. 用钼锑抗分光光度法测磷时，主要有哪些干扰？怎样去除？

13. 抗坏血酸溶液易氧化发黄，怎样延长溶液有效使用时间？

14. 用钼酸铵分光光度法测定总磷样品时，如何进行比色皿配套性检验并校正？

15. 过硫酸钾氧化 - 紫外分光光度法测定水中总氮，为什么要在两个波长测定吸光度？

16. 在测定水中总氮前，要对比色皿进行什么操作？最后达到的标准是什么？

17. 总氮包括水中哪些形态的氮？

18. 配制酒石酸钾钠溶液时为什么要将溶液煮沸？

19. 酒石酸钾钠并不与氨氮反应，为什么还要加它？

20. 水质氨氮测定过程中需注意的问题是什么？

21. 简述紫外分光光度法测定 NO_3^--N 的原理。

22. 测定硝酸盐氮的过程中，样品中如果有干扰物，应如何消除？

23. 测定硝酸盐氮的过程中，加入氨基磺酸的作用是什么？

24. 简述一种制备无亚硝酸根离子水的方法。

25. 在测试某一水样的亚硝酸盐含量时，若遇水样色度大、悬浮物过高以及 pH 大的情况，应如何处理？

26. 根据朗伯－比尔定律，如果在分析中使用 20 mm 的比色杯，那么同样浓度的溶液，吸光度如何变化？

27. 对矿化度很高的咸水或海水测定氯化钠时，如何扩大其测定范围？

28. 测定氯化物时，若水样浑浊或带有颜色，应怎样处理？

29. 硝酸银滴定法的测定原理是什么？

30. 测定碱度所用的蒸馏水或去离子水，为什么需要煮沸 15 min 冷却后才能用？

31. 测定碱度的水样中如有余氯等氧化物时，需要加什么药品去除干扰？

32. 配制基准碳酸钠溶液时，浓度为什么用 c（$1/2Na_2CO_3$）形式表示？

33. 滴定未知样品中的钙镁总量时，为什么要加入三乙醇胺？

34. 制备钙离子标准溶液时，为什么要加入盐酸？

35. 测定未知样钙镁总量时，为什么先加入缓冲溶液？

36. 校准 pH 计的标准缓冲溶液的 pH 分别是多少？

37. 校准 pH 计的标准缓冲溶液的 pH 是定值吗？

38. pH 标准缓冲溶液在储存和使用时的注意事项是什么？

39. 铂钴比色法用的色度标准溶液的配制方法和储存注意事项是什么？

40. 请叙述铂钴比色法测定未知样品的要点。

41. 测定色度时为什么要测 pH？

42. 用分光光度法测浊度时，配制浊度储备液的注意事项是什么？

43. 无浊度水的制取方法是什么？

44. 测定浊度时用到的危险化学品有哪些？

45. 测定高锰酸盐指数时，当被测样品中氯离子浓度高时应该怎么解决？

46. 采集测定高锰酸盐指数的水样时应注意什么？

47. 高锰酸盐指数的测定范围是什么？

48. 粪大肠菌群的测定中，培养基的存放应该注意哪些问题？

49. 粪大肠菌群的测定中，初发酵试验对温度和时长的具体要求是什么？

50. 粪大肠菌群的测定中，复发酵试验对温度和时长的具体要求是什么？

练习题

1. 水环境分析方法国家标准规定的水质悬浮物的定义是什么？

2. 说明溶解性总固体与悬浮物的分析方法原理。

3. 现测一水样中的悬浮物，取水样 100 mL 过滤，前后滤膜和称量瓶称重分别为 55.838 8 g 和 55.839 5 g，求该水样悬浮物的含量。

4. 简述电化学探头法测定溶解氧的原理。

5. 电极法测定水中的氧化还原电位时，配制试剂用水应小于（　　）μS/cm，即将去离子水煮沸数分钟，以去除水中的二氧化碳气体，然后（　　　　）。

6. 电极法测定水的氧化还原电位时，用于校正空白电极的标准溶液的名称是（　　　　　　　　　　）。

7. 取某水样 20.00 mL 加入 0.025 0 mol/L 重铬酸钾溶液 10.00 mL，回流后 2 h 后，用水稀释至 140 mL，用 0.102 5 mol/L 硫酸亚铁铵标准溶液滴定，消耗 22.80 mL，同时做全程序空白，消耗硫酸亚铁铵标准溶液 24.35 mL，试计算水样中 COD 的含量。

8.（判断对错）1%淀粉溶液可按以下步骤配制，称取 1.0 g 可溶性淀粉后，用刚煮沸的水冲稀至 100 mL。（　　）

9.（判断对错）用碘化钾碱性高锰酸钾法测定高氯废水中化学需氧量时，若水样中含有氧化性物质，应预先于水样中加入硫代硫酸钠去除。（　　）

10.（判断对错）用碘化钾碱性高锰酸钾法测定高氯废水中的化学需氧量时，若水样中含有几种还原性物质，则取它们的平均 K 值作为水样的 K 值。（　）

11. 测定某水样的生化需氧量时，培养液为 300 mL，其中稀释水 100 mL。培养前、后的溶解氧含量分别为 8.37 mg/L 和 1.38 mg/L。稀释水培养前、后的溶解氧含量分别为 8.85 mg/L 和 8.78 mg/L。计算该水样的 BOD_5 值。

12. 五日生化需氧量的测定中，被测定溶液满足什么条件，则能获得可靠的测定结果？否则应如何做？

13. 目前，国内外普遍规定于（　　）分别测定样品的培养前后的溶解氧，二者之差即为 BOD 值，以氧的 mg/L 表示。

A. 20±1℃　100 天　　　　B. 常温常压下　5 天

C. 20±1℃　5 天

14. 简述钼酸铵分光光度法测定总磷的原理。

15.（判断对错）测总磷的比色皿用后应该用稀盐酸浸泡。（　　）

16.（判断对错）钼酸铵分光光度法测定水中总磷时，如试样浑浊或有色度，需配制一个空白试样（消解后用水稀释至标线），然后向试样中加入 3 mL 浊度 - 色度补偿溶液，还需加入抗坏血酸和钼酸盐溶液，然后做吸光度扣除。（　　）

17.（判断对错）钼酸铵光度法测定水中总磷时，为防止水中含磷化合物的变化，水样要在微碱性条件下保存。（　　）

18. 简述碱性过硫酸钾消解 - 紫外分光光度法测定总氮的原理。

19. 碱性过硫酸钾消解 - 紫外分光光度法测定水中总氮时，主要干扰物有哪些？如何消除？

20. 紫外分光光度法测定总氮用的玻璃器皿可用（　　　）浸洗，用（　　　）冲洗后，再用（　　　）冲洗。测定（　　　）较多的水样，在过硫酸钾氧化后可能出现（　　　），遇此情况，（　　　　　　）进行紫外分光光度法测定。测定时参考吸光度的比值应小于（　　　），否则应予以（　　　）。

21. 制备无氨水有几种方法？简述其中的一种。

22. 在用纳氏试剂测定氨氮中，有哪些干扰？

23. 在配制纳氏试剂时，为什么碱液应充分冷却？

24. 紫外分光光度法测定硝酸盐氮的方法原理是什么？

25. 紫外分光光度法测定硝酸盐氮，怎样制备吸附柱？

26. 紫外分光光度法测定硝酸盐氮，怎样计算硝酸盐氮量？

27. 测定某水样中亚硝酸盐含量，取 4.0 mL 水样于 40 mL 的比色管中，测得 NO_2^--N 含量为 0.012 mg，求原水样中 NO_2^--N 和 NO_2^- 含量。

28. 在测试某一水样的亚硝酸盐含量时，取 10 mL 于 50 mL 比色管中，从校准曲线上查得 NO_2^--N 含量是 0.025 mg，求水样中 NO_2^--N 和 NO_2^- 的含量。

29. 亚硝酸盐标准储备液应保存于（　　）瓶中，并加入（　　）作保存剂。

容器：（1）聚乙烯瓶；（2）玻璃瓶；（3）棕色试剂瓶；（4）广口瓶。

保存剂：（1）$KMnO_4$；（2）HCl；（3）Na_2CO_3；（4）H_2SO_3；（5）氯仿。

30. 取某水样 150 mL，用硝酸银滴定法测定氯化物，其中蒸馏水消耗硝酸银标准溶液体积为 2.6 mL，水样消耗硝酸银标准溶液体积为 20.0 mL，硝酸银标准溶液浓度为 0.014 1 mol/L，求该水样氯化物的含量。

31.（　　　　）和（　　　　）分别超过 250 mg/L 及 25 mg/L 时有干扰，（　　　　）含量超过 10 mg/L 时，使终点不明显。

32. 由有机物质而产生的较轻色度，可以加入 0.01 mol/L（　　　　）2 mL，煮沸。再滴加（　　　　），以除去多余的（　　　　）至水样褪色，过滤，滤液储于锥形瓶中备用。

33. 水中碱度的定义是什么？

34. 说明测定水样中碱度的原理。

35. 实验时，称取 1.325 0 g（于 180 ℃烘干 2 h）的基准无水碳酸钠（分子量为 105.99），溶于少量无二氧化碳水中，移入 1 000 mL 容量瓶中，用水稀释至标线，摇匀，此时 c（$1/2Na_2CO_3$）是多少？

36. 说明 EDTA 滴定法测定钙镁离子含量的原理。

37. 请叙述钙镁总量的定义。

38. 实验时，称取 1.000 9 g（150 ℃干燥 2 h）基准碳酸钙（分子量为 100.09）于 500 mL 锥形瓶中，溶于少量无二氧化碳水中，加入盐酸，移入 1 000 mL 容量瓶中，用水稀释至标线，摇匀，此时 c（$CaCO_3$）是多少？

39. pH 的定义是什么？

40. pH 计怎样校准？

41. 请写出用 pH 计测定待测溶液的 pH 的注意事项。

42. 色度的定义是什么？

43. 色度的标准单位是什么？

44. 水质色度测定常用的方法和使用场合是什么？

45. 浊度的定义是什么？

46. 分光光度法测定浊度的原理是什么？

47. 常见的测定浊度方法的使用场合是什么？

48. 高锰酸盐指数的定义是什么？

49. 高锰酸盐指数测定的原理是什么？

50. c（$1/2Na_2C_2O_4$）=0.100 0 mol/L 的草酸钠标准储备液的制备方法是什么？

51. 粪大肠菌群的定义是什么？

52. 多管发酵法测定粪大肠菌群的原理是什么？

53. 滤膜法测定粪大肠菌群的原理是什么？

附　录

附录 1　难溶化合物的溶度积和溶度积常数

序号（No.）	化学式（Chemical formula）	K_{sp}	pK_{sp}（$-\lg K_{sp}$）	序号（No.）	化学式（Chemical formula）	K_{sp}	pK_{sp}（$-\lg K_{sp}$）
1	Ag_3AsO_4	1.0×10^{-22}	22.0	22	$AgVO_3$	5.0×10^{-7}	6.3
2	$AgBr$	5.0×10^{-13}	12.3	23	Ag_2WO_4	5.5×10^{-12}	11.26
3	$AgBrO_3$	5.50×10^{-5}	4.26	24	$Al(OH)_3$	4.57×10^{-33}	32.34
4	$AgCl$	1.8×10^{-10}	9.75	25	$AlPO_4$	6.3×10^{-19}	18.24
5	$AgCN$	1.2×10^{-16}	15.92	26	Al_2S_3	2.0×10^{-7}	6.7
6	Ag_2CO_3	8.1×10^{-12}	11.09	27	$Au(OH)_3$	5.5×10^{-46}	45.26
7	$Ag_2C_2O_4$	3.5×10^{-11}	10.46	28	$AuCl_3$	3.2×10^{-25}	24.5
8	Ag_2CrO_4	1.2×10^{-12}	11.92	29	AuI_3	1.0×10^{-46}	46.0
9	$Ag_2Cr_2O_7$	2.0×10^{-7}	6.70	30	$Ba_3(AsO_4)_2$	8.0×10^{-51}	50.1
10	AgI	8.3×10^{-17}	16.08	31	$BaCO_3$	5.1×10^{-9}	8.29
11	$AgIO_3$	3.1×10^{-8}	7.51	32	BaC_2O_4	1.6×10^{-7}	6.79
12	$AgOH$	2.0×10^{-8}	7.71	33	$BaCrO_4$	1.2×10^{-10}	9.93
13	Ag_2MoO_4	2.8×10^{-12}	11.55	34	$Ba_3(PO_4)_2$	3.4×10^{-23}	22.44
14	Ag_3PO_4	1.4×10^{-16}	15.84	35	$BaSO_4$	1.1×10^{-10}	9.96
15	Ag_2S	6.3×10^{-50}	49.2	36	BaS_2O_3	1.6×10^{-5}	4.79
16	$AgSCN$	1.0×10^{-12}	12.00	37	$BaSeO_3$	2.7×10^{-7}	6.57
17	Ag_2SO_3	1.5×10^{-14}	13.82	38	$BaSeO_4$	3.5×10^{-8}	7.46
18	Ag_2SO_4	1.4×10^{-5}	4.84	39	$Be(OH)_2$	1.6×10^{-22}	21.8
19	Ag_2Se	2.0×10^{-64}	63.7	40	$BiAsO_4$	4.4×10^{-10}	9.36
20	Ag_2SeO_3	1.0×10^{-15}	15.00	41	$Bi_2(C_2O_4)_3$	3.98×10^{-36}	35.4
21	Ag_2SeO_4	5.7×10^{-8}	7.25	42	$Bi(OH)_3$	4.0×10^{-31}	30.4

续表

序号（No.）	化学式（Chemical formula）	K_{sp}	pK_{sp}（$-\lg K_{sp}$）	序号（No.）	化学式（Chemical formula）	K_{sp}	pK_{sp}（$-\lg K_{sp}$）
43	$BiPO_4$	1.26×10^{-23}	22.9	66	$Co_3(PO_4)_3$	2.0×10^{-35}	34.7
44	$CaCO_3$	2.8×10^{-9}	8.54	67	$CrAsO_4$	7.7×10^{-21}	20.11
45	$CaC_2O_4\cdot H_2O$	4.0×10^{-9}	8.4	68	$Cr(OH)_3$	6.3×10^{-31}	30.2
46	CaF_2	2.7×10^{-11}	10.57	69	$CrPO_4\cdot 4H_2O$（绿）	2.4×10^{-23}	22.62
47	$CaMoO_4$	4.17×10^{-8}	7.38		$CrPO_4\cdot 4H_2O$（紫）	1.0×10^{-17}	17.0
48	$Ca(OH)_2$	5.5×10^{-6}	5.26	70	$CuBr$	5.3×10^{-9}	8.28
49	$Ca_3(PO_4)_2$	2.0×10^{-29}	28.70	71	$CuCl$	1.2×10^{-6}	5.92
50	$CaSO_4$	9.12×10^{-6}	5.04	72	$CuCN$	3.2×10^{-20}	19.49
51	$CaSiO_3$	2.5×10^{-8}	7.60	73	$CuCO_3$	2.34×10^{-10}	9.63
52	$CaWO_4$	8.7×10^{-9}	8.06	74	CuI	1.1×10^{-12}	11.96
53	$CdCO_3$	5.2×10^{-12}	11.28	75	$Cu(OH)_2$	4.8×10^{-20}	19.32
54	$CdC_2O_4\cdot 3H_2O$	9.1×10^{-8}	7.04	76	$Cu_3(PO_4)_2$	1.3×10^{-37}	36.9
55	$Cd_3(PO_4)_2$	2.5×10^{-33}	32.6	77	Cu_2S	2.5×10^{-48}	47.6
56	CdS	8.0×10^{-27}	26.1	78	Cu_2Se	1.58×10^{-61}	60.8
57	$CdSe$	6.31×10^{-36}	35.2	79	CuS	6.3×10^{-36}	35.2
58	$CdSeO_3$	1.3×10^{-9}	8.89	80	$CuSe$	7.94×10^{-49}	48.1
59	CeF_3	8.0×10^{-16}	15.1	81	$Dy(OH)_3$	1.4×10^{-22}	21.85
60	$CePO_4$	1.0×10^{-23}	23.0	82	$Er(OH)_3$	4.1×10^{-24}	23.39
61	$Co_3(AsO_4)_2$	7.6×10^{-29}	28.12	83	$Eu(OH)_3$	8.9×10^{-24}	23.05
62	$CoCO_3$	1.4×10^{-13}	12.84	84	$FeAsO_4$	5.7×10^{-21}	20.24
63	CoC_2O_4	6.3×10^{-8}	7.2	85	$FeCO_3$	3.2×10^{-11}	10.50
64	$Co(OH)_2$（蓝）	6.31×10^{-15}	14.2	86	$Fe(OH)_2$	8.0×10^{-16}	15.1
	$Co(OH)_2$（粉红，新沉淀）	1.58×10^{-15}	14.8	87	$Fe(OH)_3$	4.0×10^{-38}	37.4
	$Co(OH)_2$（粉红，陈化）	2.00×10^{-16}	15.7	88	$FePO_4$	1.3×10^{-22}	21.89
65	$CoHPO_4$	2.0×10^{-7}	6.7	89	FeS	6.3×10^{-18}	17.2

续表

序号 (No.)	化学式 (Chemical formula)	K_{sp}	pK_{sp} $(-\lg K_{sp})$	序号 (No.)	化学式 (Chemical formula)	K_{sp}	pK_{sp} $(-\lg K_{sp})$
90	$Ga(OH)_3$	7.0×10^{-36}	35.15	119	$Mg_3(PO_4)_2\cdot8H_2O$	6.31×10^{-26}	25.2
91	$GaPO_4$	1.0×10^{-21}	21.0	120	$Mn_3(AsO_4)_2$	1.9×10^{-29}	28.72
92	$Gd(OH)_3$	1.8×10^{-23}	22.74	121	$MnCO_3$	1.8×10^{-11}	10.74
93	$Hf(OH)_4$	4.0×10^{-26}	25.4	122	$Mn(IO_3)_2$	4.37×10^{-7}	6.36
94	Hg_2Br_2	5.6×10^{-23}	22.24	123	$Mn(OH)_4$	1.9×10^{-13}	12.72
95	Hg_2Cl_2	1.3×10^{-18}	17.88	124	MnS（粉红）	2.5×10^{-10}	9.6
96	HgC_2O_4	1.0×10^{-7}	7.0	125	MnS（绿）	2.5×10^{-13}	12.6
97	Hg_2CO_3	8.9×10^{-17}	16.05	126	$Ni_3(AsO_4)_2$	3.1×10^{-26}	25.51
98	$Hg_2(CN)_2$	5.0×10^{-40}	39.3	127	$NiCO_3$	6.6×10^{-9}	8.18
99	Hg_2CrO_4	2.0×10^{-9}	8.70	128	NiC_2O_4	4.0×10^{-10}	9.4
100	Hg_2I_2	4.5×10^{-29}	28.35	129	$Ni(OH)_2$（新）	2.0×10^{-15}	14.7
101	HgI_2	2.82×10^{-29}	28.55	130	$Ni_3(PO_4)_2$	5.0×10^{-31}	30.3
102	$Hg_2(IO_3)_2$	2.0×10^{-14}	13.71	131	α-NiS	3.2×10^{-19}	18.5
103	$Hg_2(OH)_2$	2.0×10^{-24}	23.7	132	β-NiS	1.0×10^{-24}	24.0
104	HgSe	1.0×10^{-59}	59.0	133	γ-NiS	2.0×10^{-26}	25.7
105	HgS（红）	4.0×10^{-53}	52.4	134	$Pb_3(AsO_4)_2$	4.0×10^{-36}	35.39
106	HgS（黑）	1.6×10^{-52}	51.8	135	$PbBr_2$	4.0×10^{-5}	4.41
107	Hg_2WO_4	1.1×10^{-17}	16.96	136	$PbCl_2$	1.6×10^{-5}	4.79
108	$Ho(OH)_3$	5.0×10^{-23}	22.30	137	$PbCO_3$	7.4×10^{-14}	13.13
109	$In(OH)_3$	1.3×10^{-37}	36.9	138	$PbCrO_4$	2.8×10^{-13}	12.55
110	$InPO_4$	2.3×10^{-22}	21.63	139	PbF_2	2.7×10^{-8}	7.57
111	In_2S_3	5.7×10^{-74}	73.24	140	$PbMoO_4$	1.0×10^{-13}	13.0
112	$La_2(CO_3)_3$	3.98×10^{-34}	33.4	141	$Pb(OH)_2$	1.2×10^{-15}	14.93
113	$LaPO_4$	3.98×10^{-23}	22.43	142	$Pb(OH)_4$	3.2×10^{-66}	65.49
114	$Lu(OH)_3$	1.9×10^{-24}	23.72	143	$Pb_3(PO_4)_3$	8.0×10^{-43}	42.10
115	$Mg_3(AsO_4)_2$	2.1×10^{-20}	19.68	144	PbS	1.0×10^{-28}	28.00
116	$MgCO_3$	3.5×10^{-8}	7.46	145	$PbSO_4$	1.6×10^{-8}	7.79
117	$MgCO_3\cdot3H_2O$	2.14×10^{-5}	4.67	146	PbSe	7.94×10^{-43}	42.1
118	$Mg(OH)_2$	1.8×10^{-11}	10.74	147	$PbSeO_4$	1.4×10^{-7}	6.84

续表

序号 (No.)	化学式 (Chemical formula)	K_{sp}	pK_{sp} ($-\lg K_{sp}$)	序号 (No.)	化学式 (Chemical formula)	K_{sp}	pK_{sp} ($-\lg K_{sp}$)
148	$Pd(OH)_2$	1.0×10^{-31}	31.0	174	$SrWO_4$	1.7×10^{-10}	9.77
149	$Pd(OH)_4$	6.3×10^{-71}	70.2	175	$Tb(OH)_3$	2.0×10^{-22}	21.7
150	PdS	2.03×10^{-58}	57.69	176	$Te(OH)_4$	3.0×10^{-54}	53.52
151	$Pm(OH)_3$	1.0×10^{-21}	21.0	177	$Th(C_2O_4)_2$	1.0×10^{-22}	22.0
152	$Pr(OH)_3$	6.8×10^{-22}	21.17	178	$Th(IO_3)_4$	2.5×10^{-15}	14.6
153	$Pt(OH)_2$	1.0×10^{-35}	35.0	179	$Th(OH)_4$	4.0×10^{-45}	44.4
154	$Pu(OH)_3$	2.0×10^{-20}	19.7	180	$Ti(OH)_3$	1.0×10^{-40}	40.0
155	$Pu(OH)_4$	1.0×10^{-55}	55.0	181	TlBr	3.4×10^{-6}	5.47
156	$RaSO_4$	4.2×10^{-11}	10.37	182	TlCl	1.7×10^{-4}	3.76
157	$Rh(OH)_3$	1.0×10^{-23}	23.0	183	Tl_2CrO_4	9.77×10^{-13}	12.01
158	$Ru(OH)_3$	1.0×10^{-36}	36.0	184	TlI	6.5×10^{-8}	7.19
159	Sb_2S_3	1.5×10^{-93}	92.8	185	TlN_3	2.2×10^{-4}	3.66
160	ScF_3	4.2×10^{-18}	17.37	186	Tl_2S	5.0×10^{-21}	20.3
161	$Sc(OH)_3$	8.0×10^{-31}	30.1	187	$TlSeO_3$	2.0×10^{-39}	38.7
162	$Sm(OH)_3$	8.2×10^{-23}	22.08	188	$UO_2(OH)_2$	1.1×10^{-22}	21.95
163	$Sn(OH)_2$	1.4×10^{-28}	27.85	189	$VO(OH)_2$	5.9×10^{-23}	22.13
164	$Sn(OH)_4$	1.0×10^{-56}	56.0	190	$Y(OH)_3$	8.0×10^{-23}	22.1
165	SnO_2	3.98×10^{-65}	64.4	191	$Yb(OH)_3$	3.0×10^{-24}	23.52
166	SnS	1.0×10^{-25}	25.0	192	$Zn_3(AsO_4)_2$	1.3×10^{-28}	27.89
167	SnSe	3.98×10^{-39}	38.4	193	$ZnCO_3$	1.4×10^{-11}	10.84
168	$Sr_3(AsO_4)_2$	8.1×10^{-19}	18.09	194	$Zn(OH)_2$	2.09×10^{-16}	15.68
169	$SrCO_3$	1.1×10^{-10}	9.96	195	$Zn_3(PO_4)_2$	9.0×10^{-33}	32.04
170	$SrC_2O_4\cdot H_2O$	1.6×10^{-7}	6.80	196	α-ZnS	1.6×10^{-24}	23.8
171	SrF_2	2.5×10^{-9}	8.61	197	β-ZnS	2.5×10^{-22}	21.6
172	$Sr_3(PO_4)_2$	4.0×10^{-28}	27.39	198	$ZrO(OH)_2$	6.3×10^{-49}	48.2
173	$SrSO_4$	3.2×10^{-7}	6.49				

附录 2 专业词汇中英文对照

1-（2-pyridylazo）-2-naphthol	过氧乙酰硝酸酯
absorption coefficient	吸光系数
absorption spectrum curve	吸收光谱曲线
absorption tank	吸收池
accidental error	偶然误差
accuracy	准确度
acetic acid	乙酸
acetone	丙酮
acid base proton theory	酸碱质子理论
acid chrome blue K	酸性铬蓝 K
acid type	酸式
acid-base titration	酸碱滴定法
acid-base titration curve	滴定曲线
acid-base indicator	酸碱指示剂
acidity	酸度
Actinobacteria	放线细菌纲
activated sludge	活性污泥
additions and corrections	补正
additivity	加和性
alkaline solution	碱性溶液
alkalinity	碱度
aluminium potassium sulfate	硫酸铝钾
amino acid	氨基酸
ammonia	氨水
ammonia nitrogen	氨氮
ammonia-ammonium chloride buffer solution	氨 - 氯化铵缓冲溶液
ammonium acetate	乙酸铵

ammonium chloride	氯化铵
anaerobic bacteria	厌氧菌
anaerobic water	不含氧的水
analytical reagent	分析纯
anhydrous sodium carbonate	无水碳酸钠
Animalia	动物界
anion	阴离子
anionic resin	阴离子树脂
API System	API 细菌数值鉴定系统
aqua regia	王水
aquatic chemistry	水环境化学
Aquificae	产液菌纲
archaea	古生菌域
archaebacteria	古细菌域
arrangement and expression of experimental data	实验数据的整理与表达
arsenic free water	不含砷的水
asbestosed wire gauze	石棉网
atomic absorption spectrometry	原子吸收光谱法
aurilave	洗耳球
au-to microbic system	自动微生物检测仪
automatic burette	自动滴定管
average deviation	平均偏差
Bacilli	芽孢杆菌纲
bacteria	细菌域
Bacteroides	拟杆菌门；拟杆菌纲
basic requirements	基本要求
basic requirements for experimental design	实验设计的基本要求
beaker	烧杯
bimetallic thermometer	双金属温度计
binomial nomenclature	二名法

biochemical oxygen demand	生化需氧量
bioluminescence	生物发光测量仪
blank test	空白试验
boiling	沸腾
breakthrough method	突破性的方法
bromocresol green-methyl red	溴甲酚绿 - 甲基红
buchner funnel	布氏漏斗
buffer capacity	缓冲能力
buffer solution	缓冲溶液
burette	滴定管
calcon-carboxylic acid	钙指示剂
calibration	标定
Campylobacters	弯曲杆菌纲
carbon dioxide	二氧化碳
carbon dioxide-free water	无二氧化碳水
carbonate hardness	碳酸盐硬度
carboxylate type	羧酸盐式
cation	阳离子
cation-anion resin	阴阳离子混合树脂
cationic resin	阳离子树脂
chemical and biological experiment chart	化学生物实验图
chemical etching	化学腐蚀
chemical index	化学性指标
chemical oxygen demand	化学需氧量
chemical pure	化学纯
chemical reagent	化学试剂
chloride	氯化物
chlorine free water	不含氯的水
Chlorobia	绿菌门；绿菌纲
Chloroflexi	绿屈挠菌纲

chroma	色度
chromic acid lotion	铬酸洗涤溶液
Chrysiogenetes	产金色菌门；产金色菌纲
class	纲
classification	种类
classification unit	分类单位
classified retrieval	分类检索
Clostridia	梭菌纲
colloid	胶体
colloidal substance	胶体物质
colorimetric analysis	比色分析
colorimetric tube	比色管
colourless	无色
common analytical instruments	常用分析仪器
complementary light	互补光
complex agent	配位剂
complex titration	配位滴定法
complexometric titration	络合滴定
compound light	复合光
condenser pipe	冷凝管
conditional stability constant	条件稳定常数
conductivity	电导率
conductometric analysis	电导分析法
conical flask	锥形瓶
conjugate base type	共轭碱式
container	容器
conventional drawing	习惯画法
conversion	换算
coordinate axis	坐标轴
correction factor	校正因子

corrosivity	腐蚀性
Crenarchaeota	泉古生菌门
cuvette	比色皿
Cyanobacteria	蓝细菌门
dark place	暗处
dark red	暗红
data processing and display	数据处理与显示
data record	数据记录
Deinococci	异常球菌纲
description	说明
design of the experimental scheme	实验方案设计
deviation	偏差
diethyl ether	乙醚
dilution	稀释
direct potentiometric method	直接电位法
direct preparation	直接配制法
dissociation constant	电离常数
dissolved ammonia	溶解态氨
dissolved gas	溶解气体
dissolved oxygen	溶解氧
dissolved substance	溶解物质
distillation	蒸馏法
distilled water	蒸馏水
distiller	蒸馏器
draw a curve	绘制曲线
drawing	图纸
drawing method	画法
drawing point	作图点
dropping bottle	滴瓶
dryer	干燥器

dual wavelength	双波长
ecological characteristics	生态特性
electric furnace	电炉
electric heating jacket	电加热套
electric heating plate	电热板
electrical centrifuge	离心机
electric-heated thermostatic water bath	电热恒温水浴锅
electrochemical probe	电化学探头
electrode potential	电极电位
electrodialysis	电渗析法
electrolyte	电解质
electromagnetic spectrum	电磁波谱
electromagnetic stirrer	电磁搅拌器
electronic balance	电子天平
electrothermal constant-temperature drying oven	电热恒温干燥箱
endosymbiosis	内共生
energy	能量
environment	环境
environmental chemistry	环境化学
eriochrome black T	铬黑 T
error	误差
error classification and causes	误差分类及产生原因
ethanol	乙醇
ethylene diamine tetra acetic acid	乙二胺四乙酸
ethylene diamine tetraacetic acid	乙二胺四乙酸二钠
eubacteria	真细菌
eukarya	真核生物域
Euryarchaeota	广古生菌门
evaluation of experimental scheme	实验方案的评价
evaporating dish	蒸发皿

fajans	法扬司法
family	科
fecal coliforms	粪大肠菌群
ferric chloride	氯化铁
Fibrobacters	丝状杆菌门；丝状杆菌纲
filter flask	抽滤瓶
filtration	过滤
fingerprint	指纹图谱
Firmicutes	厚壁菌门
flammability and explosiveness	易燃易爆性
Flavobacteria	黄杆菌门；黄杆菌纲
frequency	频率
Fungi	菌类界
funnel	漏斗
fusion	熔融
Fusobacteria	梭杆菌门；梭杆菌纲
gasoline	汽油
generic name	属名
genus	属
glass filter crucible	玻璃滤埚
glassware	玻璃器皿
graduated pipette	刻度吸管
graphic method	图解法
green	绿色
gross error	过失误差
guaranteed reagent	优级纯
hair dryer	吹风机
Halobacteria	盐杆菌纲
hardness	硬度
hazardous chemicals	危险化学品

health	健康
high performance liquid chromatography	高效液相色谱
high purity	高纯
high temperature furnace	高温炉
highly toxic reagent	剧毒试剂
high-temperature electric furnace	高温电炉
hydrochloric acid	盐酸
hydrofluoric acid	氢氟酸
hydrogen ion	氢离子
hydrolysis	水解
hydroxyl ion	氢氧根离子
hydroxylamine hydrochloride	盐酸羟胺
identification	鉴定
impedance	阻抗测定仪
impurities	杂质
indicator	指示剂
inorganic ammonium salt	无机铵盐
inorganic coordination agent	无机配位剂
invisible light	不可见光
iodine flask	碘量瓶
ion	离子
ion exchange	离子交换法
ion exchange resin	离子交换树脂
ionization	电离
ionization degree	电离度
ionization equilibrium	电离平衡
ion-product constant	离子积常数
iron	铁
kingdom	界；域
lambert-beer law	朗伯 - 比尔定律

law of absorption	吸收定律
lead（heavy metal）free water	不含铅（重金属）的水
light source	光源
litmus	石蕊
main factor	主要因素
main reaction	主反应
manganese oxide	二氧化锰
mass absorption coefficient	质量吸光系数
mass concentration	质量浓度
mass fraction	质量分数
material safety data sheet	化学品安全技术说明书
mathematical equation	数学方程式
measurement error	测量误差
measuring cup	量杯
measuring cylinder	量筒
measuring principle	测定原理
measuring vessel	量器
metal ion	金属离子
metallochromic indicator	金属指示剂
Methanobacteria	甲烷杆菌纲
Methanococci	甲烷球菌纲
Methanopyri	甲烷嗜热菌纲
methyl orange	甲基橙
methyl violet	甲基紫
microbiology	微生物学
microburette	微量滴定管
microcalorimeter	微量热计
microorganism	微生物
mineralization	矿物质化
mixed solution	混合溶液

mixture	混合物
mohr	莫尔法
molality	质量摩尔浓度
molar absorption coefficient	摩尔吸光系数
molarity	物质的量浓度
Mollicutes	柔膜菌纲
Monera	原核生物界
monochromatic light	单色光
monochromator	单色器
morphological character	形态特征
Neisseriae	奈瑟球菌纲
neutralization titrimetry	中和滴定法
nitrate nitrogen	硝酸盐氮
nitric acid	硝酸
nitric acid-hydrofluoric acid	硝酸 - 氢氟酸
nitrite nitrogen	亚硝酸盐氮
nomenclature	命名
nomenclature principle	命名原则
non-ammonia water	不含氨的水
non-carbonate hardness	非碳酸盐硬度
non-electrolyte	非电解质
nuclein	核酸
order	目
organic coordination agent	有机配位剂
organic matter	有机物
organic matter-free water	不含有机物的水
oven	电烘箱
oxalic acid	草酸
oxidizing agent	氧化剂
parallel measurement	平行测定

parallel samples	平行样
particulate matter	颗粒物
permanganate index	高锰酸盐指数
petroleum ether	石油醚
phage typing	噬菌体分型
pharmaceutical sensitivity	药敏自动测定仪
phenolic free water	不含酚的水
phenolphthalein	酚酞
phylum	门
physical and chemical properties	理化性质
physical index	物理性指标
physiological and biochemical characteristics	生理生化特征
pink	粉红色
pipette	吸量管；移液管
Planctomycetacia	浮霉菌纲
Plantae	植物界
plastic	塑料
platinum	铂
polybasic acid or base	多元酸碱
polyethylene	聚乙烯
polypropylene	聚丙烯
porcelain	瓷
porcelain crucible	瓷坩埚
porcelain mortar	瓷研钵
potassium dichromate	重铬酸钾
potassium dihydrogen phosphate	磷酸二氢钾
potassium permanganate	高锰酸钾
potentiometric analysis	电位分析法
potentiometric titration	电位滴定法
precipitation titration	沉淀滴定

precision	精密度
precursor chemicals	易制毒化学品
Predibacteria	土细菌纲
primary reagent	基准试剂
Prochlorophyta	原绿蓝细菌纲
protein	蛋白质
Proteobacteria	朊细菌门
Protista	原生物学界
pure blue	纯蓝色
purity	纯度
purple	紫色
pyrogallic acid	焦性没食子酸
radiomet	放射测量仪
range	极差
rapid identification	快速鉴定
reagent bottle	试剂瓶
reannealing	重退火
red	红色
redox equilibrium	氧化还原平衡
redox titration	氧化还原滴定法
reducing agent	还原剂
refrigerator	电冰箱
relative centrifugal field	相对离心力
repeatability	重复性
resistance thermometer	热电阻温度计
Rhodospirilli	红螺菌纲
rules for rounding off of numberical values	数字修约规则
safety	安全
scale division	分度
scattering	散射

selective absorption	选择性吸收
separatory funnel	分液漏斗
serological reaction	血清学反应
side reaction	副反应
side reaction coefficient	副反应系数
signal detector	信号检测器
significant digits operation rules	有效数字运算规则
significant figures	有效数字
silicate	硅酸盐
silver chloride	氯化银
simple stroke method	简笔画法
single wavelength	单波长
soda lime	钠石灰
sodium acetate	乙酸钠
sodium carbonate	碳酸钠
sodium hydroxide	氢氧化钠
sodium nitrite	亚硝酸钠
sodium oxalate	草酸钠
sodium sulfide	硫化钠
sodium sulfite	亚硫酸钠
sodium thiosulfate	硫代硫酸钠
solute	溶质
solvent	溶剂
species	种
species name	种名
spectrophotometer	分光光度法
spectrophotometric pure	分光纯
spectrum pure	光谱纯
Sphingobacteria	鞘氨醇杆菌门；鞘氨醇杆菌纲
Spirochaetes	螺旋体门；螺旋体纲

stability constant	稳定常数
standard deviation	标准偏差
standard drawing method	标准画法
standard titrated solution	标准滴定溶液
starch	淀粉
strong acid	强酸
strong acid and weak alkali salt	强酸弱碱盐
strong acidic	强酸性
strong alkali and weak acid salt	强碱弱酸盐
strong alkali environment	强碱环境
strong alkaline	强碱性
strong base	强碱
structure	结构组成
Sulfolobi	硫化叶菌纲
sulfo-salicylic acid	磺基水杨酸
sulfuric acid	硫酸
surface active agent	表面活性剂
surface color	表色
suspended solid	悬浮物
suspended substance	悬浮物质
suspicious data	可疑数据
systematic error	系统误差
tabulation method	列表法
teflon	聚四氟乙烯
temperature	温度
test tube	试管
the three wastes	三废
Thermi	栖热菌纲
Thermococci	热球菌纲
thermocouple	热电偶

thermocouple thermometer	热电偶温度计
Thermodesulfobactertia	热脱硫杆菌
Thermomicrobia	热微菌门；热微菌纲
Thermoplasma	热原体纲
Thermoprotei	热变形菌纲
Thermotogae	热袍菌纲
thermotolerant coliforms	耐热大肠菌群
three domains theory	三域学说
titer	滴定度
title	图名
titration jump	滴定突跃
titration sudden jump range	突跃范围
total dissolved solid	总盐分
total dissolved solids	水中溶解性总固体
total nitrogen	总氮
total organic carbon	总有机碳
total phosphorus	总磷
toxicity	毒性
trace analysis	无机痕量分析
transmission	透射
trinomial nomenclature	三名法
true color	真色
turbidimeter	浊度计
turbidity	浊度
unitary weak acid	一元弱酸
unitary weak base	一元弱碱
urkingdom	原界
vacuum pump	真空泵
Verrucomicrobia	疣微菌门；疣微菌纲
visible light	可见光

volatile phenol	挥发酚
volhard	佛尔哈德法
volume fraction	体积分数
volume ratio	比例浓度
volumetric flask	容量瓶
Wall-less Forms	缺壁型门
watch glass	表面皿
water quality	水质
water quality index	水质指标
water quality standard	水质标准
wavelength	波长
weak acid	弱酸
weak base	弱碱
weak organic acid	有机弱酸
weak organic base	有机弱碱
weighing bottle	称量瓶
Xenobacteria	异细菌门
xylenol orange	二甲酚橙
zinc oxide	氧化锌
Zymobacteria	发酵细菌纲